U0254346

高校工程管理专业规划教材

工程管理信息系统

Construction Management Information System

张静晓　吴　涛　主　编

杜艳华　李　慧　谢海燕(美)　李洪涛　副主编

任　宏　主　审

中国建筑工业出版社

图书在版编目（CIP）数据

工程管理信息系统/张静晓，吴涛主编．—北京：中国建筑
工业出版社，2016.1（2024.11重印）
高校工程管理专业规划教材
ISBN 978-7-112-18738-6

Ⅰ．①工… Ⅱ．①张… ②吴… Ⅲ．①建筑工程—管理信息
系统—高等学校—教材 Ⅳ．①TU-39

中国版本图书馆CIP数据核字（2015）第275646号

本书结合政策导向、行业应用与实际学习需求，以信息化与建设行业的具体结合为主线，从"大行业、大数据、大平台"角度，突出多项目管理信息模型、ERP、BIM、电子政务及相应的案例应用，力求基础知识深入浅出，行业应用丰富扎实，技术实践盯住先发趋势，未来发展紧扣政策，是一本面向建设行业、基于工程信息化、突出工程信息规划、立足工程管理的管理信息系统教材。全书分为九章：绪论，工程管理信息系统的学科与技术基础，工程信息管理分析，工程管理信息系统开发方法，工程管理信息系统总体规划，工程管理信息系统分析，工程管理信息系统设计，工程管理信息系统的实施、运行与维护，典型应用。

本书可作为高等院校工程管理、工程造价、房地产管理、物业管理等专业的管理信息系统课程教材，也可作为项目管理、企业管理、政府管理等层面的工程管理信息化普及读物。

为更好地支持本课程教学，我社向选用本教材的任课教师提供课件，有需要者可与出版社联系，索取方式如下：建工书院 http://edu.cabplink.com，邮箱 jckj@cabp.com.cn，电话010-58337285。

* * *

责任编辑：牛 松 李笑然
责任设计：董建平
责任校对：刘 钰 刘梦然

高校工程管理专业规划教材
工程管理信息系统
张静晓 吴 涛 主编
杜艳华 李 慧 谢海燕（美） 李洪涛 副主编
任 宏 主审

*
中国建筑工业出版社出版、发行（北京西郊百万庄）
各地新华书店、建筑书店经销
北京红光制版公司制版
建工社（河北）印刷有限公司印刷
*
开本：787×1092毫米 1/16 印张：18 字数：448千字
2016年3月第一版 2024年11月第七次印刷
定价：35.00元（赠教师课件）
ISBN 978-7-112-18738-6
（28024）

前　　言

工程管理信息化是指从工程的规划、设计、施工、竣工验收等整个过程中充分利用现代信息技术和信息资源，逐步提高建设行业集约化经营管理程度，使信息对建设行业的贡献达到较高水平的过程。对建筑企业而言，一个准备充分的、有效的信息化建设战略应包括对企业内部进行资源整合、准确定位；开展信息化建设评价；确定启动信息化建设的时机及投资力度；明确企业信息化建设的总目标和阶段目标。

十八大报告中指出，坚持走中国特色新型工业化、信息化、城镇化、农业现代化道路，推动信息化和工业化深度融合、工业化和城镇化良性互动、城镇化和农业现代化相互协调，促进工业化、信息化、城镇化、农业现代化同步发展。国家高度重视信息化对建设行业发展的推动作用，出台了《国家发展改革委关于印发"十二五"国家政务信息化工程建设规划的通知》、《工业和信息化部关于印发〈信息化发展规划〉的通知》等，同时，《2011～2015年建筑业信息化发展纲要》、《建筑业"十二五"发展规划》、《住房城乡建设部关于推进建筑业发展和改革的若干意见》和《关于推进建筑信息模型应用的指导意见》对建设行业信息化发展提出了总体战略和具体目标，通过统筹规划、政策导向，加强建筑企业信息化建设，不断提高行业信息技术应用水平，促进建设行业技术进步和管理水平的提升。

本书结合政策导向、行业应用与实际学习需求，以信息化与建设行业的具体结合为主线，从"大行业、大数据和大平台"角度，突出多项目管理信息模型、ERP、BIM、电子政务及相应的案例应用，力求基础知识深入浅出，行业应用丰富扎实，技术实践盯住先发趋势，未来发展紧扣政策，是一本面向建设行业、基于工程信息化、突出工程信息规划、立足工程管理的管理信息系统教材。全书以"信息技术与管理融合"思想为主线，讨论信息系统的应用，详细介绍了管理信息系统的基本知识、信息系统与组织管理的关系、信息系统在企业中的应用以及信息系统的建设和管理等内容，强调信息系统规划、管理与信息系统应用并重，从而加强学生对工程管理信息系统的整体认识，帮助学生更好地理解信息技术对企业经营管理的影响与冲击，更有效地利用信息技术应对不断涌现的工程管理挑战。本书特点：结构严谨，布局合理；与时俱进，内容新颖；实例丰富，学以致用。

特别感谢哈尔滨工业大学管理学院王要武教授、东南大学土木工程学院成虎教授、西安建筑科技大学管理学院卢才武教授、中国建筑工业出版社牛松老师对全书大纲所提出的宝贵意见。全书共分9章，具体分工如下：长安大学张静晓负责第1～6章；郑州航空工业管理学院杜艳华负责第7～8章；长安大学李慧负责第9章；长安大学建筑工程学院张静晓副教授负责全书大纲的撰写并统稿。硕士研究生翟颖、李娇、王雷、唐晓莹为全书资料收集付出了辛勤努力。全书引用了众多专家学者的论著，引用部分都做了一一注明，挂一漏万之处，请多加理解。真诚期待各位专家、读者提出宝贵意见，以滋共力工程信息化发展。

本书既可用于高校工程管理、工程造价、房地产管理、物业管理等专业的管理信息系统课程教学，也可用于项目管理、企业管理、政府管理等层面的工程管理信息化普及读物。

目　录

第一章 绪 论

【学习目的与要求】

本章主要从工程管理信息系统课程概述、工程管理信息系统的发展历程、建设工程管理信息系统发展规划等方面来阐述工程管理信息系统学科的基本情况。

第一节 工程管理信息系统课程概述

工程管理信息系统是为了适应现代化管理的需要,在管理科学、系统科学、信息科学和计算机科学等学科的基础上形成的一门新兴课程,它研究工程管理系统中信息规划、管理和决策的整个过程,并探讨计算机的实现方法。

工程管理信息系统在政府投资工程招标投标、工程创优评优、绿色建筑和建筑产业现代化评价等方面广泛应用,已经融入到相关政府部门和企业的日常管理工作中,它极大提高了工程质量安全监管、施工图审查、工程监理、造价咨询以及工程档案管理等方面的工作效率。随着建筑信息模型(以下简称"BIM")的推广,注册执业资格人员的继续教育必修课中增加了有关工程信息化的内容,企业将建立从业人员的 BIM 应用水平考核。因此,工程管理信息系统课程建设路径应该更加偏向行业发展需求,更加偏向工程管理信息规划和实践应用,从"大行业、大数据、大平台"丰富并强化工程管理专业的管理信息系统课程内容和教学建设,推动并加强"产、学、研、用"相结合的工程管理信息系统课程发展。

一、课程内容

工程管理信息系统涉及工程学、管理学、运筹学、统计学、经济学及计算机科学等多门学科,是各学科紧密相连综合交叉的一门学科。其学科属性,并非是计算机学科专业。

首先,从管理信息系统的建设分析,工程管理信息系统是一项既有技术系统特征又有社会系统特征的系统工程,开发工程管理信息系统需要综合性的知识。不但需要计算机技术方面的有关知识,更需要工程、经济和管理方面的相关知识。开发工程管理信息系统的专业人员运用计算机技术、经济数学方法和模型、工程和管理知识进行管理信息系统的开发。其次,从工程管理信息系统的定义分析,管理信息系统是介于工程学、管理科学、数学和计算机科学之间的一个边缘性、综合性、系统性的交叉学科,是自然科学和社会科学的有机结合,它融合了工程学、管理学、计算机科学和数学等学科的有关知识,形成了自身的综合性特色。工程管理信息系统不仅是实现管理现代化的有效途径,同时,也促进了企业管理走向现代化的进程。工程管理信息系统通过统一的管理平台、统一的数据库平台、统一的网络平台和统一的业务管理模式,实现工程建设项目经营、技术和办公事务等信息化管理。

本课程内容由以下主要部分组成:

(1)基础知识:工程管理信息系统的发展历程,主要讲述其各个发展阶段和未来发展趋势。

（2）基本理论：工程管理信息系统学科基础，主要讲述管理、系统、信息和组织等学科基础理论；技术基础，主要讲述计算机硬件与软件、数据库管理系统、通信系统与网络等技术基础理论知识；工程管理信息系统概念，主要讲述信息与建设工程信息及信息模型、涉及建设工程全寿命管理的信息模型及基于电子商务的建设工程信息模型；工程管理信息系统基本概念、功能与特点等。

（3）系统管理：工程管理信息系统开发方法，主要有结构化生命周期法、原型法、面向对象开发方法、计算机辅助软件工程方法，并对各种开发方法进行比较；工程管理信息系统总体规划、分析、设计及系统实施与维护评价。

（4）案例应用：建设行业信息化典型应用，主要有建设行业 ERP 应用、房地产管理、多项目信息化管理及工程造价信息化管理等。

不同于信息系统，工程管理信息系统课程内容以基础知识和基本理论为重点，在此基础上，介绍工程管理信息系统开发方法及规划、分析、设计和系统实施与维护评价，最后讲解系统工具在建设行业的应用。工程管理信息系统将工程、管理、系统和信息技术相结合，从而使信息获取更为便捷，工作更为高效，最终达到管理的功能，很大程度上提高了企业的经营及管理效率。

二、课程联系

工程管理专业人才培养应综合掌握与工程管理相关的技术、管理、经济、法律方面的理论和方法，具备在土木工程或其他工程领域进行的设计管理、投资控制、进度控制、质量控制、合同管理、信息管理和组织协调的基本能力，具备发现、分析、研究、解决工程管理实际问题的综合专业能力。因此，不可能通过一门课程解决所有工程管理信息化所需的技术和管理能力，合理的途径应该是工程管理信息系统与《高等学校工程管理本科指导性专业规范》所要求的五个知识领域进行交叉，依托工程管理人才培养的五大知识领域，形成相应的工程管理信息化交叉知识单元和知识点，通过五个知识领域内相关课程对工程管理信息化交叉知识点的组织和学习，进行工程管理信息化教育的能力结构培养。学习模式可采用分散学习、交互学习、独立学习等方式。

虽然工程管理信息系统更多体现为计算机及信息技术专业的应用，但是它绝对不能等同一门软件课程。工程管理信息化人才能力培养的实现，涉及技术、管理和合同等多方面知识，其培养层次如图 1-1 所示。

图 1-1　工程管理信息化人才培养层次

工程管理专业培养具备工程管理、工程经济、工程技术、工程法律等方面的专业基础知识，全面接受工程师基本训练，掌握现代管理科学理论、方法和手段，具有较强的实践和创新能力，能够在国内外工程建设和房地产领域从事项目决策、项目投资与融资、项目全过程管理和经营管理的复合型高级管理专业人才。由此可见，工程管理专业人才的培养，应当是基于工程管理、工程经济、工程技术、工程法律四大知识平台，以基础知识的学习和基本技能、实践能力、创新能力的渐进式培养设置教学环节，以素质教育和能力培养为主要抓手，以高级复合人才培养为总目标，能够胜任工程项目决策、投融资、全过程管理和经营运作等多方面工作的复合型高级管理人才。工程管理专业人才培养的三维结构模型如图 1-2 所示。

　　基于此，进一步建立工程管理专业课程架构，如图 1-3 所示。该架构突出了土木工程施工技术和建筑工程信息化基础，强化了工程项目管理、工程造价和工程合同的核心地位，建立了其他相关课程内容和知识的纵横向联系。

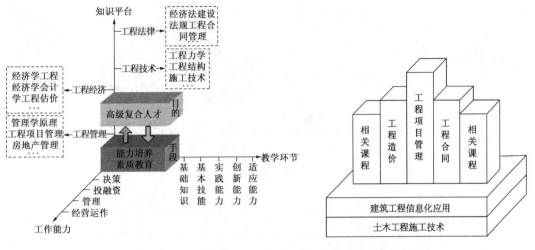

图 1-2　工程管理专业人才培养的三维结构模型　　　　图 1-3　工程管理专业课程架构

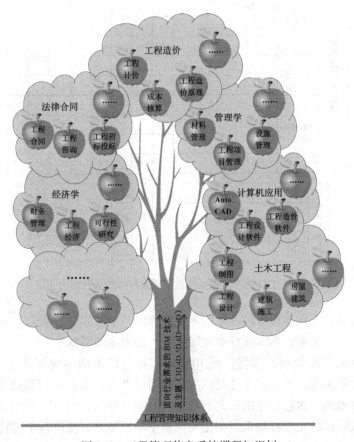

图 1-4　工程管理信息系统课程知识树

　　具体来说，工程管理信息系统与其他课程的交叉和联系可用如图1-4所示的工程管理信息系统课程知识树表示。课程具体知识点和行业发展趋势可用如图1-5所示的工程管理信息系统教学质量屋模型表示。

图1-5　工程管理信息系统教学质量屋的结构及能力要求

　　可以肯定的是，工程管理本科人才培养应该面向行业应用，培养与行业对接的工程信息化能力结构、素质元素，并掌握行业发展趋势，跟进未来需求。

　　以工程信息化BIM为例，工程管理BIM人才培养能力结构应该满足本科教学规律，从基础向高级逐层递进，不仅仅通过专门的一门引论课程，或者一门基础课程加一门高级课程等专业课程形式，而且要在培养大纲范围内分析其他课程与BIM的交叉知识单元和知识点，通过交叉知识单元或者知识点在相关课程中的网格式讲授进行工程管理BIM教育的能力结构培养。当然，学习模式可采用分散学习、交互学习、独立学习等方式。

以工程信息化 BIM 为例，对于中国工程管理专业 BIM 人才培养来说，必须重视 2013 版《高等学校工程管理本科指导性专业规范》的指导价值，必须重视国内工程管理专业开设 BIM 课程的现实约束。中国工程管理 BIM 人才培养路径，必须在这样的一种前提下，综合考虑 2013 版《高等学校工程管理本科指导性专业规范》的指导作用、面向行业需求的 BIM 能力结构以及 BIM 与大纲内其他课程交叉知识单元的学习水平及学习要求，因此，需要一种新的工程管理 BIM 人才培养路径分析方法。而质量屋方法的矩阵关系思想是解决上述问题的理想分析工具。

把工程信息化质量屋模型的特点及功能应用在工程管理本科人才的培养路径上可以圆满地分析 2013 版《高等学校工程管理本科指导性专业规范》、面向行业需求的工程信息化能力结构以及相关交叉知识单元的学习水平和学习要求之间的相关关系，从而构建中国背景下工程管理信息化人才培养的质量屋分析方法，该方法的矩阵关系详细地描述了工程管理信息化人才培养的素质元素构成，并通过质量屋的"强"、"弱"、"无"等关系分析工程管理本科 BIM 人才培养的能力结构、素质元素以及要求程度三者之间的关系强度，从而清晰地展现工程管理本科 BIM 人才培养路径及其相关要求。

三、课程任务

工程管理信息化，特别是 BIM 原理及实践的推广，进一步增强了行业对工程管理信息化人才的需求。目前工程管理专业的技术背景呈现多样化趋势，由过去以建筑工程为技术背景，逐步扩展到道路与桥梁工程、铁道工程、地下建筑与隧道工程、港口与航道工程、矿山工程、水利工程、石油工程、电力工程等更为广泛的专业技术领域。加之开办工程管理专业的院校众多，工程管理信息化教育的培养无疑将呈现多元化、多层次的发展。

高等教育专业培养作为土木工程与管理人才培养的重要途径，必须承担起建筑行业信息化发展的人才培养重担，跟上国际建筑产业发展的信息化步伐。对于高校工程管理教育来说，这是信息化背景和建筑行业未来发展需求趋势下我国工程管理教育必须面对的教育范式转型问题，换言之，以工程信息化教育为途径，通过工程管理信息化教学改革，工程管理专业人才培养需要从目前传统的图表教学、单纯的软件技能教育（包括工程造价软件、工程项目管理软件）等向以建筑信息系统或者建设工程"大行业、大数据、大平台"为核心的工程管理技术和管理教育模式转变。

2013 版《高等学校工程管理本科指导性专业规范》按知识领域、知识单元和知识点三个层次构建了工程管理专业知识体系，强调了工程管理专业学生培养的知识体系是由知识而不是课程构成。专业知识体系由五个知识领域构成：（1）土木工程或其他工程领域技术基础；（2）管理学理论和方法；（3）经济学理论和方法；（4）法学理论和方法；（5）计算机及信息技术。《高等学校工程管理本科指导性专业规范》确定了 197 个核心知识单元和 846 个核心知识点，强调了各高校设置工程管理专业时学生必须掌握的必备知识，是课程设置的刚性要求。而工程管理信息系统被归为计算机及信息技术知识领域，该领域知识单元为"计算机及信息技术专业应用"，在 24 个推荐学时内完成两个要求掌握的知识点，分别是"运用相关专业软件完成工程管理相关专业"和"工程建筑信息模型"，而计算机信息基础知识单元在工具性知识中安排。

综合工程管理信息化教育培养层次和工程管理信息系统课程知识树，构建五大知识体系与工程信息化的交叉知识单元和知识点，进行工程管理专业工程信息化能力的培养，与其他专业相比,呈现以下特点:首先是实践深度和广度的区别——客观因素。其他工程类专业,如结构、土木和路桥专业等,工程信息化环节一般局限于工程建设的某一具体方面,有比较精深的专业实践要求,对学生的专业实践能力要求更具体、更深入。这是由这些专业具有深度大,广度小的特点决定的,而工程管理专业却恰恰相反。其次是学制和时间等因素——主观因素。工程管理专业工程信息化能力的培养不可能像上述其他工程类专业专注于工程建设的某一方面,如规划、设计、监理、施工、预算、工程财务、工程法律等。工程信息化教育是融合在工程建设领域比较系统的认识和实践过程中的,是融合在工程建设的交叉知识单元和知识点中的。因此,工程信息化教育知识单元和知识点较宽泛,能力结构要求更加综合,既包括了工程信息化核心工具技术和工程技术实践的要求,又容纳了工程项目方面的素质和体验,还涵盖了工程经济与管理方面的实践操作能力的培养。因此,从"信息技术与管理融合"的角度认识管理信息系统的工程管理应用,强调信息系统规划、管理与信息系统应用并重,加强学生对工程管理信息系统的整体认识,是本课程的重要任务。

本课程主要研究工程管理中信息活动的全过程,通过该门课程的学习,可以使学生在已有的计算机课程及相应的专业课的基础上,掌握工程管理信息系统的总体概念和结构,并具有应用计算机对管理数据进行处理和开发管理信息系统的初步能力。

通过本门课程的学习,学生应掌握管理、信息、系统的基础知识;了解工程管理信息系统的发展历程及发展趋势;熟悉工程管理信息系统的理论与技术基础;熟悉数据资源管理技术;掌握用计算机对管理数据进行组织、存储、处理和使用的知识和技能;熟悉工程管理信息系统规划、设计,系统实施、运行与维护管理的相关知识;具备开发管理信息系统的初步能力;熟悉建设行业信息化应用。本课程注重培养学生综合应用多种学科和技术,通过系统的方法规划、组织和设计管理信息系统的能力;学会利用信息技术和先进的管理思想解决本行业信息化的实际问题。

在学习过程中,除要求学生切实掌握基本概念,充分理解基本理论和基本方法外,还应注意培养学生的抽象思维能力和逻辑推理能力,提高对管理问题进行分析的能力,初步具备定义信息需求、进行系统设计和系统实施的能力。

对于工程管理类专业的学生,学习本课程时并不用要求去掌握编写复杂的应用程序,本课程有些涉及技术性的内容部分是为了让学生拓宽视野,了解管理信息系统在实践中的应用,以便更好地理解课程内容,掌握操作和使用方法,提高应用能力,做到理论联系实际。

四、课程学习

工程管理信息系统作为工程管理专业的一门主要课程,课程性质和地位不容忽视。但"工程管理信息系统"的开设需要相应的信息专业知识和工程管理专业知识与实践的融合,加之工程管理专业学生特别是工科院校学生不太注重非专业知识的学习等因素的限制,造成了该课程开设难度增加、学生学习兴趣下降,进而导致教学效果不如工程管理专业课程,进一步影响了课程质量的建设,从而形成不利的课程教学发展循环。工程管理信息系统的课程教学分布在大三、大四和研究生阶段,不同阶段的学生学习预期和认识是不同的。学生学习期望的转移是教学侧重转变、教学效果改进等方面的一个重要启示。如何能够将工程管理信息系统课程实现前向和后向延伸,使学生能够理解和明白工程管理信息系统课程的功能、作用和课程支持群，消除学生对工程管理信息系统课程的迷失和迷茫状态，从而产生良好的教学效果，是教学解决的重点。工程管理信息系统课程学习需要从系统的角度出发，将研一、大四和大三，三个阶段的学生视为一个序贯体，以其三个阶段对工程管理信息系统课程学习重心的转移为出发点，基于学习迁移理论和行为主义学习理论，立足学生（知识需求者）构建工程管理信息系统课程的学习认知进阶过程示意框架，构建工程管理信息系统课程培养效果改进的路径。

基于此，如图1-6所示，本书将大三、大四和研究生一年级学生视为学习认知的三个相对进阶层次，分别为次级主体（大三学生）对应学习认知阶段、中级主体（大四学生）对应比较认知阶段和高级主体（研一学生）对应相对成熟认知阶段。

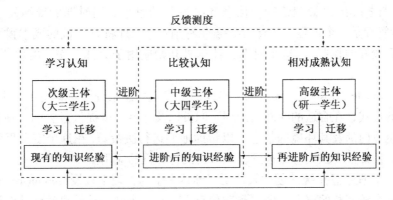

图1-6 工程管理信息系统课程学习认知进阶过程示意图

次级主体（大三学生）在学习工程管理信息系统课程过程中，将和现有的知识经验进行学习迁移；现有知识经验丰富后，中级主体（大四学生）对工程管理信息系统课程的认识进入比较认知阶段，在这个阶段，随着专业课程学习的逐步完善，他们对工程管理信息系统课程的认识会进一步深化；进入研究生阶段，由于学习和培养体系的变化，高级主体（研一学生）对工程管理信息系统课程的认识将发生实质变化，进入相对成熟阶段。在图1-6中，需要强调的是，进阶的层次是相对而言的，每个进阶阶段都有相应的知识经验和学习主体发生学习迁移，同时各相对进阶阶段的知识经验存在反馈和交流。因此，以工程管理方向研一学生对本课程的认识为基础，向下反馈至大四和大三学生，形成学生对本课程的学习认知反馈，是改善学生对工程管理信息系统课程认知和修正其学习期望的一个有效途径。

第二节 工程管理信息系统的发展历程

一、基本概念

（一）管理信息系统概述

管理信息系统（Management Information Systems，MIS）是一个交叉性综合性学科，组成部分有：计算机学科（网络通信、数据库、计算机语言等）、数学、统计学、运筹学、线性规划、管理学、仿真等多学科。管理信息系统是为管理服务的，它的开发和建立使企业摆脱落后的管理方式，是实现管理现代化的有效途径。管理信息系统将管理工作统一化、规范化、现代化，极大地提高了管理效率，使现代化管理形成统一、高效的系统。过去传统的管理方式是以人为主体的人工操作，虽然管理人员投入了大量的时间、精力，但是由于个人的能力是有限的，所以管理工作难免会出现局限性，或带有个人的主观性和片面性。而管理信息系统是使用系统思想建立起来的，以计算机为信息处理手段，以现代化通信设备为基本传输工具，能为管理决策者提供信息服务的人机系统，这是将管理与现代化接轨，以科技提高管理质量的重大举措。管理信息系统将大量复杂的信息处理交给计算机，使人和计算机充分发挥各自的特长，组成一个和谐、有效的系统，为现代化管理带来便捷。

20 世纪，随着全球经济的蓬勃发展，众多经济学家纷纷提出了新的管理理论。20 世纪 50 年代，西蒙提出"管理依赖于信息和决策"的思想。同时期的维纳发表了"控制论"，他认为管理是一个过程。1958 年，盖尔写道："管理将以较低的成本得到及时准确的信息，做到较好的控制。"这个时期，计算机开始应用于会计工作，出现"数据处理"一词。

1970 年，Walter T. Kennevan 给刚刚出现的"管理信息系统"一词下了一个定义："以口头或书面的形式，在合适的时间向经理、职员以及外界人员提供过去的、现在的、预测未来的有关企业内部及其环境的信息，以帮助他们进行决策。"在这个定义里强调了用信息支持决策，但并没有强调应用模型，没有提到计算机的应用。

1985 年，管理信息系统的创始人，明尼苏达大学的管理学教授 Gordon B. Davis 给了管理信息系统一个较完整的定义，即"管理信息系统是一个利用计算机软硬件资源和手工作业、分析、计划、控制和决策模型以及数据库的人—机系统。它能提供信息支持企业或组织的运行管理和决策功能。"这个定义全面地说明了管理信息系统的目标、功能和组成，反映了管理信息系统在当时达到的水平。

管理信息系统是一个不断发展的新型学科，MIS 的定义随着计算机技术和通信技术的进步也在不断更新，在现阶段，普遍认为 MIS 是由人和计算机设备或其他信息处理手段组成并用于管理信息的系统。

管理信息由信息的采集、信息的传递、信息的储存、信息的加工、信息的维护和使用五个方面组成。完善的 MIS 具有以下四个标准：确定的信息需求、信息的可采集与可加工、可以通过程序为管理人员提供信息、可以对信息进行管理。具有统一规划的数据库是 MIS 成熟的重要标志，它象征着 MIS 是软件工程的产物。

管理信息系统起初应用于一些基础的工作，如打印报表、计算工资、人事管理等，进而发展到企业财务管理、库存管理等单项业务管理，这属于电子数据处理（Electronic Date Processing，EDP）系统。当建立了企业数据库，有了计算机网络从而达到数据共享后，从系统观点出发，实施全局规划和设计系统信息时，就达到管理信息系统的阶段。随着计算机技术的进步和人们对系统需求的进一步提高，人们更加强调管理信息系统能否支持企业高层领导的决策这一功能，更侧重于企业外部信息的收集、综合数据库、模型库、方法库和其他人工智能能否直接面向决策者，这是决策支持系统（Decision Support System，DSS）的任务。我国 20 世纪 70 年代末有少数企业开始 MIS 的局部应用，目前，在我国建筑业已经相当普及，具有广泛的发展前途。

（二）工程管理信息系统

在国际建设工程中普遍将信息技术作为建设工程的基本手段，不仅提高了信息处理的效率，在一定程度上也起到了规范工程管理流程、提高项目管理工作效率和增强目标控制有效性的作用。

建设工程管理信息系统是一个由多个子系统组成的系统。子系统的划分与组织结构是密切相关的，每个子系统都有处理本部门业务所需的软件及必要的事务性决策支持软件。

在国际建设工程界，建设工程管理信息系统是一个较为广泛的概念，在英文中也有着多种名称，如 PMIS（Project Management Information System）或者 PIMS（Project Information Management System）以及 CMIS（Construction Management Information System）等。随着建设工程理论的发展，建设工程管理信息系统又被赋予许多新的内涵，如项目控制信息系统 PCIS、项目集成管理信息系统 PIMIS 等。国际上对建设工程管理信息系统普遍认可的定义是：建设工程管理信息系统是处理项目信息的人机系统。它通过收集、存储及分析项目实施过程中的有关数据，辅助工程项目的管理人员和决策者规划、决策和检查，其核心是辅助对项目目标的控制。

它与一般管理信息系统的差别在于，一般管理信息系统是针对企业中的人、财、物、产、供、销，以及以企业管理系统为辅助工作对象的系统；而建设工程管理信息系统是针对工程项目中的投资、进度、质量目标的规划与控制，以建设工程系统为辅助工作对象的系统。

建设工程管理信息系统的目标是实现信息的系统管理及提供必要的决策支持。建设工程管理信息系统为建设工程管理者和工程师提供标准化的、合理的数据来源，一定时间要求的、结构化的数据；提供预测、决策所需的信息以及数学—物理模型；提供编制计划、修改计划、计划调控的必要科学手段以及应变程序；保证对随机性问题处理时，为建设工程管理者、工程师提供多个可供选择的方案。

工程管理信息系统是在现代计算机普遍应用的基础上发展起来的，作为信息系统的一种前沿应用。但是随着项目管理信息化的不断推行，工程管理信息系统在处理信息的方法、技术等方面都有了较大发展，显示出人们对工程管理信息系统的认识在逐步加深，其概念也在逐步地成熟。随着信息技术的发展及建设工程项目管理思想和方法的不断改进，建设工程管理信息系统的功能也在不断发生变化，已成为一个集工程建设各参与方（包括：投资方、开发方、监理方、设计方、施工方、供货方、项目使用期的管理方），同时集工程建设全过程的管理信息系统，在工程建设中发挥着巨大的作用。

近年来在国家和政府部门的引导下，我国建筑施工总承包企业信息化得到一定的发展，不少施工总承包企业信息网络建设基本建成，信息技术应用得到一定的推广。建筑施工企业信息化建设对我国施工总承包企业管理规范化、绩效改善、生产力和竞争力提高都起到了积极的推动作用。

国内部分大型建筑施工企业把"信息化"作为企业生存、发展的重要资源予以经营，不断引进国外先进的管理思想、方法和技术，积极推进企业的改制和重组，大力开展信息化建设工作。近年来，中建、上海建工、中铁、中冶等大型骨干建筑施工企业把自身的信息化提高到企业战略的高度，江苏、浙江的民营建筑施工企业如浙江中天、浙江广厦、江苏中南集团等出于自身竞争和发展的需要，均积极地行动起来，从原来的购买工具软件、财务软件、预算软件、成本软件到开始上办公自动化系统、经营管理系统、项目管理系统等。不少企业建立了内部网、外部网、企业门户网站，各类网络的覆盖率和业务应用范围加大，已覆盖到企业的各个层面，尤其是企业的管理部门和核心业务部门。其中还涌现出了一大批优秀企业，其信息化建设取得了显著成效。通过使用信息技术，彻底改变了企业的经营管理模式，极大地提高了企业及项目的管理水平，创造了巨大的经济效益。据调查，企业使用项目管理工具可以使投资收益率增加 25%，生产能力增加 15%，节省时间 15%，工作效率增加 20%。

二、发展阶段

管理信息系统通过对企业当前运行的数据进行处理来获得有关信息，以控制企业的行为；利用过去和现在的数据及相应的模型，对未来的发展进行预测；能从全局目标出发，对企业的管理决策活动予以辅助。从工业发达的国家来看，管理信息系统经历了三个发展阶段：单机批处理阶段，通过单机实现分批次处理数据信息；分时处理阶段，按不同时间顺序处理数据信息，可以实现"资源共享"；实时处理阶段，通过计算机分布联网系统实时处理数据信息，并充分利用运筹学等数学方法，实现了硬件、软件和数据资源的共享。

(一) 国外工程管理信息系统发展

建筑业是一种分工细致及劳力密集的行业。建筑工程管理具有施工人数众多、工序繁复、分散性、移动性和一次性等特点。将计算机技术应用在建筑工程项目的管理上，其基本的出发点与其他大多专业一致，其发展经历了一些挫折。计算机技术在建筑上的应用基本上可以分为四个阶段：起步阶段、发展阶段、相持阶段和拉开档次阶段。

世界发达国家信息化起步较早，信息技术、网络技术在建设领域已有相当广泛的应用。这些应用主要表现在工程咨询、建筑业、房地产业、城市规划、建设和管理行业。这些国家和地区都努力通过建立高效的政府管理信息系统来提高管理水平和政府工作的透明度，改进行业管理、提高工程质量、降低工程成本。如美国 Autodesk 公司最早推出 Auto-CAD，最早两三年出一个新版本，现在每年都有一个新版本，其功能不断趋于完善。又如，最近几年，国外大公司开始推出基于 BIM 技术的设计软件和施工管理软件，这类软件可以称之为下一代的建筑工程应用软件。同时，一些发达国家对建筑业信息化给予了高度重视。日本 1995 年就提出实现建设领域信息化的口号，并制定了时间跨度 15 年的信息化发展战略。美国、北欧国家、新加坡等同样重视信息化工作，并把重点放在开发新技术、应用新技术上。例如，美国和北欧四国共同发表声明，将在公共工程中推进 BIM 技术的应用。据统计，美国在财务会计上占有 90% 的工作由计算机完成；物资管理中 80% ~ 100% 的信息处理由计算机完成；计划管理是 80% ~ 90%。

在香港，主要应用有：设定通用的标准和发展通用的数据基础设施，便于参与建设业务者能以电子方式通信；采用因特网和电脑技术有效地获取和交换工程项目资料；利用电子方式进行工程图纸、资料管理及图纸审查管理；利用数码相机技术对现场施工情况进行实时动态管理；在施工现场人员的管理中采用"绿卡认证"（绿卡中包含有职员的基本情况以及就业、技能等信息）等。

与我国相比，日本的项目管理信息化进行得比较系统，其行业标准规定也比较统一，日本近年来大力推进建设项目全生命周期信息化，即 CALS/EC。其特点是：以建设项目的全生命周期为对象，信息全部实现电子化；利用因特网进行信息的提交、接收；所有电子化信息均储存在数据库实现共享、再利用，达到降低成本、提高质量、提高效率和增强建筑业竞争力的目的，真正充分体现了现代信息技术在整个项目管理过程中的成功应用。

（二）我国工程管理信息系统发展

我国建设工程行业于 20 世纪 80 年代率先在工程设计中推广使用计算机，90 年代开始应用工程项目管理软件、造价软件等。1996 年开始，工程造价信息化全面启动，中国化学工程总公司自 20 世纪 90 年代初开始，在原建设部和原化工部的领导支持下，以国际通用的项目管理原理为基础，组织专家自主开发完成了中国人自己的"工程项目综合管理系统 IPMS"；从 1994 年前后开始，北京建筑工程学院与北京铁路西客站工程指挥部联合研制了建筑监理软件，并初步应用于西客站的工程监理；而较全面引入管理信息系统的是举世闻名的三峡水利工程。1995 年，三峡工程总公司以 1250 万美元的价格签订了引进加拿大 Monenco AGRA 工程设计咨询公司工程管理信息系统 MPMS 系统的合同。

随后一些规模较大或水平较高的企业首先建立了局域网，实现了企业内部数据资源的共享，同时，项目管理软件也成为建筑企业的一个关注点。国家不断出台相关政策规定，倡导工程管理信息化的应用及发展。信息化是建筑产业现代化的主要特征之一，特别是 BIM 应用，作为建筑业信息化的重要组成部分，正极大地促进建筑领域生产方式的变革。BIM 能够应用于工程项目规划、勘察、设计、施工、运营维护等各阶段，实现了建筑全生命期各参与方在同一多维建筑信息模型基础上的数据共享，为产业链贯通、工业化建造和繁荣建筑创作提供了技术保障；支持对工程环境、能耗、经济、质量、安全等方面的分析、检查和模拟，为项目全过程的方案优化和科学决策提供了依据；支持各专业协同工作、项目的虚拟建造和精细化管理，为建筑业的提质增效、节能环保创造了条件。

目前，为贯彻《2011～2015 年建筑业信息化发展纲要的通知》和《住房城乡建设部关于推进建筑业发展和改革的若干意见》有关工作的部署、推进 BIM 的应用，住房和城乡建设部 2015 年 6 月印发了《关于推进建筑信息模型应用的指导意见》，在企业和项目层面指出了未来工程信息化发展的重点内容和趋势。在企业层面，到 2020 年末，建筑行业甲级勘察、设计单位以及特级、一级房屋建筑工程施工企业应掌握并实现 BIM 与企业管理系统和其他信息技术的一体化集成应用；在项目层面，到 2020 年末，以下新立项项目在勘察设计、施工、运营维护中，集成应用 BIM 的项目比率达到 90%，特别是以国有资金投资为主的大中型建筑；申报绿色建筑的公共建筑和绿色生态示范小区。

《关于推进建筑信息模型应用的指导意见》强调 BIM 的全过程应用，指出要聚焦于工程项目全生命期内的经济、社会和环境效益，在规划、勘察、设计、施工、运营维护全过程中普及和深化 BIM 应用，提高工程项目全生命期各参与方的工作质量和效率，并在此基础上，针对建设单位、勘察单位、规划和设计单位、施工企业和工程总承包企业以及运营维护单位的特点，分别提出 BIM 应用要点。具体如下：

1. 建设单位

全面推行工程项目全生命期、各参与方的 BIM 应用，要求各参与方提供的数据信息具有便于集成、管理、更新、维护以及可快速检索、调用、传输、分析和可视化等特点。实现工程项目投资策划、勘察设计、施工、运营维护各阶段基于 BIM 标准的信息传递和信息共享。满足工程建设不同阶段对质量管控和工程进度、投资控制的需求。

（1）建立科学的决策机制。在工程项目可行性研究和方案设计阶段，通过建立基于

BIM 的可视化信息模型，提高各参与方的决策参与度。

（2）建立 BIM 应用框架。明确工程实施阶段各方的任务、交付标准和费用分配比例。

（3）建立 BIM 数据管理平台。建立面向多参与方、多阶段的 BIM 数据管理平台，为各阶段的 BIM 应用及各参与方的数据交换提供一体化信息平台支持。

（4）建筑方案优化。在工程项目勘察、设计阶段，要求各方利用 BIM 开展相关专业的性能分析和对比，对建筑方案进行优化。

（5）施工监控和管理。在工程项目施工阶段，促进相关方利用 BIM 进行虚拟建造，通过施工过程模拟对施工组织方案进行优化，确定科学合理的施工工期，对物料、设备资源进行动态管控，切实提升工程质量和综合效益。

（6）投资控制。在招标、工程变更、竣工结算等各个阶段，利用 BIM 进行工程量及造价的精确计算，并作为投资控制的依据。

（7）运营维护和管理。在运营维护阶段，充分利用 BIM 和虚拟仿真技术，分析不同运营维护方案的投入产出效果，模拟维护工作对运营带来的影响，提出先进合理的运营维护方案。

2. 勘察单位

研究建立基于 BIM 的工程勘察流程与工作模式，根据工程项目的实际需求和应用条件确定不同阶段的工作内容。开展 BIM 示范应用。

（1）工程勘察模型建立。研究构建支持多种数据表达方式与信息传输的工程勘察数据库，研发和采用 BIM 应用软件与建模技术，建立可视化的工程勘察模型，实现建筑与其地下工程地质信息的三维融合。

（2）模拟与分析。实现工程勘察基于 BIM 的数值模拟和空间分析，辅助用户进行科学决策和规避风险。

（3）信息共享。开发岩土工程各种相关结构构件族库，建立统一的数据格式标准和数据交换标准，实现信息的有效传递。

3. 规划和设计单位

研究建立基于 BIM 的协同设计工作模式，根据工程项目的实际需求和应用条件确定不同阶段的工作内容。开展 BIM 示范应用，积累和构建各专业族库，制定相关企业标准。

（1）投资策划与规划。在项目前期策划和规划设计阶段，基于 BIM 和地理信息系统（GIS）技术，对项目规划方案和投资策略进行模拟分析。

（2）设计模型建立。采用 BIM 应用软件和建模技术，构建包括建筑、结构、给水排水、暖通空调、电气设备、消防等多专业信息的 BIM 模型。根据不同设计阶段任务要求，形成满足各参与方使用要求的数据信息。

（3）分析与优化。进行包括节能、日照、风环境、光环境、声环境、热环境、交通、抗震等在内的建筑性能分析。根据分析结果，结合全生命周期成本，进行优化设计。

（4）设计成果审核。利用基于 BIM 的协同工作平台等手段，开展多专业间的数据共享和协同工作，实现各专业之间数据信息的无损传递和共享，进行各专业之间的碰撞检测和管线综合碰撞检测，最大限度减少错、漏、碰、缺等设计质量通病，提高设计质量和效率。

4. 施工企业

改进传统项目管理方法，建立基于 BIM 应用的施工管理模式和协同工作机制。明确施工阶段各参与方的协同工作流程和成果提交内容，明确人员职责，制定管理制度。开展BIM 应用示范，根据示范经验，逐步实现施工阶段的 BIM 集成应用。

（1）施工模型建立。施工企业应利用基于 BIM 的数据库信息，导入和处理已有的BIM 设计模型，形成 BIM 施工模型。

（2）细化设计。利用 BIM 设计模型根据施工安装需要进一步细化、完善，指导建筑构件的生产以及现场施工安装。

（3）专业协调。进行建筑、结构、设备、管线在施工阶段综合的碰撞检测、分析和模拟，消除冲突，减少返工。

（4）成本管理与控制。应用 BIM 施工模型，精确高效地计算工程量，进而辅助工程预算的编制。在施工过程中，对工程动态成本进行实时、精确的分析和计算，提高对项目成本和工程造价的管理能力。

（5）施工过程管理。应用 BIM 施工模型，对施工进度、人力、材料、设备、质量、安全、场地布置等信息进行动态管理，实现施工过程的可视化模拟和施工方案的不断优化。

（6）质量安全监控。综合应用数字监控、移动通信和物联网技术，建立 BIM 与现场监测数据的融合机制，实现施工现场集成通信与动态监管、施工时变结构及支撑体系安全分析、大型施工机械操作精度检测、复杂结构施工定位与精度分析等，进一步提高施工精度、效率和安全保障水平。

（7）地下工程风险管控。利用基于 BIM 的岩土工程施工模型，模拟地下工程施工过程以及对周边环境影响，对地下工程施工过程可能存在的危险源进行分析评估，制定风险防控措施。

（8）交付竣工模型。BIM 竣工模型应包括建筑、结构和机电设备等各专业内容，在三维几何信息的基础上，还包含材料、荷载、技术参数和指标等设计信息，质量、安全、耗材、成本等施工信息，以及构件与设备信息等。

5. 工程总承包企业

根据工程总承包项目的过程需求和应用条件确定 BIM 应用内容，分阶段（工程启动、工程策划、工程实施、工程控制、工程收尾）开展 BIM 应用。在综合设计、咨询服务、集成管理等建筑业价值链中技术含量高、知识密集型的环节大力推进 BIM 应用。优化项目实施方案，合理协调各阶段工作，缩短工期、提高质量、节省投资。实现与设计、施工、设备供应、专业分包、劳务分包等单位的无缝对接，优化供应链，提升自身价值。

（1）设计控制。按照方案设计、初步设计、施工图设计等阶段的总包管理需求，逐步建立适宜的多方共享的 BIM 模型。使设计优化、设计深化、设计变更等业务基于统一的BIM 模型，并实施动态控制。

（2）成本控制。基于 BIM 施工模型，快速形成项目成本计划，高效、准确地进行成本预测、控制、核算、分析等，有效提高成本管控能力。

（3）进度控制。基于 BIM 施工模型，对多参与方、多专业的进度计划进行集成化管理，全面、动态地掌握工程进度、资源需求以及供应商生产及配送状况，解决施工和资源配置的冲突和矛盾，确保工期目标的实现。

（4）质量安全管理。基于 BIM 施工模型，对复杂施工工艺进行数字化模拟，实现三维可视化技术交底；对复杂结构实现三维放样、定位和监测；实现工程危险源的自动识别分析和防护方案的模拟；实现远程质量验收。

（5）协调管理。基于 BIM，集成各分包单位的专业模型，管理各分包单位的深化设计和专业协调工作，提升工程信息交付质量和建造效率；优化施工现场环境和资源配置，减少施工现场各参与方、各专业之间的相互干扰。

（6）交付工程总承包 BIM 竣工模型。工程总承包 BIM 竣工模型应包括工程启动、工程策划、工程实施、工程控制、工程收尾等工程总承包全过程中用于竣工交付、资料归档、运营维护的相关信息。

6. 运营维护单位

改进传统的运营维护管理方法，建立基于 BIM 应用的运营维护管理模式。建立基于 BIM 的运营维护管理协同工作机制、流程和制度。建立交付标准和制度，保证 BIM 竣工模型完整、准确地提交到运营维护阶段。

（1）运营维护模型建立。可利用基于 BIM 的数据集成方法，导入和处理已有的 BIM 竣工交付模型，再通过运营维护信息录入和数据集成，建立项目 BIM 运营维护模型。也可以利用其他竣工资料直接建立 BIM 运营维护模型。

（2）运营维护管理。应用 BIM 运营维护模型，集成 BIM、物联网和 GIS 技术，构建综合 BIM 运营维护管理平台，支持大型公共建筑和住宅小区的基础设施和市政管网的信息化管理，实现建筑物业、设备、设施及其巡检维修的精细化和可视化管理，并为工程健康监测提供信息支持。

（3）设备设施运行监控。综合应用智能建筑技术，将建筑设备及管线的 BIM 运营维护模型与楼宇设备自动控制系统相结合，通过运营维护管理平台，实现设备运行和排放的实时监测、分析和控制，支持设备设施运行的动态信息查询和异常情况快速定位。

（4）应急管理。综合应用 BIM 运营维护模型和各类灾害分析、虚拟现实等技术，实现各种可预见灾害的模拟和应急处置。

综上，工程管理信息系统全面推行工程项目全生命期、各参与方的 BIM 应用，要求各参与方提供的数据信息具有便于集成、管理、更新、维护以及可快速检索、调用、传输、分析和可视化等特点。实现工程项目投资策划、勘察设计、施工、运营维护各阶段基于 BIM 标准的信息传递和信息共享。满足工程建设不同阶段对质量管控和工程进度、投资控制的需求。

三、现实需求

随着管理理念的不断创新和以计算机和通信技术为代表的信息技术的飞速发展，管理信息系统的概念、内容与作用在深度和广度上都有了很大的发展。为了深化管理类专业的教学改革，与时俱进，及时更新教学内容，培养一批素质高的管理人才，有必要开设工程管理信息系统相关课程。

（一）两化融合的要求

两化融合是信息化和工业化的高层次的深度结合，是指以信息化带动工业化、以工业化促进信息化，走新型工业化道路；两化融合的核心就是信息化支撑，追求可持续发展模式。

"十三五"期间，我国将推进信息化与工业化的深度融合，围绕工业转型升级，推进信息技术在工业各领域的广泛应用以及生产各环节的综合集成，重点带动传统产业的变革式发展。两化深度融合是两化融合的继承和发展，不是另起炉灶，而是在两化融合实践的基础上，在一些关键领域进行深化、提升，例如新一代信息技术应用、产品信息化及企业信息化集成应用和融合创新、产业集群两化融合、培育新兴业态等。从行业来看，两化融合将从大类行业向各自细分行业扩展，并从工业扩展到生产性服务业。从领域来看，两化融合将从单个企业的信息化向产业链信息化延伸，从管理领域向研发设计、生产制造、节能减排、安全生产领域延伸。从层次来看，两化融合不只是停留在技术应用层面，还将引发商业模式创新甚至商业革命，催生更多新兴业态。推进"两化"深度融合就是推进信息化与工业化从硬融合阶段逐步向软融合阶段转变，进而向"两化"和谐发展期转变，最终实现信息化和工业化相互促进、和谐共生的过程。

建设行业通过两化融合，建立工程管理信息系统，能够提升公司形象，提高工作效率，降低运营成本，并实现可持续化、低碳化和绿色化。提高公司的整体运作效率，大幅拓展业务，争取企业利润最大化，进一步提高企业的竞争力。

例如，中国十七冶集团通过两化融合管理体系贯标工作，成效初显，已步入了"智慧企业信息化的初级阶段"。通过技术改造和系统建设，公司以信息为基础，以知识为载体，以创新为特征，充分、敏捷、高效地整合和运用内外部资源，实现有效管理风险和可持续发展，实现企业内外部资源的最优配置，壮大企业的决策、协调、结算和指挥能力，使公司总部成为零距离、全方位、公开透明、智能化的决策中心。2015 年 4 月 26 日，中国十七冶集团收到了国家工信部颁发的"两化融合管理体系"证书，成为安徽省首家通过两化融合管理体系评定的公司，也成为全国建筑行业唯一一家首批通过两化融合管理体系评定的企业。

（二）政策要求

国家不断出台相关政策规定，倡导工程管理信息化应用及发展。

（1）"十五"期间，原建设部颁布了"建设领域信息化工作基本要点"并以此为契机，组织了城市规划、建设、管理和服务的数字化工程和建筑业信息化关键技术研究等科技攻关项目。"十一五"期间又组织了"城市数字化关键技术研究与示范"、"建筑业信息化关键技术研究与应用"等项目。

（2）2003 年，原建设部发布了《2003～2008 年全国建筑业信息化发展规划纲要》，提出进入 21 世纪后，逐步推广应用工程管理信息系统。从建筑业信息化基础建设、建筑企业信息化建设、电子政务建设等方面明确了 2003～2008 年的发展目标。

（3）2006 年 12 月实施的《建设工程项目管理规范》，提出了"组织应建立信息管理体系，及时、准确地获得和快捷、安全、可靠地使用所需的信息"。

（4）住房和城乡建设部于 2011 年颁布了《2011～2015 年建筑业信息化发展纲要》，提出了"十二五"期间的总体目标，基本实现建筑企业信息系统的普及应用，加快建筑信息模型（BIM）、基于网络的协同工作等新技术在工程中的应用，推动信息化标准建设，促进具有自主知识产权软件的产业化，形成一批信息技术的应用达到国际先进水平的建筑企业。

（5）2011 年 5 月，《2011～2015 年建筑业信息化发展纲要》提出了加快建筑信息模型（BIM）、基于网络的协同工作等新技术在工程中的应用，推动信息化标准建设，并促进企业信息化建设。

（6）2011 年 7 月，《建筑业发展"十二五"规划》提出全面提高行业信息化水平，运用信息技术强化项目过程管理、企业集约化管理和协同工作，提高项目管理、设计、建造、工程咨询服务等方面的信息化技术应用水平，促进行业管理的技术进步。

（7）2012 年 5 月，《建筑施工企业信息化评价标准》开始实施，该"标准"引导了建筑施工企业科学、合理、有效地进行信息化建设，促进了企业信息化管理水平的提高，从业务、技术、保障、应用和成效五个方面对建筑企业信息化进行评价。

（8）2014 年 7 月，《关于推进建筑业发展和改革的若干意见》指出推进建筑信息模型（BIM）等信息技术在工程设计、施工和运行维护全过程的应用，提高综合效益。

（9）2015 年 6 月，《关于推进建筑信息模型应用的指导意见》指出信息化是建筑产业现代化的主要特征之一，BIM 应用作为建筑业信息化的重要组成部分，必将极大地促进建筑领域生产方式的变革。该"指导意见"强调了 BIM 在建筑领域应用的重要意义，提出了推进建筑信息模型应用的指导思想与基本原则，同时明确提出了推进 BIM 应用的发展目标。

（三）信息社会企业变革需求

目前，知识经济正向信息经济时代转变，信息化促进企业飞速发展，世界各地的企业已经面临着一个竞争异常激烈的全球性的生存环境。为求得生存与发展，企业必须加快产品的更新换代、不断地重组企业流程以适应瞬息万变的市场需求。以时间为基础的竞争已成为信息社会企业竞争的一个突出特点。企业的战略体现在：在合适的时间以合适的组织管理模式管理企业，使其能在最短时间内开拓新市场。传统的企业管理已不能适应企业竞争发展的需要，企业对其复杂多变的生态环境的反应速度和企业本身组合结构的弹性成为了企业能否持续生存和发展的关键所在。

当今世界，信息化、网络化正在引领人类生产方式的新变革。信息化与工业化的融合，正成为一种新型的发展理念、一种新的发展方式，正成为企业夯实管理基础、增强市场控制力、提高产品附加值、提升企业竞争力的重要手段。以移动互联网、云计算、物联网为特征的新一代信息技术的迅猛发展，正在加快商业模式和制造过程的深层变革。企业管理的范畴和边际正逐渐被打破，以产品为中心的销售将走向用户驱动型商业模式，自上而下的集中式管理将转向"非层级制"的分散合作。

两化融合是具有中国特色的战略性、全局性、系统性的变革过程。企业必须进行战略性的深度变革，才能保持持续发展的优势；企业必须突破传统的管理理念，树立起开放、协同、融合、共赢的新理念，建立以消费者为中心的圈环式价值创造链，使企业与员工、产业链上下游、合作者、甚至是竞争者等相关方形成利益共同体；企业必须对产销模式进行彻底变革，转向与消费者互动的产销关系，甚至可以让消费者根据自己的需求参与产品的设计；企业必须改变传统的经营体制和机制，更多地采用业务外包、特许经营、战略联盟等各种形式来提高自己的竞争力；企业必须对管理模式和方式进行调整和变革，减少管理层次和管理职能部门，实现网络化、扁平化、柔性化的管理，从而提高市场应变能力。

总之，信息化和工业化的融合，对我们提出了挑战，但也为我们的管理创新创造了更为有利、便捷的条件，提供了更加高效的手段。企业建立信息化管理系统势在必行。管理信息系统能够对企业的组织结构、经营方式等产生影响，可以加强企业管理、收集市场信息、促进技术创新、提高生产效率。

（四）行业需求

在建筑市场竞争日益激烈的环境下，建筑施工企业要想更好地可持续发展和发挥竞争优势，就必须提升企业的管理水平和核心竞争能力，就必须不断地进行技术创新与管理创新。而信息化技术是支撑企业发展和管理落地的有效手段之一。随着近几年信息技术日新月异的发展，涌现出许多新的信息技术，建筑企业信息化进入互联网时代，为企业集约经营、项目精益管理的管理理念的落地提供了手段。

《2013~2014年中国建筑工程行业信息化发展研究年度报告》指出，近几年建筑行业的发展进一步促进了建筑工程信息化的深化应用，由管理需求衍生到信息化需求，从部门级应用向企业级应用转变，从算量软件、造价软件、工程管理软件应用向BIM软件应用演变，从客户端时代进入"云+端"时代。

住房和城乡建设部在《2011~2015年建筑业信息化发展纲要》指出要高度重视信息化对建筑业发展的推动作用，通过统筹规划、政策导向，进一步加强建筑企业信息化建设，不断提高信息技术应用水平，促进建筑业技术进步和管理水平提升。提出了建筑业信息化发展的具体目标。

1. 企业信息化建设

工程总承包类：进一步优化业务流程，整合信息资源，完善提升设计集成、项目管理、企业运营管理等应用系统，构建基于网络的协同工作平台，提高集成化、智能化与自动化程度，推进设计施工一体化。

勘察设计类：完善提升企业管理系统，强化勘察设计信息资源整合，逐步建立信息资源的开发、管理及利用体系。推动基于BIM技术的协同设计系统的建设与应用，提高工程勘察问题的分析能力，提升检测、监测分析水平，提高设计集成化与智能化程度。

施工类：优化企业和项目管理流程，提升企业和项目管理信息系统的集成应用水平，建设协同工作平台，研究实施企业资源计划（ERP）系统，支撑企业的集约化管理和可持续发展。

2. 专项信息技术应用

加快推广BIM、协同设计、移动通信、无线射频、虚拟现实、4D项目管理等技术在勘察设计、施工和工程项目管理中的应用，改进传统的生产与管理模式，提升企业的生产效率和管理水平。

3. 信息化标准

完善建筑业行业与企业的信息化标准体系和相关的信息化标准体系，推动信息资源整合，提高信息综合利用水平。同时，该纲要指出了建筑企业信息系统、专项信息技术应用及信息化标准几个方面的发展重点，指出围绕企业应用的两个层面，重点建设一个平台、八大应用系统。两个层面指核心业务层和企业管理层；一个平台指信息基础设施平台；八大应用系统指核心业务层的设计集成、项目管理、项目文档管理、材料与采购管理、运营管理系统，以及企业管理层的综合管理、辅助决策、知识管理与智能企业门户系统。

总之，建筑行业要求可持续发展，不管是建设方还是设计单位、施工单位、供应商、物业单位及政府，都应该积极应对。充分利用新一代信息技术来改变建设参与各方交互的方式，以提高交互的明确性、效率、灵活性和响应速度，对建筑有更透彻的感知和更广泛的互联互通，让建筑物有更深入的智能化，使建设项目效益最大化，实现"绿色、智能、宜居"的智慧建筑，迎接建设行业的变革。

四、发展趋势

这里从项目、企业和行业层面分析工程管理信息系统的发展趋势。

（一）工程项目管理信息系统

工程管理信息系统是一个逐步深化的过程，在现代互联网技术普及之前，对建设工程过程中的工程信息和工程资料的搜集处理是最原始、单一的信息系统。在现代建筑工程领域内，伴随建设工程项目日益大型化、综合化与复杂化，项目管理的知识密集与信息密集特点日益凸现，信息技术手段在工程项目管理中的作用已经得到共识，采用工程项目管理信息系统（Project Management Information System，PMIS）进行项目管理已经成为现代建设项目管理的重要特征之一，国内外对 PMIS 进行了较多的探索与实践，加之项目管理理论的不断发展，工程项目管理中信息技术的支持作用已得到很大的强化。

整体上，当前建设项目管理中信息技术手段的应用程度相对较低。在建设项目日益大型化、综合化与复杂化的情况下，在建设项目面临的资金、工期、质量、安全、环境等外在约束小幅度增强的趋势下，在建设项目管理知识密集与信息密集程度小幅度提高的情况下，传统 PMIS 暴露了众多的不足而面临着多种挑战，有效应用包括地理信息技术、遥感、协同计算等新技术手段，将 PMIS 从传统简单的管理信息系统提升到具有各决策支持功能、空间分析与规划能力、多用户协同工作支持功能等的综合性支撑平台，是目前的研究与实践的重要内容，也是 PMIS 未来发展的重要方向。

（二）建筑企业管理信息系统

互联网和信息技术的高速发展，改变了建筑企业的经营管理模式、做事的方法和人们的生活方式。全球经济环境不断发展和变化，竞争环境复杂多变，企业的管理思想、管理方法的不断创新，计算机网络技术的快速发展，促成了建筑企业管理信息系统持续的发展和变化。总的发展趋势是管理思想现代化、系统应用网络化、开发平台标准化、业务流程自动化、应用系统集成化这样一个"五化"的发展过程。

1. 管理思想现代化

社会和科学技术总是不断发展的，适应知识经济的新的管理模式和管理方法不断涌现：敏捷制造、虚拟制造、精益生产、客户关系管理、供应商关系管理、大规模定制、基于约束理论的先进计划和排产系统 APS、电子商务、商业智能，基于平衡记分卡的企业绩效管理……不一而足。工程管理信息系统必须不断增加这些新思想、新方法以适应企业的管理变革和发展要求。

2. 系统应用网络化

当今处在全球经济一体化的年代，网络经济的时代，由于互联网络和通信技术的高速发展，彻底改变了建筑企业的经营管理模式、生活方式和做事的方法。企业对互联网的依赖将像今天企业对电力和电话的依赖一样重要。离开互联网的应用就谈不上敏捷制造、虚拟制造、精益生产、客户关系管理、供应商关系管理、电子商务。只有采用基于互联网的系统才能方便地实现集团管理、异地管理、移动办公，实现环球供应链管理。

3. 开发平台标准化

计算机技术发展到今天，那种封闭的专有系统已经走向消亡。基于浏览器/服务器的体系结构，支持标准网络的通信协议，支持标准的数据库访问，支持 XML 的异构系统互联；实现应用系统独立于硬件平台、操作系统和数据库；实现系统的开放性、集成性、可扩展性、互操作性；这些已成为应用系统必须遵守的标准，反之，不符合上述标准的系统是没有前途的系统。

4. 业务流程自动化

传统 ERP 是一个面向功能的事务处理系统。它为业务人员提供了丰富的业务处理功能，但是每个业务处理都不是孤立的，它一定与其他部门、其他人、其他事务有关，这就构成了一个业务流程。传统 ERP 对这个业务流程缺乏有效的控制和管理。许多流程是由人工离线完成的。工作流管理技术是解决业务过程集成的重要手段，它与 ERP 或其他管理信息系统的集成，将实现业务流程的管理、控制和过程的自动化，使企业领导与业务系统真正集成，实现企业业务流程的重构。所以工作流管理技术受到人们的高度重视并得到快速的发展。

5. 应用系统集成化

建筑企业信息化包括了很多内容：技术系统信息化包括 CAD、CAM、CAPP、PDM、PLM；管理信息化包括 ERP、CRM、SRM、BI、EC；生产制造过程自动化包括 NC、FMS、自动化立体仓库 AS/RS、制造执行系统 MES。所有这些系统都是为企业经营战略服务的，它们之间存在着大量的共享信息和信息交换，在单元技术成功运行的基础上，它们之间要实现系统集成，使其应用效果最大化。

建筑业的信息化建设经历了起步、普及、网络化阶段，正步入集成化阶段。面对日益加大的建设工程量和可持续发展型社会对建筑项目的要求，迫切需要将现代信息技术与新技术、新工艺、新材料等相结合，推动设计、施工生产过程和方法的创新、企业管理模式的创新、企业间协作管理的创新，从而提升我国建筑业的核心竞争力。国家"十二五"规划要求，"全面提高信息化水平，推动信息化和工业化深度融合，加快经济社会各领域信息化。"运用信息化等高新技术改造传统产业，是促进建筑业科学发展、转变发展方式与企业转型升级的重要途径和核心课题。

（三）建筑业行业信息化

建筑业信息化发展方向的重点将会实现"三个转变一个升级"。"三个转变"是指从建筑业的管理机构到建筑业企业再到建筑业信息化服务商三个层次的转变，"一个升级"是指信息化技术的战略升级。

1. 政府对建筑业管理方式的转变

基于建筑生命周期的建筑业管理信息化建设是国家电子政务的组成部分。目前国家住房和城乡建设部在《2011～2015 年建筑业信息化发展纲要》中明确了加强行业主管部门的引导作用，加强建筑业信息化软科学研究，为建筑业信息化发展提供了理论支撑。所以，为尽快实现建筑生命周期建筑业集成管理的发展目标，建筑生命周期涉及的相关管理部门必须协调起来共同解决信息化过程中的业务整合、流程优化、组织业务功能合理、管理目标统一和信息系统的建设，这就需要国家统一协调，建立起以建筑生命周期为主线的建筑业管理信息化总体规划，稳步推进。

2. 加快行业主管部门信息化进程，从源头上规范建筑业整体市场的运营

我国目前有 6 万多家建筑施工企业，央企、国企、民企同时并存，国内同行业间在实

力和管理上良莠不齐。作为行业主管部门应严格市场准入制度，对建筑施工企业的基本信息，如资产、资金、经营业绩、资信能力、人员信息等数据进行科学收集、分类、维护和管理。加快行业主管部门信息化的进程将从源头上推进建筑业整体市场的制度化、标准化和信息化的进程。

3. 建筑业信息化支持产业的转变

随着经济生活全球化和社会需求多元化的快速发展，以及节能减排的要求，我国工程建设领域面临越来越复杂的环境。目前，针对工程建设的服务往往是基于产品的简单技术咨询，而对全生命周期的工程建设中的疑难问题，很难给出满意答案。因此，"十二五"建筑业信息化支持产业发展的趋势是建立以工程建设为核心的较为完善的工程建设服务体系，突破跨专业服务整合、资源整合等技术瓶颈，将无形的服务有形化、将分散资源集中化、将孤立系统集成化，为工程建设提供更有价值的服务，并建立专业的工程建设信息服务队伍，向着产业化方向发展。

4. 建筑业企业自身的转变

城市运营是一个广义的概念，从具体操作层面来看，更多的是体现在城市公路、污水处理、轨道交通、保障性住房和市政设施等方面。建筑企业这种经营方式的转变急需信息系统的支持，因此建筑业信息化推进工作将逐渐偏向对城市建设服务的运营维护，对基于建筑信息模型的建筑设施运营维护服务支持系统、关键建筑设施全生命周期性能模拟分析软件系统、运营状态实时监控系统、能耗监测服务系统的研究，这对于提升整个城市建设服务水平具有十分重大的意义。

5. 建筑业信息化应用技术的升级

住房和城乡建设部在《2011~2015年建筑业信息化发展纲要》中明确了将进一步完善建筑业相关的信息化标准，重点完善建筑行业信息编码标准、数据交换标准、电子工程图档标准、电子文档交付标准等，推动信息资源的整合，提高信息综合利用水平。建筑业管理的基础信息编码和业务流程的统一是管理信息共享、交换的基础，逐步建立和完善建筑工程设计、施工、验收全过程的信息化标准体系，用以指导企业进行信息化建设。统一行业业务流程是建筑业管理信息资源共享和交换的基本工作之一。可以通过计算机软件的应用，统一规范建筑项目信息化建设的工作流程。

我国工程项目规模不断增大，施工过程也日益复杂。目前的一些施工信息技术逐渐不能满足高质量施工服务的要求，迫切需要施工信息技术的升级。新型施工技术就是基于此需求而产生的，这些新技术贯穿施工的整个过程，对传统的施工信息技术进行转变或优化，从而达到节约时间和成本，保证质量的目的。由目前的发展趋势，虚拟现实、BTM、云技术、物联网和绿色建筑等前沿技术将成为研发的重点领域。

第三节 工程管理信息系统发展规划

一、政府层面

政府层面主要涉及电子政务的规划和实践应用。国家相关规划中电子政务的工作重点是："完善统一的国家电子政务网络。以互联互通为重点，基于国家电子政务网络传输骨干网，建设电子政务内网、外网，继续完善统一的国家电子政务网络。形成覆盖中央和地方的统一国家电子政务网络，具备承载各级政务部门业务应用的能力。推进信息共享和业务协同。建立和完善政务信息共享机制，继续推进政务信息资源目录体系和交换体系等信息共享基础设施建设。围绕社会信用、综合治税、社会保障、食品药品监管、环境保护、电子监察和应急管理等需求迫切、效益明显的业务需求，积极推进跨部门、跨地区、跨层级的信息共享和业务协同，鼓励开展试点示范。"

"推广节能减排信息技术。推动重点行业节能减排信息技术的普及和深入应用，提高绿色研发设计能力，加大主要耗能、耗材设备和工艺流程的数字化、网络化和智能化改造。建立健全资源能源综合利用效率监测和评价体系，改进资源能源需求侧管理，提升资源能源供需双向调节水平。大力发展环保装备专用测控一体化技术，建立健全符合行业发展和区域生产力布局特点的主要污染物排放监测和固体废弃物综合利用管理信息系统，完善污染治理监督管理体系。"

"建立两化融合服务支撑体系。完善企业信息化和工业化融合水平评估认定体系，推广行业评估规范，指导中介机构开展重点行业和企业两化融合发展水平评估，健全企业信息化水平评价工作机制。建立国家级信息化和工业化融合促进中心，支持面向具体行业的信息化公共服务平台发展。加强国家新型工业化产业示范基地、国家级信息化和工业化融合试验区建设，支持地方开展两化融合评估和监测，完善区域信息化服务体系。"

"信息化和工业化深度融合服务体系建设重点：建设两化融合促进中心。依托工业园区、重点企业、行业协会、高等院校和科研机构，建设实体性和虚拟性的国家级信息化和工业化融合促进中心，提供适合市场需求的行业解决方案，发展各类专业化服务。建设两化融合公共服务平台。面向行业和产业集群，建设低成本、高效益、安全可靠的公共服务平台，提高研发设计、业务外包、市场营销、监理实施的支撑服务能力，推广信息技术产品和行业信息化解决方案。依托重点企业、重点院校和社会培训机构，建设信息化和工业化融合培训和实训基地。"

（一）案例1：新加坡建筑业电子政务管理

新加坡作为电子政务最发达的国家之一，其建筑行业的信息化发展也是相当成熟的。它是世界上第一个在全国范围内，全过程系统实现文字、图片两种格式的文档在线递交审批的国家。新加坡与建筑有关的政府部门主要有国家发展部（Ministry of National Development，MND）、环境部（Ministry of Environment，ME）、土地办公室（Land Office）、土地契注册处（Registry of Land Titles and Deeds，ROLTD）等，如图1-7所示。

1. 城市发展促进委员会（URA）对全国土地的总体规划

早在1991年，新加坡的城市发展促进委员会和国家规划维护局就发布了修订的全国规划总体概念图。这份总体规划图为新加坡今后发展到400万人口的目标做了国土发展的长期规划。1998年12月，55份DGPS全部完成并作为法定的总体规划图公布出来。55个DGPS的具体情况都能在网上查到。这个详尽的总体规划使建设主管部门在控制建设项目的开发建设上有章可循，也使开发商在建设项目开发前期能够依照主管部门的规定把握发展方向。2001年，新加坡又以550万人口为假定，推出了今后40~50年的发展规划总体概念图。

2. 建设工程前期开发审批过程的电子政务管理

新加坡的开发商需要在城市发展促进委员会（Urban Redevelopment Authority，URA）、

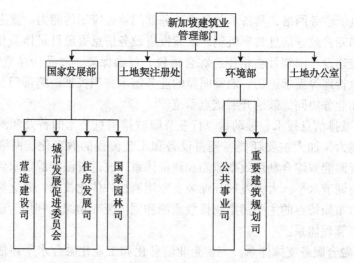

图 1-7 新加坡建筑业主管部门示意图

营造建设司（Building and Construction Authority，BCA），国家园林司（National Parks Board，Nparks）这样的机构得到正式批准才能够进行房地产开发。为了满足开发商的这些要求，URA，BCA 和 Nparks 开发了电子系统以便相关从业者得到房地产发展的有关信息，甚至在任何时间、任何地点都能够通过互联网（Internet）递交申请。

3. URA 的电子开发申请系统（Electronic Development Application System，EDA）

准许用户通过互联网递交开发申请。申请者能够在线递交文字文件和 CAD 图，这些文档甚至可以在线签字。接下来，如果发展商在 URA 注册了的话，就可以在发展商电子服务（E-services for Developers）中查看自己的 EDA 申请结果。营造建设司核心网的电子信息系统（BCA CORENET E-Information System/E-Info）是通过互联网就可以查看到的有关建筑营造的相关信息和中心知识库。

Nparks 在 1998 年 10 月就发布了一些指导方针，使开发商和申请人的需求及指导方针透明化。具体流程如下：

1）EDA 在线申报

审批进行电子申报审批之前，首先需要用户在 URA 系统注册，然后还要获得网络数字认证中心 Ne-trust 的数字证书以便进行数字化认证。进入 URA 的电子申请系统，点击"Make Submission"，按照提示的步骤下载 EDA 文件的规定格式，然后用统一格式的文件进行在线提交。可以提交文本文档和 CAD 图。

2）审批情况查询

开发商和申请者可以通过移动通信和互联网两种方式查询审批情况。

一是通过消息管理中心查询审批状况：在手机上选择短信息服务或消息存储管理服务，输入申报办理过程中 EDA 的 ID 号码，发至 969989872。几秒后就可以收到反馈的有关申报情况的信息。

二是在线查询审批情况：进入 EDA 网页点击"Check EDA Submission Status for Developers"，输入在 URA 注册的 ID 号码和密码，然后提交，就可以看到审批的情况。当申请被批准后，用户可以在线缴纳相关费用。

3) EDA 的工作流程图

EDA 工作流程如图 1-8 所示。

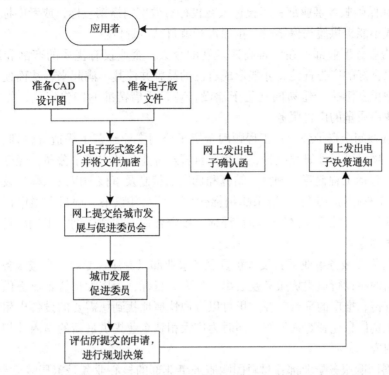

图 1-8 新加坡 EDA 工作流程图

(二) 案例 2: 建筑业综合服务平台

建易网是目前国内比较全面的、专业的、具有影响力的建设行业电子商务平台, 面向中国建筑商、开发商、承包商以及劳务分包商, 提供建设行业"一站式"的交易服务平台。

(1) 猎头服务事业部: 建易网在北京、上海、福州、哈尔滨、成都、南京、杭州等 20 多个城市下设分支机构, 拥有注册建筑师、注册结构工程师、注册电气工程师、注册建造师、造价师、监理工程师、预算师等建设行业中高级行业职称人员 100 万以上, 聚合了中国建设行业 80% 的高端人才, 能够为企业提供建设行业各类全职、兼职人员。

(2) 项目服务事业部: 为项目方提供施工队伍, 为劳务队伍提供项目源。建易网拥有分布在全国各地 100 多万以上的施工班组, 利用 IT 技术, 为每个班组建立一个动态的数据档案库, 所涉及的建筑工人达到 3000 万人以上, 并且开发出独特的施工队伍信用评估体系, 为项目方挑选施工队提供完整的信用参考指标, 同时由于是直接为项目找施工队, 就减少了了层层转包环节, 省时、省力, 为项目方节约了大量的成本。

(3) 商务咨询服务事业部: 在建易网上聚集了庞大的专家团队资源, 人才资源分布在各个省市区域, 能为企业所处的地域状况, 利用庞大的专家资源为客户提供资质顾问服务, 大大提高了资质申请的通过率。

(4) 保险服务事业部: 建筑施工队伍作为项目的直接建设者, 作为建设行业的参与主体, 成为风险的直接承担者, 项目权益保障不够, 为了帮助用户应对风险事故, 化解经营风险，建易网携手业内知名的保险公司，推出了一系列的保险产品，其中针对建设工人的职业人身意外保险，具有购买方便，保险期间灵活、费用低廉、赔付金额高等特点。

（5）投标保函服务事业部：当投标人在投标有效期内撤销投标，或者中标后不能同业主订立合同或不能提供履约保函时，担保银行就自己负责付款。

（6）广告服务事业部：在广告高速发展的今天，企业仅有优质的产品和服务是不够的，只有配以良好的广告宣传，才能形成自己的品牌并使其丰满起来，从而使企业在波诡云谲的商海中勇立潮头，建易网立足于建设行业，凭借精准的广告定位，优秀的策划团队，能为企业高质量的广告服务。

（7）工程顾问全资子公司：工程顾问全资子公司专业经营工程造价咨询、招标代理、项目建议书、项目可行性研究报告、工程项目管理等业务的全资子公司，经营业务有：工程造价咨询（包括工程概算、预算、结算和标底的编制及审核，以及工程建设全过程造价咨询服务）、工程招标代理、政府采购招标代理、项目建议书、项目立项申请报告、项目核准报告、项目可行性研究报告、项目评估、投资咨询、规划咨询、工程项目管理、工程经济纠纷司法鉴定等。

（8）设备租赁服务事业部：设备租赁服务事业部以专注、专业、真诚服务于设备租赁行业，为中国的建设行业租赁服务发展尽一份力为目标，为广大租赁企业提供一个良好的网上营销、宣传、推广的平台。在这里可以方便快捷地找到您需要的设备出租信息和求租信息，各类租赁信息免费查询发布。同时为广大租赁企业提供最新的国内外相关行业设备展会信息等内容。

（9）材料团购服务事业部：材料团购服务事业部的核心业务是家居（含装潢、建材、家具等）和大宗生活消费品。材料团购服务事业部出台了多项服务及升级保障，旨在让消费者轻松、放心地完成建材团购，帮助他们购买到更便宜、更合适他们的建材产品。

（三）案例 3：建筑从业人员实名制管理系统

基于生物识别技术的建筑从业人员实名制管理系统包括：市级主管部门、区级主管部门、培训机构、建筑施工企业四大模块，涵盖了工程项目备案、参建企业资质管理、建筑企业劳动合同管理、劳务外包管理、建筑工人技能培训、建筑工人流动管理、项目现场考勤管理、关键岗位考勤管理、工资发放查询、信息采集、查询、统计、动态预警等功能。

通过该系统的应用，能确保农民工工资足额发放，确保工程质量和施工安全，规范施工现场监督、建筑市场秩序和建筑企业内部管理。

1. 建筑从业人员实名制管理系统架构

（1）建筑企业：工程项目管理、工程承建单位、用工管理、劳动合同管理、工人进场/离场管理、工程进度上报、考勤上报。

（2）区级主管部门：施工企业管理、培训机构管理、办卡处理、工程竣工停工复工办理、人员暂停考勤办理、考勤考核身份确认申请、考勤考核人员变更申请、通知公告、信息查询、考勤预警。

（3）市级主管部门：区级主管部门、施工企业管理（包括监理单位）、培训机构管理、办卡处理、工程竣工停工复工办理、人员暂停考勤办理、考勤考核身份确认申请、考勤考核人员变更申请、通知公告、信息查询、考勤预警、权限设置。

（4）培训机构：培训条目、培训记录、证书录入。

（5）系统维护：菜单管理、职务管理、组织机构、角色管理、日志管理、系统配置、在线统计、功能列表。

具体系统架构如图1-9所示。

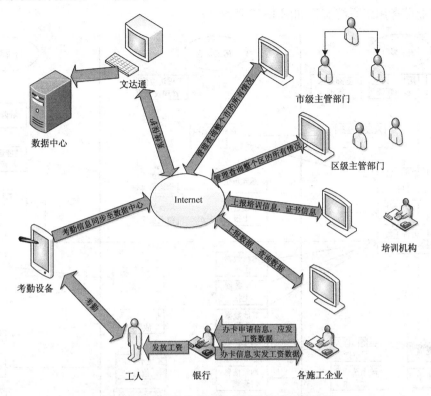

图1-9 建筑从业人员实名制管理系统架构图

2. 系统主流程

由建设主管部门制定发放建筑施工企业身份卡，建筑施工企业根据中标项目情况，上报项目信息，由主管部门审批备案。

建筑施工企业进行人员招聘，相关人员在上岗前，必须在培训机构进行培训，并由培训机构进行记录上报，若已有相关证书则通过登录系统查询证书信息，若没有信息需要注册该人员信息以及相应证书情况。确保关键岗位工人持证上岗、培训到位。

工人与建筑企业签订劳动合同之后，可被分配至各项目工地，由各项目管理人员进行进场核定。进场后的员工每天4次考勤，考勤信息通过网络上传，主管部门可随时查询。员工离场时，办理离场手续，或终止劳动合同。

建筑企业可根据每月考勤统计数据，制定工资发放基准，提报给银行，由银行将农民工工资及时存储在银行爱心卡中，且将工资发放数据反馈给建筑企业，由建筑企业及时上报，如未能及时上报工资数据，或发放工资数据不实，则系统会自动报警，确保农民工工资及时足额发放。

劳务外包企业的管理方式参照建筑企业方式进行。

关键岗位人员考勤，可根据主管部门要求，对项目经理、安全员、技术员、监督人员等项目关键人员进行重点考勤管理，每天4次，以确保项目的安全生产及项目质量。

项目结束后，建筑企业及时上报项目竣工信息，由主管部门审核批准。

主管部门登录监管系统网站后，可适时查询相关数据、审批企业上传项目信息，对所管理的建筑企业、培训机构进行管理，同时，可以发布各类法规、政策、通知等信息。

建筑业劳务用工系统流程如图1-10所示。

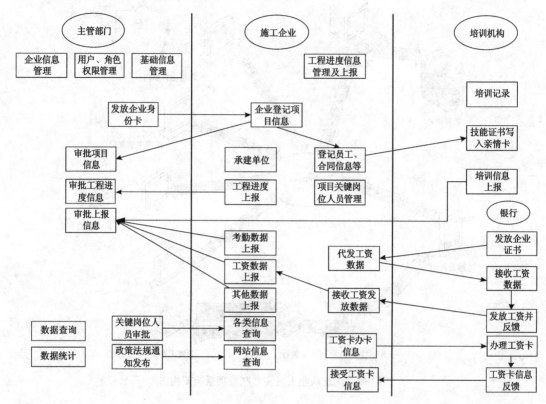

图1-10　建筑业劳务用工系统流程图

二、企业层面

建设工程管理信息系统在企业层面即为应用工作流、内容管理、电子印章、数字签名等技术，优化工作流程，有效组织和利用信息资源，增强运营管理的体系化和流程化，提高远程办公和协同工作能力；逐步实现与其他核心业务系统及企业级管理系统的集成。企业层面信息系统以现代项目管理理论为基础，以经营管理、预算管理、成本管理、项目管理体系和核心业务系统为支撑，建立企业级综合管理系统，为决策层和职能管理层提供综合管理平台。该系统应整合企业项目与组织分解结构，建立项目核算和管控体系，加强经营、综合和执行计划的管理，实现预算、调度、成本核算和绩效考核的一体化，以及企业层面的统筹、协同、分级管控和资源优化配置。

对于工程总承包类建筑业企业来说，进一步优化业务流程，整合信息资源，完善提升设计集成、项目管理、企业运营管理等应用系统，构建基于网络的协同工作平台，提高集成化、智能化与自动化程度，推进设计施工一体化。

对于勘察设计类建筑业企业来说，完善提升企业管理系统，强化勘察设计信息资源整合，逐步建立信息资源的开发、管理及利用体系。推动基于BIM技术的协同设计系统的建设与应用，提高工程勘察问题分析能力，提升检测、监测分析水平，提高设计集成化与智能化程度。

对于施工类建筑业企业来说，优化企业和项目管理流程，提升企业和项目管理信息系统的集成应用水平，建设协同工作平台，研究实施企业资源计划（ERP）系统，支撑企业的集约化管理和持续发展。

通过下面几个具体的实例解析建筑业企业 ERP、建筑业企业知识管理、建筑业企业决策支持系统、建筑业企业供应链管理、电子商务等信息系统的具体应用。

（一）案例 1：葛洲坝景洪项目部施工管理信息系统

葛洲坝景洪项目部施工管理信息系统（以下简称 GJCMS）是葛洲坝景洪项目部和武汉英思公司联合开发的施工管理信息系统，系统于 2004 年 8 月开始开发，经过近 7 个月的需求分析、系统设计和初始化，于 2005 年 4 月初投入试运行，经过 3 个多月的修改和完善，于 2005 年 8 月正式投入运行。在运行过程中，项目部对系统进行了初步测试，业务数据处理速度提高了 64.46%，成本费用有一定程度改善，办公纸张节约 66.7%，成本控制状况有一定程度改善，项目部由以前每月亏损上百万元达到基本持平。

1. GJCMS 特点

（1）采用 B/S 结构实现，系统操作界面采用 IE 浏览器方式，统一了界面风格和操作模式，非常利于维护和操作。

（2）采用基于组件的技术开发、实现 .Net 平台下的多层软件架构，系统结构科学、开发效率高、代码的重复利用率好。系统软件结构分为数据层、数据访问层、系统平台层、业务逻辑层和界面层。

数据层：采用大型企业级 Oracle 数据库，也可根据用户需要选配其他数据库。

数据访问层：采用 ADO.Net 技术及对象关系映射技术（O/R Mapping）实现数据库访问。

系统平台层：提供系统权限控制、配置管理、监控平台及业务运行平台。

业务逻辑层：各功能模块的具体业务实现。

界面层：业务操作界面及报表界面的实现。

（3）系统采用先进的 Oracle 9i 数据库管理系统，支持海量的数据存储，实现了项目部信息的集中统一管理，具有很高的效率和安全性。

（4）实现综合的系统平台和业务平台，实现了权限控制、配置管理和系统监控等功能，保证系统的安全性与可靠性。

（5）实现了强大的报表及分析功能，为项目部提供了强有力的综合分析手段。

（6）数据层采用了对象关系映射（O/R Mapping）技术，采用数据对象来对数据库中的记录进行映射，屏蔽对数据库后台的直接 SQL 操作，同时采用代码自动生成工具，实现后台代码的自动生成，大大减轻了后台开发的工作量，提供了系统的开发效率，同时减少了系统开发期间出错的可能性。

2. GJCMS 构架

GJCMS 系统架构为"三纵三横"的矩阵式网络。"三纵"为物资流、工作流、价值流，"三横"为数据采集、数据集成和数据分析，如图 1-11 所示。物资流主要记录处理物资从计划到采购、到库存、到出库的整个流转过程。从成本的角度来讲，主要反映了物资消耗，反映了工程产品每一时期的物化投入量。工作流主要是反映工程进展状况，包括施工计划、实际完成量、工程质量状况。从成本的角度来看，主要反映了工程量的多少，反映了工程产品（单元和分部工程）的完成量。价值流主要是反映工程阶段性（每月）产品完成后的价值实现情况（货币形式）。包括对外对业主的结算、索赔变更，对内对作业队的经济核算以及对外协队的结算情况。从成本的角度讲就是成本核算。

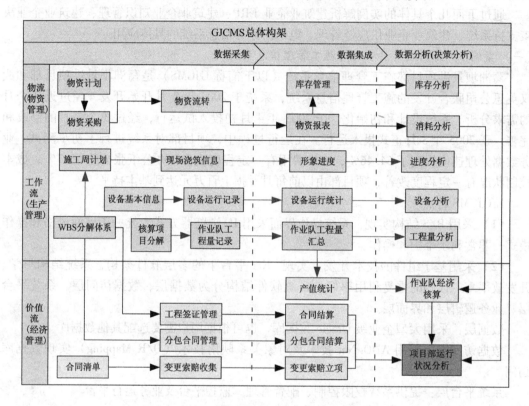

图 1-11　葛洲坝景洪项目 GJCMS 系统架构图

　　数据的采集是系统最关键且最基础的环节。该环节有两个细节，一是对物资流、工程流和价值流数据的收集；二是对系统数据的录入。这个环节最重要的是保证数据的准确性、及时性和完整性。准确性就是通过现场人员和管理部门的分层审核，确保数据真实、可靠、准确无误；及时性是根据每个数据的现场特征以及系统中与其他数据的相关性，按事先确定的时间期限录入，否则，如果延滞录入，则会影响系统对数据的加工、集成；完整性就是要求必须把一个数据的各项特性都完整录入，不能缺胳膊断腿，影响系统对数据的分类集成。数据的集成就是根据各职能部门对数据的统计要求，对数据分类进行加工处理，形成报表、汇总表、动态图、对比图等等数据包。数据分析，就是领导层对数据流和集成数据与管理目标和管理要求进行对比分析，作为发现问题和解决问题的依据。

（二）案例 2：中国水利水电第四工程局金安桥水电站施工项目管理信息系统实施

　　金安桥水电站地处金沙江中游云南省丽江市境内，总装机容量 2400MW，建设工期 58个月。2005 年 8 月，中国水利水电第四工程局竞标胜出，赢得了大坝主体工程开挖与坝体浇筑的施工合同。合同施工任务包括：坝肩开挖支护、截流围堰、基坑开挖、基础处理、坝体土建、金属结构安装工程等项目，工程总开挖量730万方，混凝土浇筑440万方，合同金额近21亿元。同年9月，主体工程开工，水电四局金安桥工程项目部也由此成为现场管理和施工的主力。

2006年初，在施工局科技处的协助下，项目部对目前市场上的施工项目管理信息系统进行了选型，最终与武汉英思工程科技有限公司签订了"四局金安桥项目部施工管理信息系统（SJJAQCMS）"的软件开发与实施合同，启动了项目部的信息化建设进程。

该系统由合同管理、计划管理、现场管理、成本管理、设备管理、物资管理、公文管理、安全管理、质量管理、系统管理、综合查询11个功能模块组成。软件采用B/S架构，以方便后期的更新与维护。为满足CMS系统的运行要求，项目部不仅投资完善了专业处室及作业队的计算机配置，而且购置了专业的服务器与无线网络设施，在项目部办公楼、生活区、前方办公地点、仓库、拌合楼之间形成了局域网，以保证数据的及时采集与实时交换。四局金安桥项目部施工管理信息系统组成结构如图1-12所示。

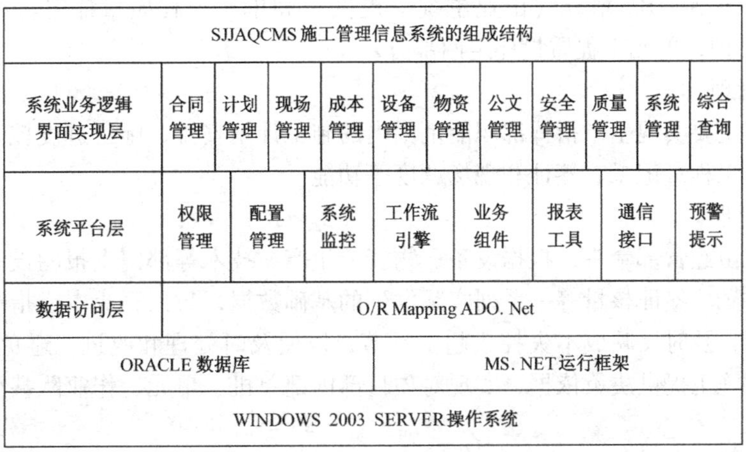

图1-12　四局金安桥项目部施工管理信息系统组成结构图

1. 合同管理

主要实现与经营管理相关的合同管理、索赔调差、合同结算等功能。主要内容包括：对上对下的合同工程量台账、对上对下的合同结算管理、成本统计与分析。

2. 物资管理

项目部物资库按物资类型分成综合物资（含配件）库、水泥库、钢筋库、油库。这些仓库分布在前方不同的地理位置，分管不同类型物资的进出库业务。配件与物资统一处理，都采用统一的单据。物资部日常业务主要包括：物资计划，审核汇总各部门提交的物资需用量计划，按月生成采购计划并提交审批；物资比价、采购流程处理；采购合同管理，采购物资验收入库；物资库存管理：物资领用、调拨，库存管理；统购物资管理：技术部根据施工月计划（针对合同的计划）编制统购材料需求月计划，提交业主、监理，技术部按月统计材料核销；二级库存及物资消耗管理：管理和统计各作业队的物资消耗情况；协调进行单机、作业队及项目部成本考核。

3. 设备管理

主要负责项目部内部设备管理，包括：设备基本信息维护、设备采购、设备维修、设备出力、经济技术指标统计、设备台账。设备部随时掌握不同时间段设备的内部调整、调拨、保养、大修、事故、报废、运行、使用完好率等情况，打印相应凭证、报表。同时，协同生产、物资等部门，协助经营部门组织进行设备的单机考核。设备管理部配合财务部做好每月对设备折旧费及大修费用的提计工作。

4. 计划管理

水电四局金安桥项目部技术管理部主要负责工程的所有施工组织设计、现场技术问题解决、材料计划编制等业务。根据施工设计图纸及现场施工情况，编制施工组织设计，并负责本部门技术图纸与文档的管理。根据工程设计图纸，编制年、季、月施工进度计划，编制施工年度及月形象进度计划。根据施工月计划编制统供物资月需求计划，并可根据施工图纸制定统购月（补充）计划。根据计划及实际进度情况，绘制进度形象图，直观反映工程进展。

5. 质量管理

主要业务包括 WBS 划分（由业主统一提供）和单元工程质量评定。本系统须完成 WBS 管理与维护，单元工程质量评定两部分。

6. 现场管理

现场管理主要实现生产指挥部职能范围内的施工计划安排、施工进度控制，现场完成实物或工序的工程量记录、签证和现场调度等功能。

7. 成本管理

成本考核由经营部牵头，根据设备、物资、生产、技术等部门上报的设备台班、物资消耗、人工出勤、签证核量等一系列实际发生的基础数据，与预算成本或指定的考核成本进行对比分析，及时反映成本失控或超支环节，以便及时处理和改进，避免进一步亏损。从而为项目部施工提供决策依据，实现对项目部内部单机、单元、作业队甚至整个项目部的成本控制。

成本管理模块旨在迅速反馈前方的生产完成情况以及成本消耗情况，降低统计工作的强度，提高工作效率及数据统计的准确程度。具体目标包括：建立项目部内部成本考核体系；分解成本要素及单价指标，制定单项工作中人、材、机械的消耗指标及含量工资；汇总项目部内成本发生数据、设备运行数据及生产数据，监督成本控制情况。

项目部对其下的工序项目进行工料机报价，外协单位的结算单价及内部单位的成本考核单价的报价方式相同，不同的单位（作业队、外协）报价的单价不一样，工序报价需要进行工料机综合报价，便于进行分细项单价分析和成本考核。

8. 综合办公管理

项目部综合部下属秘宣科、人事科、公安、行政、小车班等科室，根据项目部系统的分阶段实施原则，要求实现对单位内部的各种规章制度、公文信息、人员台账、行政管理、沟通管理等功能。

（三）案例3：中冶天工集团有限公司企业集成综合项目管理

中冶天工集团有限公司（以下简称中冶天工）是由世界500强企业——中国冶金科工集团公司控股的综合性大型特级施工企业。易建科技根据中冶天工集团有限公司和下属子分公司、项目部对业务管理的不同侧重点，建立起了符合中冶天工集团有限公司和下属子分公司、项目部的企业协同管理模式，以综合项目管理为核心的企业集成综合项目管理系统，包含了协同门户、OA 办公系统、市场经营管理系统、综合项目管理系统、知识库、档案管理系统、电子商务、项目综合管控、商业智能、决策支持系统、人力资源管理系统以及与财务系统的集成。如图 1-13 所示。

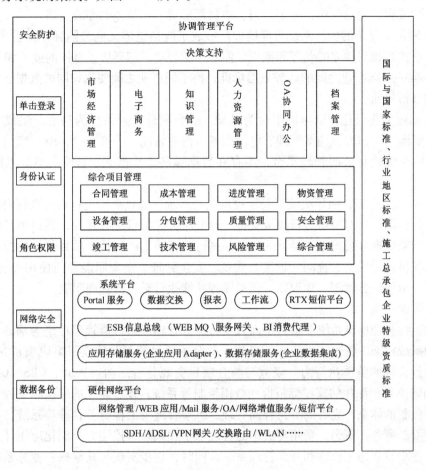

图 1-13 企业集成综合项目管理系统

通过综合项目管理信息系统，使总公司、各个分子公司、项目部统一规范业务流程，统一管理思想和统一管理语言，统一进行信息处理，进一步加强公司"三项强推"的力度，弥补了个别区域分子公司、项目部的管理相对薄弱的问题。总公司能够通过分子公司、项目部把日常管理工作应用到系统中的数据信息来进行决策、监督和提供服务；协同门户和 OA 办公平台把支持性管理流程、业务管理流程和经营管理流程有机地结合在一起，避免了信息孤岛，应用者可以方便地进入到相应的作业平台，及时把公司制定的各类制度和企业文化宣传有效地输入到跨区域的分子公司、项目部；对于人才的管理，中冶天工把人力资源管理提升到战略层次，人才强企，以人力资源建设为核心，优化人力资源结构，通过建立以岗位管理为基础的人力资源管理体系，以满足整个企业的人才管理和发展的需要。

工程项目管理信息系统作为公司的核心业务系统，它的建设按照职能管理层次和功能进行总体规划，分步实施。按照职能管理层次，工程项目管理系统分为集团总部、子公司和项目部三个层次。按照功能层次，工程项目管理系统分为业务执行层、管理控制层和决策规划层三个层面。该综合管理信息系统的创新点主要体现在如下几个方面：

（1）解决了项目部、分公司、总公司的流程内循环，并解决了项目部、分公司、总公司的贯穿性流程，使总公司、分子公司、项目部形成一个整体的办公网络。

（2）满足了复杂的多级系统管理模式，形成了既是整体又能分隔独立的业务和流程，分公司可以执行相对独立的业务和流程，但对于总公司，却形成了整体的业务和流程。

（3）统一不同产业之间的业务数据标准，使不同产业之间使用相同的数据标准，提供了统一的分析界面。

（4）高度的集成化，以协同平台为基础，综合项目管理系统为核心，集成了市场经营、人力资源、知识库、档案管理、电子商务、商业智能、决策支持、rtx、短信平台，使之形成了一个无缝有效的管理平台，不存在数据孤岛，数据能保证唯一性、及时性和准确性。

（5）多层级应用，领导决策层关注决策支持系统，通过决策支持系统来判定公司的整体生产经营情况，并对公司进行决策支持。分公司关注项目综合管控，通过项目综合管控的分析数据来发现分公司生产经营的问题并进行项目的生产管控，项目部使用综合项目管理对所属项目进行成本、合同、进度、质量、安全管理。企业职能部门使用办公自动化、人力资源、市场经营管理、知识库、档案库等功能执行对应的管理职能。

三、项目层面

建设工程管理信息系统在项目层面以项目组合管理和项目群管理理论为基础，提升了项目管理系统构架、管理工作流和信息流，整合了项目资源并建立了集成项目管理系统，提升了项目管理的整体执行力。规范与整合项目资源分解结构（WBS、CBS、OBS、RBS等）和编码体系；深化估算投标报价和费用控制等系统，逐步建立适应国际工程估算、报价与费用控制的体系；完善商务与合同管理、风险管理及工程财务管理等系统，提升项目法律、融资、商务、资金、费用与成本的管理水平和风险管控能力；深化应用计划进度控制系统，逐步建立施工管理和开车管理系统。同时，逐步实现与其他核心业务系统及企业级管理系统的集成。

（一）设计阶段

（1）积极推进协同设计技术的普及应用，通过协同设计技术改变工程设计的沟通方式，减少"错、漏、碰、缺"等错误的发生，提高设计产品质量。

（2）探索研究基于 BIM 技术的三维设计技术，提高参数化、可视化和性能化设计能力，并为设计施工一体化提供技术支撑。

（3）积极探索项目全生命期管理（PLM）技术的研究和应用，实现工程全生命期信息的有效管理和共享。

（4）研究高性能计算技术在各类超高、超长、大跨等复杂工程设计中的应用，解决大型复杂结构的高精度分析、优化和控制等问题，促进工程结构设计水平和设计质量的提高。

（5）推进仿真模拟和虚拟现实技术的应用，方便客户参与设计过程，提高设计质量。

（6）探索研究勘察设计成果电子交付与存档技术，逐步实现从传统文档管理到电子文档管理的转变。

（二）施工阶段

（1）在施工阶段开展 BIM 技术的研究与应用，推进 BIM 技术从设计阶段向施工阶段的应用延伸，降低信息传递过程中的衰减。

（2）继续推广应用工程施工组织设计、施工过程变形监测、施工深化设计、大体积混凝土计算机测温等计算机应用系统。

（3）推广应用虚拟现实和仿真模拟技术，辅助大型复杂工程的施工过程管理和控制，实现事前控制和动态管理。

（4）在工程项目现场管理中应用移动通信和射频技术，通过与工程项目管理信息系统的结合，实现工程现场远程监控和管理。

（5）研究基于 BIM 技术的 4D 项目管理信息系统在大型复杂工程施工过程中的应用，实现对建筑工程有效的可视化管理。

（6）研究工程测量与定位信息技术在大型复杂超高建筑工程以及隧道、深基坑施工中的应用，实现对工程施工进度、质量、安全的有效控制。

（7）研究工程结构健康监测技术在建筑及构筑物建造和使用过程中的应用。

（三）案例1：多项目管理信息系统

1. 项目背景

2004 年广东蓄能发电有限公司为了加强惠蓄工程建设的管理，与北京华科软公司联合开发了惠蓄工程管理信息系统（简称"HXPMS"），HXPMS 在惠蓄工程建设中取得了成功的应用。

随着调峰调频公司的成立，调峰调频公司的工程建设项目将会不断增加，这些新项目也将使用信息化手段进行管理，由于 HXPMS 是针对惠蓄工程而开发的单项目管理系统，将不能满足公司多项目管理的需要，所以就需要开发一套适用于多个项目管理，并能为公司管理人员提供决策数据的多项目管理系统。

2. 系统特点

多项目管理模式：系统根据项目集团化、多项目的特点，支持多层次、跨地域项目管理，提供了多项目的综合查询、统计、评价、控制功能，使集团公司能及时、有效、深入地参与基建项目的管理。

（1）工作流程的管理：可根据系统工作流程模板发起相关业务流程，解决传统纸质业务报审流程的局限性，实现科学化、现代化基建工程的高效管理。

（2）业务权限的管理：根据用户权限分配实现用户对业务模块的访问、数据的管理及工作流程的参与。

（3）规范灵活的文档管理：可按工程项目文档规范管理，包括文档的拟制审核、文档工程类别划分、文档权限的查看及登记控制。

3. 主要模块

1）项目立项管理

项目立项是项目前期准备阶段，涉及项目基本情况、项目准备情况、项目审查审批情况、项目立项工作进度以及工程概预算等业务。项目立项管理是对项目的前期数据和资料进行信息化管理，是对项目立项过程的信息进行管理，能够快速查询到项目的立项信息。

2）计划管理

计划管理是对公司各部门/单位的计划（预算）进行管理。其功能包括计划数据导入、维护、完成情况查询等功能。

3）招标投标管理

根据《公司合同招标管理办法》，对公司所有合同招标投标过程进行信息化管理，从招标方案审批，到招标文件会签，最后评标定标审批，通过系统进行统一的流程化管理，同时可以查询历史存在的所有信息，并能够按照不同关键字对其进行统计。招标投标管理的目标是使公司招标过程管理统一化、规范化，确保数据操作的准确和便捷，最终达到工作表信息化的目的。

4）合同属性管理

根据《公司合同管理办法》，严格合同审批的流程，规范合同条款的执行；对各类合同的原始信息、过程信息进行统一管理，并对合同的计量支付、变更调价、索赔进行实时监控，实现合同的全周期管理。

5）计量支付管理

计量支付主要管理公司合同的结算管理，计量支付管理分为进度结算报量、进度款结算、预付款结算、财务付款等。计量支付是以合同清单为基础，公司支付要求管理到业主清单级，合同承办人直接进行结算报量、费用申请审批、财务结算审批，实现合同结算的电子化管理，并自动生成相关的费用报表。

6）概算管理

概预算是工程投资控制的基础，也是对工程投资查询统计的基础。为了加强工程项目的概算管理，合理控制工程造价，规范建设资金的使用，系统将对概算数据和概算执行过程进行管理。

工程建设部和工程指挥部是工程建设的管理部门，负责工程概算的具体执行，依据批准的项目概算，严格控制工程造价。公司总部也可以通过系统及时查询实时概算的执行情况，概算管理既要满足工程管理人员的信息需要，又要给公司领导提供及时的决策信息。

7）投资计划管理

以项目投资为核心，全面实时地反映项目资金的流动和使用情况，从投资计划、投资现状进行全面管理。为项目资金控制与平衡提供决策依据，同时实现工程项目投资计划、流动资金计划的流程管理，对投资计划的完成情况进行实时跟踪。

8）合同属性管理

工程变更管理是施工过程合同管理的重要内容，工程变更常伴随着合同价格的调整。工程变更是指合同实施过程中由于各种原因引起的设计变更、合同变更。包括工程量变更、工程项目的变更、进度计划变更、施工条件变更以及原招标文件和工程量清单中未包括的新增工程等。

9）设计管理

实时跟踪记录与设计相关的信息，及时更新设计文档和设计图纸、并根据版本进行保存。设计文档将与其他文档相关联，使业主提高了工程项目的综合管理能力，减少了由于设计环节与施工环节沟通不畅造成的损失，为项目的正常进展、成本的适当控制提供了支持。由设计单位提供供图计划，并按计划提供图纸，要求设计院将相关图纸以电子文件形式上传到系统当中，对图纸进行电子化统一管理。

（四）案例2：嘉兴智能电网规划基于 e-BIM 开展建筑光伏一体化微电网设计

嘉兴智能电网规划体系研究和创新以 e-BIM（智能建筑信息模型）为手段，开展建筑光伏一体化的微电网设计，将嘉兴光伏城作为试点，推进光伏建筑一体化与智能电网的建设相结合，较好地体现了分布式光伏发电、用电、公用电网三者构成的微电网关键技术的应用与示范建设，体现了智能电网技术与智能建筑的融合与集成，从而实现智能电网驱动智慧城市，使智能电网与城市建筑（住宅、商办、工业建筑）在能量与信息这两个关键要素上实现真正的融合，形成典型设计、设计规范与标准，并使之成为行业及国家标准，推动光伏产业健康有序的发展。

供电公司内部分析，嘉兴坚强智能电网的初步建成，将确保区域内电力的安全可靠输送，有力保障嘉兴城市发展的供电需求，有效促进电源在嘉兴区域的就地消化。其次，通过应用智能电网先进的控制技术以及储能技术，完善的清洁能源发电并网的技术标准，提高了清洁能源的接纳能力，实现了"即插即用"；通过智能电网对大规模间歇性清洁能源进行合理、经济的调度，提高了清洁能源生产运行的经济性。智能化的配用电设备，能够实现对分布式能源的接纳与协调控制，实现与用户的友好互动，使用户享受新能源电力带来的便利。再次，信息网络的完善（包括电力光纤到户和电力无线专网），将实现能源与信息同步传输，实现电网自动化、信息化和互动化，提升电网公司服务水平，实现从"只卖电"到"也卖电"的转变。

对电力用户和社会来说，适应分布式能源接入的嘉兴区域智能电网的建设可以使智慧城市用电更安全、更可靠、更优质、更便捷、更环保、更节约，提高能源利用效率，促进节能减排，使用户生活更舒适和美好。智能电网的发展将为传统优势产业、基础薄弱产业及新兴产业提供发展机遇，可以有效带动新能源、信息、通信、装备制造、智能表计、智能家用电器、电动汽车等多产业共同发展，促进技术升级和产业结构调整，形成核心自主知识产权，促进产业升级，创造更多的就业岗位，创造新的就业机会，推动经济发展。此外，嘉兴区域智能电网建设项目的推进，还将推动节能技术、低碳技术、环保技术、能效管理技术等实现突破，推动环境科学技术、化学工程技术等学科的技术和应用创新，以及相关技术标准体系的建立。

在国民经济发展与产业升级这一层面上看，通过探索建设新一代智能变电站，掌握包括变电站智能辅助控制系统在内的一系列变电站智能化核心技术，能推动一批新技术、新工艺、新成果的应用并申请相关专利，在智能变电站技术标准体系构建方面不断填补国内空白，形成一批具有自主知识产权的核心技术和专利；通过智慧配电网的逐步推进以及新能源的广泛接入，建立起新能源接入的相关技术标准，能够研制具有自主知识产权的智慧配电网相关设备，不断推进先进储能核心技术实现突破，开发一批国际或国内领先的高科技产品；通过以电力光纤到户为依托的智慧小区、智慧楼宇的构建，完成典型设计方案，构建新的相关行业建设标准，培育一批具有高成长性、高竞争力的科技型企业或产业。

（五）案例3：工程项目 IPD-BIM 模式

集成项目交付（IPD）模式是目前集成化程度最高，各方信息交流最为通畅的项目采购模式，强调各方在规划阶段就介入项目，在互信的基础上，共同承担对项目的责任，广泛交流、群策群力，实现个体目标与项目目标的一致性。2010 年，AIA（American Institute of Architects）颁布了《IPD 模式案例分析》，对美国已完工的应用 IPD 模式的建设项目进行了统计，70.3% 的项目实现成本节约，59.4% 的项目成功缩短了工期，58.6% 的项目实现了信息的充分共享利用。每一个调查对象都看好 IPD 模式的前景，希望在以后的工程中继续应用 IPD 模式。

IPD 模式的出现，促进了项目各参与方在工程实施各阶段的交流沟通、群策群力，各方通过一套完整的专属合同体系将风险与收益绑定，只要项目的最终成本低于目标价值，利益就可以在成员之间共享，将单方利益的获取与项目的成果紧密联系起来。且在 IPD 模式所创造的信息充分开放共享式的工程环境下，BIM 等技术能够发挥出其最大的价值。AIA 在其 2007 年发布的《综合项目交付指南》中，从团队、过程、风险、补偿/奖励、沟通与技术使用、合约六个方面给出了 IPD 模式与传统的项目交付模式的区别，按表 1-1 确定。

传统的项目交付模式与 IPD 模式的区别 表 1-1

传统项目交付模式	审视角度	IPD
分裂的；参与方在需要时介入；团队内部等级化；命令、指挥、控制	团队/组织	集成化的项目团队；在早期介入项目；开放式合作
过程直线型，且相互分离；各自拥有信息；专家经验只在需要时投入	过程	并发，多级的；各方知识技能早期投入；参与方尊重互信；信息开放共享
独自管理；最大限度转移风险	风险	共同管理；风险共担
各自追求利益最大化；争取最小投入最大回报；优先考虑成本	补偿/奖励	参与方利益联系项目的成功；基于项目价值考虑
纸质媒介；2D	沟通与技术使用	电子沟通；可视化；BIM（3D、4D、5D）
强调单边努力；转移风险，无共享	合约	鼓励多方合作、风险共担、利益共享

IPD 模式追求各方互信合作，实现无障碍沟通，BIM 技术为实现全寿命周期内各方工作的集成提供了优秀的平台；而其追求项目的最大价值，减少浪费，提高效率，使得精益建造的关键技术有了用武之地。即 IPD 模式是可以集成 BIM 模型和精益建造关键技术最好的操作体系。

BIM 是一种面向对象的多属性模型，不同专业可以建立各自的工程技术系统的 BIM 模型，通过统一的数据标准集成得到单一的 BIM 模型。该模型除了包括建筑物的三维信息外，还综合了诸如进度、成本、质量、安全等各种施工信息。BIM 模型的主要作用是减少和消灭项目设计、施工、运营过程中的不确定性和不可预见性，通过使用建筑物的虚拟信息模型对可能碰到的问题进行模拟、分析，解决，从而防止意外的发生。BIM 技术在 IPD 模式中的具体应用如图 1-14 所示。

IPD 模式下，精益建造的关键技术如 TVD、LPS、JIT 等可实现项目的持续改进、减少浪费、增加价值。业主充分参与到设计中来，准确及时地表述自己的要求和想法；项目实施一线的工作人员，即末端计划者，如工长、设计人员等也应积极参与项目计划的创建，以增强计划的可实施性。

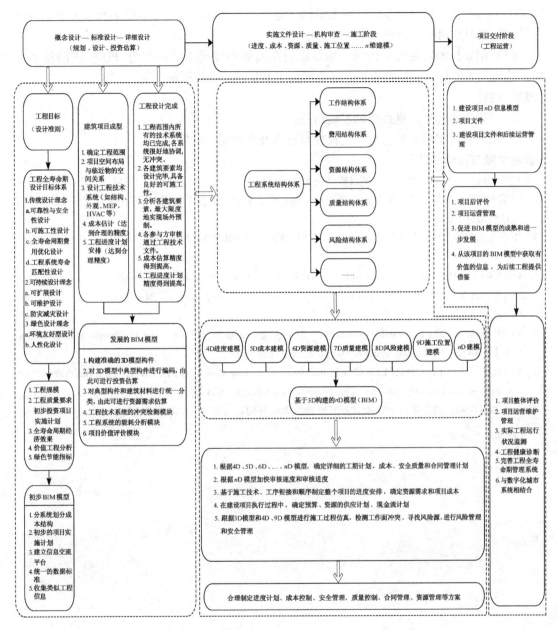

图 1-14 IPD 项目实施过程中 BIM 模型的形成过程

BIM 技术可以为上层至下层的计划人员提供统一的交流平台，直观高效。库存管理采用准时制技术，减少堆放材料的场地，节约库存成本；施工中努力消除各工序间的缓冲，使得工序间的转换时间为零，以节约直接成本，提高生产效率。

我国对 IPD 的研究处于起步阶段，几乎没有实践案例，这主要是由于 IPD 理论基础仍不完善和我国行业政策的影响所决定的。

（1）IPD 模式在实际应用中还有很多不足之处，如各参与方之间的信任障碍、责任承担障碍、风险分担和收益分配障碍、激励障碍等。

（2）以固化的传统建设模式为基础的相关法律体系和政策阻碍了 IPD 模式在我国的实

际应用。如"设计招标—设计—施工招标—施工"的基本建设程序显然不利于关键参与方在早期组建 IPD 团队，参与决策。

（3）BIM 技术发展水平较低，精益思想在实务中渗透不够。作为 IPD 模式的技术支撑，这两类关键技术的发展滞后，显然不利于 IPD 模式在我国的实施。

【章后习题】

1. 简述工程管理信息系统的发展历程。

2. 深入分析工程管理信息系统在项目层面及企业层面的应用。

【参考文献与延伸阅读】

［1］住房和城乡建设部信息中心. 城市数字化关键技术研究与示范［M］. 北京：中国城市出版社，2011.

［2］建筑业信息化关键技术研究与应用项目组. 建筑业信息化关键技术研究与应用［M］. 北京：中国建筑工业出版社，2013.

［3］中华人民共和国建筑行业标准. 建设工程项目管理规范 GB/T 50326—2006［S］. 北京：中国建筑工业出版社，2006.

［4］CASTRO-LACOUTURE D，IRIZARRY J，ASHURI B，etc. Construction Research Congress 2014 Construction in a Global Network：Proceedings of the 2014 Construction Research Congress，May 19-21，2014，Atlanta，Georgia［C］.

［5］ELMUALIM A，GILDER J. BIM：Innovation in Design Management，Influence and Challenges of Implementation［J］. Architectural Engineering & Design Management，2014，（10）.

［6］VOLK R，STENGEL J，SCHULTMANN F. Building Information Modeling（BIM）for Existing Buildings-Literature Review and Future Needs［J］. Automation in Construction，2014，（38）.

［7］杨一帆，杜静. 建设项目 IPD 模式及其管理框架研究［J］. 工程管理学报，2015，（1）.

第二章　工程管理信息系统的学科与技术基础

【学习目的与要求】

本章主要从包括管理理论、系统理论、信息理论、组织理论在内的工程管理信息系统学科基础、工程管理信息系统方法论以及工程管理信息系统技术基础等方面来阐述工程管理信息系统的学科与技术基础。要求学生能够较深刻地认识到工程管理信息系统是基于信息的管理和计算机应用的系统。

第一节　工程管理信息系统学科基础

工程管理信息系统的学科基础主要包括管理理论、系统理论、信息理论和组织理论。

一、管理理论

（一）基本管理理论

"管理"一直是人类实践活动中不可或缺的一项内容，无论是亚里士多德等人的哲学论述，还是我国的《孙子兵法》都对管理学进行了一定研究和探讨。在过去的一个多世纪的时间里，管理理论得到空前的发展，并经历了古典管理理论阶段、行为科学阶段和现代管理理论阶段三大阶段。信息，作为管理的基本手段，也是使各项管理职能得以发挥的重要前提。从本质上说，管理就是通过信息协调系统内部资源、外部环境与预定目标的关系，从而实现系统的功能。

管理是有意识有目的的活动，要实现相应的目标，就需要管理者履行必要的职能。关于管理活动的职能众说纷纭，但目前大部分研究者认同管理活动的职能可以分为五种：计划、组织、领导、控制和创新。

（二）管理理论在建筑行业政府管理中的体现

我国建筑业的行业管理，除了靠市场机制下的企业自律和优胜劣汰外，更主要的还要靠政府对整个行业的支持及管控。我国各级建设主管部门主要是依据法律和行政法规，制定工程建设的部门规章，对城乡建设、建筑业、房地产业、市政公用事业等进行组织管理和监督的。

具体来说，各级主管部门的主要职能有：

（1）研究制定建筑业的发展规划、产业政策和有关法规，对建筑业实行行业管理；

（2）指导全国建筑业体制改革，推动企业转换经营机制，培育建筑劳务和材料设备供应等生产要素市场；

（3）制订建筑安装、建筑装修、建筑制品等企业资产管理办法并监督执行；

（4）制订建筑业技术进步、质量管理、安全施工等规章制度并监督执行；

（5）开拓国际市场、发展对外工程承包与劳务合作、管理境外企业来华从事建筑业各项业务；

（6）指导和规范建筑市场；

（7）制订工程建设招标投标法规制度，指导招标投标活动。

近年来，我国实施了工程建设管理体制改革，主要体现在五个方面：实行项目法人负责制、推行招标承包制、推行建设监理、实行合同管理制、实行工程建设质量评价和监督社会化。通过这五个方面的改革，大大提高了我国工程项目建设的质量和投资效益，极大地解放了建筑业的劳动力，逐步适应市场经济的发展要求。

除对建设工程的监管和指导外，各级主管部门应对建筑市场做进一步的规范整治，包括勘察设计市场、施工市场、建筑材料市场、劳务市场、机械设备市场。

目前在建设工程领域引进了工程项目管理的相关制度。主要体现在：

（1）业主投资责任制。在投资领域推行建设工程投资项目业主全过程责任制，改变以前建设单位负责工程建设，建成后交付运营单位使用的模式。

（2）建设监理制度。我国从1988年起开始推行建设工程监理制度。

（3）在我国施工企业中逐步推行项目管理，实行项目经理责任制。

（4）推行工程招标投标制度和工程合同管理制度。

（5）在工程项目中出现了许多新的融资模式（如 BT 模式、BOT 模式）、管理模式、合同形式、组织形式等。

（三）工程建设企业的管理

工程建设企业管理的主要对象是各类企业管理业务，主要包括经营性业务、生产性业务和综合性业务。

（1）经营性业务管理，包括市场经营管理、全面预算管理、财务会计管理、资金管理、固定资产管理等，各管理要点按表2-1确定。

经营性业务管理及其要点　　　　　　　　　　　　　　　表2-1

序号	业务	管理要点
1	市场经营管理	市场信息获取、评估、客户关系和管理、工程项目自信管理、雇主信用管理、竞争对手管理、市场营销、经营统计分析等
2	全面预算管理	业务预算、财务预算、资本预算、筹资预算等
3	财务会计管理	记账凭证、账簿管理、财务报表、数据分析等
4	资金管理	资金计划与支付监控、资金成本管理、资金上划下拨及存款管理等
5	固定资产管理	固定资产购置、日常管理、折旧管理、重点资产管理、报表统计等

（2）生产性业务管理，包括成本管理、合约管理、进度管理、质量管理、物料管理、安全管理、资料管理、施工技术管理、投标管理、招标管理等。各管理要点按表 2-2 确定。

（3）综合性业务管理，包括风险管理、人力资源管理、办公管理、档案资料管理、企业知识管理、综合报表管理等，各管理要点按表 2-3 确定。

当企业发展到一定规模的时候，就需要集团总部对子公司实施有效的管控。目前较为流行的是"集团管控三分法"，包括财务控制型、战略控制型和操作型，如图 2-1 所示。

生产性业务管理及其要点 表2-2

序号	业务	管理要点
1	成本管理	责任成本、目标成本、计划成本、实际成本、成本分析
2	合约管理	合同台账、变更、索赔、结算、收支、统计分析
3	进度管理	进度计划、进度对比分析
4	质量管理	质量目标计划、质量台账、工程质量检查评价、统计分析
5	物料管理	需求计划、采购计划、招标采购、日常业务管理、供应商管理、统计分析、库存管理等
6	安全管理	安全目标计划、安全投入管理、安全台账、安全质量检查评价、统计分析等
7	资料管理	资料分类、数据采集整理编目、收发、归档、借阅、审批、跟踪、检索查询等
8	施工技术管理	图纸学习会审、施工组织设计、技术交底、质量控制、安全控制、施工技术措施、人员管理等
9	投标管理	投标资料管理、投标评审管理等
10	招标管理	招标计划、分包商管理、招标文件管理、招标评审、中标资料管理等

综合性业务管理及其要点 表2-3

序号	业务	管理要点
1	风险管理	风险识别、风险分析、风险防范和对策、风险管理决策等
2	人力资源管理	人事管理、合约管理、薪资管理、人力资源计划管理、绩效管理
3	办公管理	收发管理、会议管理、邮件管理、公文流转管理、工作计划管理等
4	档案资料管理	档案分类目录、文档资料录入、资料归档、查询、借阅
5	企业知识管理	知识数据库、施工常用技术规范、工程竣工结算数据库
6	综合报表管理	生产经营管理、信息采集、分类汇总、制表、统计分析、查询

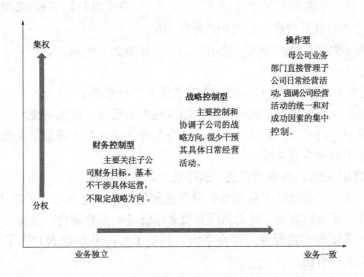

图2-1 集团管控三分法

（四）建设项目管理

项目管理的模式有很多种，当前国内最主要的模式有三种：法人管项目、承包责任制、联营方式。

（1）法人管项目。法人管项目是目前在国内实施的较先进的模式。该模式下的项目经理只是代表企业去管理项目，是执行者而非决策者。法人管项目的优势在于能够集中管控与项目相关的人力资源、财务资金和物资材料，从而使项目成本透明化，质量控制严格化，企业利润最大化。

（2）承包责任制。目前，很多企业对工程项目采取项目经理责任制，项目部的权利和职责都很大，而公司层面只起到宏观管控作用。承包制以项目经理责任制为中心，以经济合同为基础，以施工图预算为依据，对项目的全过程进行管理，有利于全面实现项目目标，提高项目的投资效益。

（3）联营方式。联营方式是将责任和权利以合同为纽带同其他企业合作，工程以承包形式分包给合作单位的模式。由于此种模式中，总包对资金、安全和质量不再干预，使得其承担风险较大，因此，应尽可能少用。

二、系统理论

（一）系统理论的基本介绍

1. 系统的概念

系统就是若干相互联系、相互作用、相互依赖的要素结合而成的，具有一定的结构和功能，并处在一定环境下的有机整体。

输入、处理、输出是组成系统的三个基本要素，加上反馈功能就构成一个完整的系统。系统可以是抽象的，也可以是实体的，但必须在拥有完整的基本要素的前提下才能达到特定的目的。

系统构成必须具备以下三个条件：

（1）要有足够的基本要素。

（2）要素之间必须存在相互依存、相互作用、相互
联系的关系。

图2-2　系统核心要素功能示意图

（3）要素之间的联系与作用必须产生整体功能。

系统的基本要素是系统的输入、输出与处理，如图2-2所示。

2. 系统的分类

1）按形成方式来分，有自然系统、人造系统及复合系统

自然系统是由大自然先天形成的系统，如海底生态系统、气象系统。人造系统是人类为达成某种目的建立的系统，如法律系统、经济系统。复合系统则是指人类在其中发挥部分作用的系统，如地表生态系统等。

2）按抽象程度来分，有概念系统、逻辑系统和实在系统

概念系统只描绘了系统的大致轮廓，没有完善的细节，但其已经给出了系统的核心，并从根本上决定了系统的方向。逻辑系统对概念系统进一步合理化，给出了运行的基本原理，但依然没有具体的实践元件。实在系统，具备了各项基本要素并有了所需的实践元件，具有确定的实践价值。

3）按其与外部的关系来分，有封闭系统和开放系统

封闭系统是指可以与外界分开，且不受外部事物的影响系统。开放系统，不可与外界分开，或分开后属性会发生重大变化的系统。封闭系统和开放系统并不是一成不变的，在特定的条件下二者可以相互转换。

3. 系统化方法

系统化方法一般是根据复杂系统的层次性功能特性，将其分解为多个易于理解的子系统，直到所得到的子系统的规模易于处理为止。系统化方法处理问题的步骤有两个，分别是分解和综合：前者将整个复杂问题分解成系列子问题，并显示出它们之间的结构，得到一个问题结构图；而后者按问题结构图将每个子问题的求解结果综合起来，组成整个问题的一个解决方案。

(二) 系统工程在建筑业的体现

1. 宏观管理系统工程

运用系统分析的方法研究建筑业的发展战略、经济政策、管理体制、行业管理等问题，为建筑业可持续发展提供宏观指导。

2. 区域规划系统工程

运用系统原理研究区域城镇布局和发展规划、区域资源最优配置、区域投资规划、城市规划、城市设计、城市管理等问题。

3. 城市基础设施系统工程

研究城市公共交通（公共汽车、电车、地铁、长途汽车、出租车）、能源（供电、供热、供汽、供燃气）、水（给水、排水）、通信（邮政、电信、广播、电视、信息服务）、公用设施（文化、体育、公共活动、异常灾害、防治、医疗）、生活服务（住宅、饮食、旅店）等系统的规划、设计、建设、管理等问题。

4. 环境生态系统工程

运用系统分析的方法，研究城市布局、园林绿化、城市美学、城市生态、环境评价等方面的问题。

建筑系统涉及面较广，不光有技术问题，还有经济、社会、环境等问题，诸多学科、诸多专业的知识贯穿其中，这些使建筑系统形成一个庞大的体系。而政府要系统地管理好这一复杂的行业，就必须综合考虑城市规划、人才资源、经济资源、企业资源等各项因素。

(三) 建筑企业系统工程

建筑企业系统工程是系统工程的一个重要分支。它以建筑企业系统为对象，运用系统工程的理论和方法，对企业的经营管理进行有效的控制，使企业在一定的条件下能获得最优效益的一种科学方法。

1. 建筑企业系统工程的概念

随着科学技术的迅速发展，生产社会化程度的不断提高，出现了生产过程自动化、连续化的大企业，建筑企业的规模不断扩大。为了科学地组织和管理企业内部的人力、物力等相关信息，使之获得好的经济效益，系统工程作为一种组织和管理的技术，已被应用到建筑企业的经营管理之中，形成了系统工程的一个分支——建筑企业系统工程。

建筑企业是一个复杂的人造系统。建筑企业系统工程是以建筑企业系统为对象，运用系统工程的理论和方法，分析、研究、安排、计划和控制建筑企业的经营管理问题，选择最优化方案，使建筑企业获得最优效益的一种科学方法。也就是将建筑企业的经营管理看成一个"系统"，运用系统工程的方法论和整体观念对建筑企业的生产经营活动进行管理，解决经营管理中的问题。

建筑企业系统工程是广泛地采用运筹学、管理科学、控制论、信息论等方法，用科学的计量方法来分析复杂的管理对象，并研究系统中各项资源的调配，从而有效地测量、了解和操纵整个建筑企业的经营管理系统。

2. 建筑企业管理系统的要素

建筑企业系统是由人、物资、设备、财力、建筑任务和信息六个要素组成。其中，建筑任务主要指建筑企业系统的目标，包括数量指标与质量指标。可按"目标管理"的要求层层下达指标。信息指建筑企业系统的各种计划、记录、文件等。信息是建筑企业系统的"神经中枢"，是决策的科学根据。建筑企业系统工程对信息的要求是畅通、及时、准确、经济。

以上六个要素在建筑企业系统中是不断转化、互相流动的。它们在企业内部构成了三大流，保证"三流"畅通，才能使经营管理系统取得最优的经济效果。

（1）物流：是由物资、设备和财力组成的物质在生产过程中的流动。它是输入各种原材料，经过各个生产工序后变成建筑物输出的过程。物流中伴有信息，它是企业生产的主体。

（2）信息流：信息在生产过程中的提取、传达、检索、判断等流动的过程均称为信息流，它要为物流服务。信息流控制物流的作用。

（3）人员流：人员流就是要把能干而又能适应环境变动的人调到适当的岗位上去。

3. 建筑企业管理系统

建筑企业管理系统整体上承担着建筑企业生产过程的全面管理任务，其业务功能可以分解为多个子系统来实现，具体如图2-3所示。

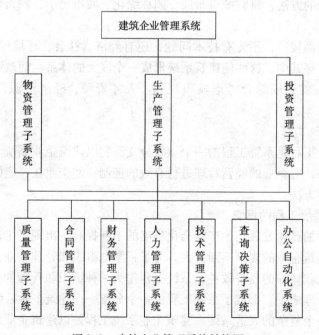

图2-3　建筑企业管理系统结构图

其中物资管理子系统应具备的功能：（1）物资代码管理；（2）库存控制管理；（3）仓库进出存管理：①仓库盘点管理，②供应商管理，③供应商评估管理，④市场信息管理，⑤采购订单管理，⑥财务稽核管理，⑦综合查询与统计分析。

生产管理子系统应具备的功能：（1）生产数据维护管理；（2）生产计划管理；（3）发交计划管理：①调度计划管理，②生产进度管理，③统计报表管理。

投资管理子系统应具备的功能：（1）新项目开发管理；（2）相关方资料管理；（3）合同管理：①来函来电管理，②单项目信息管理，③多项目信息管理，④业绩统计分析，⑤市场信息查询。

质量管理子系统应具备的功能：（1）质量体系管理；（2）采购质量管理；（3）生产质量管理：①库存质量管理，②设备质量管理，③工程质量管理，④企业环境质量管理。

合同管理子系统应具备的功能：（1）合同权限管理；（2）合同审核管理；（3）合同文档管理：①合同标准化管理，②违约索赔管理，③合同跟踪管理，④合同统计报表管理。

财务管理子系统应具备的功能：（1）报表分析管理；（2）审计管理；（3）综合查询；（4）财务软件接口。

人力管理子系统应具备的功能：（1）人事与干部档案管理；（2）组织机构和人员配置；（3）薪资管理；（4）企业人力资源开发；（5）考勤管理；（6）人力资源预测分析；（7）劳动保护管理；（8）人事变动管理；（9）报表管理；（10）人事综合查询。

技术管理子系统应具备的功能：（1）生产技术数据管理；（2）科研项目管理；（3）技术人才管理；（4）科技档案管理。

查询决策子系统应具备的功能：（1）企业性能指标查询；（2）相关分析；（3）经营情况查询；（4）外部信息查询；（5）项目建设信息查询；（6）企业文化和制度信息查询；（7）企业网站与 MIS 导航。

办公自动化子系统应具备的功能：（1）公共信息；（2）信息管理；（3）公文管理；（4）设备及交通运输工具管理；（5）会议管理；（6）费用管理；（7）个人办公；（8）文档管理；（9）生产事务管理；（10）作业计划及考核管理。

（四）工程项目管理系统

传统的工程管理思维以工程建设阶段为管理重点；以质量、费用和进度目标为核心，并将各目标按照实施阶段和主体进行拆分落实；以质量控制、费用控制和进度控制为主要管理内容；以管理方法为主体，重视管理工具的使用，如网络计划技术、概预算软件等，这种现实性的管理思维能够基本满足工程建设管理的需要，但其局限性十分明显。这种面向工程建设管理和控制的思维模式导致近几十年来工程管理领域的主要研究和应用都仅仅面向建设阶段，定位于满足单一管理者、单一管理职能、单一工程专业。

而工程管理系统思维是一种面向工程由构思到终结的全寿命期的系统过程的思维方式：工程管理系统思维始终将工程作为一个开放系统，充分考虑内外部要素在全寿命期各阶段的联系和相互作用，研究系统要素、结构和环境的动态性、发展性和变化性，并试图揭示工程系统全寿命期动态变化的机理和发展规律。如图 2-4 所示。

工程管理系统思维要求管理人员按照工程系统及各子系统的目标、联系、结构、功能及其全寿命期动态变化规律对工程进行科学的管理。工程管理系统思维是系统思维在工程管理领域的继承和发展，是贯穿工程全寿命期的最重要的思维方式和研究工具。

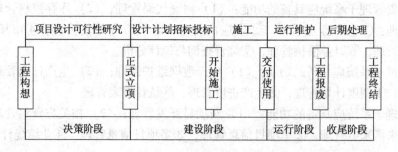

图 2-4 工程全寿命期

在工程管理系统思维模式下，工程是具有一定功能或价值的人造系统。它通常由在一定空间上的建筑物、构筑物、设备系统、软件系统等构成，并可用一定的功能（如产品产量或服务能力）要求、工程量、质量、技术标准等指标表达。工程处于一定的自然、经济、社会、人文和信息环境下，在一定的时间和空间上建设和运行，是一个开放的系统，与系统环境之间存在着许多交互，如图 2-5 所示。

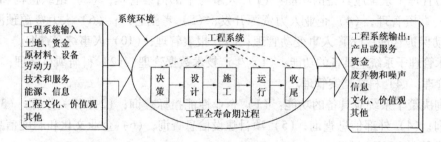

图 2-5 工程全寿命期系统分析

系统环境是工程系统的边界条件，指在全寿命期中对工程系统产生影响的所有外部因素的总和。任何工程系统都存在于一定的系统环境中。在工程全寿命期中，一方面，工程系统需要系统环境提供各种资源，包括土地、原材料、劳动力乃至工程文化等，这些输入是工程系统存在和运行的前提和保证；另一方面，工程系统通过向外界输出产品或服务以满足人类需求的同时，也产生了废弃物等不利影响，还可通过工程价值观等无形输出影响系统环境。

基于工程全寿命期管理的工程管理系统架构如图 2-6 所示。

工程是具有一定系统结构的综合体，表现为由在规划和图纸范围内的许多分部组合而成。工程系统结构分解是指运用工程管理系统思维，在工程系统分析的基础上，按功能和专业（技术）系统将工程系统分解为一定细度的工程子系统而形成的树状结构，即工程系统分解结构。分解模型如图 2-7 所示。

工程系统分解结构是工程全寿命期费用和信息管理的共同基础。工程全寿命期费用和信息分解结构体系都是在工程系统结构分解的基础上，将工程的各个阶段的费用和信息进行分解、整合，建立各专业子系统和全寿命期费用和信息之间的映射关系，进而得到各个专业子系统的费用和信息结构矩阵，如图 2-8 所示，为现代工程全寿命期管理提供强大的基础支撑平台。

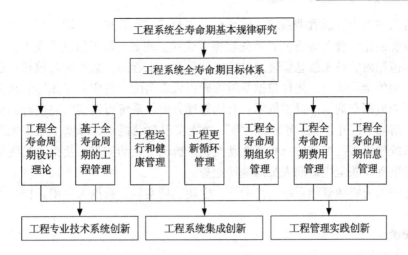

图 2-6　工程全寿命期系统架构

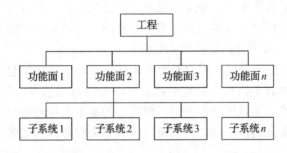

图 2-7　工程系统分解结构

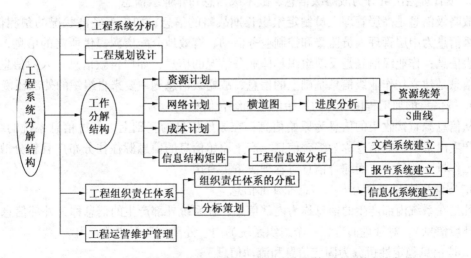

图 2-8　工程系统分解结构在工程全寿命期管理中的作用

（五）案例：中建三局人力资源管理系统

中建三局在职员工超过 1.7 万人，公司最大的挑战是如何管好 1.7 万人，如何让众多的人员成为集团优势，并发挥集团作战效益，而不是一堆散兵游勇的集合。

通过招标确定企业管理系统的制作公司，并组织企业内部人员与之合作，中建三局构建出适合自己的人力资源管理系统。该系统在"员工信息管理、合同管理、人员变动、薪酬管理、报表制作管理"等方面,首先取得了成效。例如,员工信息管理上,通过该系统建设,全国范围内的员工信息管理通过集中的数据库来管理,数据实时校核;信息集、信息项名称参照值全局统一,统计数据及时准确;人事调配、离职、退休等先从系统中进行操作,从而为数据查询统计提供依据;合同管理方面,系统可以实时完成合同的签订、续签、变更、解除和终止。"合同到期预警"功能实现自动提示,降低了用工风险。人员变动方面,系统使得人员变动信息规范变动类型,梳理了变动流程,使得人员变动业务井然有序,及时准确反映全生命期人员的变动业务。

在新建的人力资源管理系统的协助下,中建三局实现了数据大集中,提高了业务协同效果。

三、信息理论

(一) 基本信息理论

信息概念是与信息有关的理论,从申农在通信领域创立"信息论"以来已有数十年的历史。信息资源、信息技术革命、企业信息化、社会信息化、信息社会等也成为当代社会生活中最热门的话题。信息包含的内容是多种多样的,可以从不同的角度对其进行分类。

1. 按信息的特征可分为自然信息和社会信息

自然信息是反映自然事物的,由自然界产生的信息,如遗传信息、气象信息等;社会信息是反映人类社会的有关信息,对整个社会可以分为政治信息、科技信息、文化信息、市场信息和经济信息等。而对于企业来讲,所关心的基本上是经济信息和市场信息。自然信息与社会信息的本质区别在于社会信息可以由人类进行各种加工处理,成为改造世界和发明创造的有用知识。

2. 按管理层次可分为战略级信息、战术级信息和作业级信息

战略级信息是高层管理人员制定组织长期战略的信息,如未来经济状况的预测信息;战术级信息为中层管理人员监督和控制业务活动、有效地分配资源提供所需的信息,如各种报表信息;作业级信息是反映组织具体业务情况的信息,如应付款信息、入库信息。战术级信息是建立在作业级信息基础上的信息,战略级信息则主要来自组织的外部环境。

3. 按信息的加工程度可分为原始信息和综合信息

从信息源直接收集的信息为原始信息;在原始信息的基础上,经过信息系统的综合、加工产生出来的新的信息称为综合信息。产生原始信息的信息源往往分布广且较分散,收集的工作量一般很大,而综合信息对管理决策更有用。

4. 按信息来源可分为内部信息和外部信息

凡是在系统内部产生的信息称为内部信息;在系统外部产生的信息称为外部信息(或称为环境信息)。对管理而言,一个组织系统的内、外部信息都非常有用。

5. 按信息稳定性可分为固定信息和流动信息

固定信息是指在一定时期内具有相对稳定性,且可以重复利用的信息。如各种定额、标准、工艺流程、规章制度、国家政策法规等;而流动信息是指在生产经营活动中不断产生和变化的信息,它的时效性很强,如反映企业人、财、物、产、供、销状态及其他相关环境状况的各种原始记录、单据、报表、情报等。

（二）信息理论在建筑业政务管理中的体现

1. 信息理论在建筑业政务管理中应用的必要性

1）主管部门间信息联通的必要

如果在建筑主管部门的信息平台上，我们只能看到本部门职能范围内的相关服务项目介绍，用户并不清楚整个项目审批的全过程以及涉及的所有有关部门，那用户就很难对该项目有一个全面系统的了解。如此一来，建筑主管部门的信息平台就只能处于各成一体的状态，政府各部门就难以形成资源共享、协调管理的良好局面。而运用信息理论，使得各相关部门的信息平台相互联通，就能避免这种"信息孤岛效应"，使得各部门相辅相成、协调管理，同时也让用户能更全面系统地了解工程的各项相关事宜。

2）准确传播市场信息的需要

经济全球化的背景下，建筑业也随之瞬息万变，而不断变化的市场信息如何准确地传播给建筑企业以及消费者成为一大难题。政府相关部门作为行业的管理者是最先获得市场信息的一方，也是制定相关政策的一方。因此，政府部门应该利用信息理论，把最新的市场信息和行业管理政策准确迅速地传递给建筑企业和消费者，促进行业的健康发展。

3）畅通信息通道的需要

建筑行业几乎涉及整个国民经济发展的各个方面，产生的信息量是十分巨大的。谁要是掌握了最新、最全面的市场信息，也就无疑掌握了成功的钥匙。而政府主管部门作为上层管理者，能获得的信息是最新也是最全面的。因此为了市场的健康发展，避免垄断效应，政府主管部门应该利用信息理论建立一个畅通的信息管理平台，让企业和消费者及时且全面地获得需要的信息。

2. 建筑业政务管理信息化的意义和目标

1）建筑行业政府管理信息化是社会经济发展的需要和必然趋势

信息技术的发展和广泛应用，对社会经济的发展和进步具有巨大的推动作用，是促进社会经济可持续发展的必要条件。传统经济的发展需要由信息技术等高新技术支撑推动。21世纪，政府作为社会发展、经济增长的组织者、管理者和推动者，必须使管理水平和手段适应信息化社会发展的需要。建筑行业政府管理部门也应适应需求，推广信息化管理。

2）发展政务管理信息化，是节约社会资源、可持续发展的需要

发展电子政务，各级政府之间，政府与企业之间可以通过网上办公，节约社会资源。原来应该以书面交换的文件，现在可以用电子文档交换，既节约纸张，又提高了效率。原来需要面对面进行的业务，现在可以利用网络进行，可以减少人们的出行频率，减小交通压力。从整体上来说可以实现社会资源的节约，达到可持续发展的目的。

3）政务管理信息化是整合政务信息资源的需要

经过多年的政府信息化建设，我国政府部门建立了大量的网络系统、业务系统、数据库等，但这些系统绝大多数不能实现真正意义上的互联互通。网络利用率低、数据共享率低，已成为信息化发展的"瓶颈"。因此，在国家电子政务建设规划统一指导下，在建立统一标准和统一平台的基础上，整合已有的网络资源、业务系统和信息资源，促进各业务系统的互联互通和信息共享，是国民经济和社会信息化健康发展的关键所在。

4）发展政务管理信息化是转变政府职能的需要

电子政务建设不是信息技术在政务领域的简单推广和应用，不能简单地将现有政务职

能和业务流程电子化，它本质上是政府职能转变的重大创新和改革。现代市场经济要求在党政分开和政企分开的框架下，建设现代政府体制，通过电子政务的建设，更好地为用户服务，提高政府的监管水平和工作效率，促进政府信息和决策的透明度，最终实现由管理型政府向服务型政府的转变。

　　3. 建筑业政务管理信息化的对象

　　与建筑行业政务管理信息化有关的主体主要有三个：政府、建筑业企业、公民。政府的业务活动也主要围绕这三个行为主体展开，即包括政府与政府之间的互动；政府与企、事业单位，尤其是与企业的互动；以及政府与个人的互动。建立政务管理信息系统，也就是要围绕这三个行为主体的互动展开，在建筑行业来看，政府主体主要指住房和城乡建设部、各省建设厅和各地建委；企事业单位主体主要指建筑施工企业、房地产开发企业、建筑中介咨询企业以及其他相关企事业单位；公民主体主要包括各类建筑业执业资格者、普通建筑工人和建筑产品的用户、住户等。

　　4. 信息理论指导下的建筑业政务管理

　　建设行业电子政务的核心还在于网上政务处理，互动电子政务的组成包括核心层、办公业务层、信息交换层、公众服务层。

　　1）信息的收集和处理

　　建筑业信息收集交换体系如图 2-9 所示。

　　2）电子政务处理框架探讨

　　建筑业电子政务框架体系如图 2-10 所示。

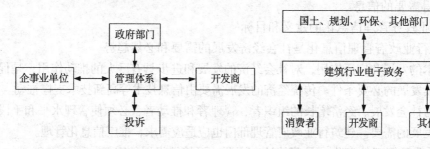

图 2-9　建筑业信息收集交换体系　　　图 2-10　建筑业电子政务框架体系

　　3）建立安全网络体系

　　（1）建立内外网间安全的数字交换；

　　（2）网络域的控制；

　　（3）标准可信时间源的获取；

　　（4）信息传递过程中的加密；

　　（5）操作系统的安全性考虑。

　　5. 建筑业政务管理信息化内容

　　建筑业政务管理信息化围绕"以项目为主线的项目建设管理、以市场主体为主线的市场主体资格管理和以标准为主线的工程建设技术经济标准管理"三条主线进行，主要内容包括：公共信息管理、企业资质管理和注册执业资格人员管理、企业信息管理、在建工程管理等几个方面的内容。

1）公共信息管理

公共信息管理是互联网上的应用系统，是所有政务信息化管理都应包含的功能，这部分主要包括系统网站的相关功能，主要有：（1）建筑业信息的发布和浏览；（2）企业资质和注册执业资格人员相关查询；（3）公民和企业意见箱；（4）问题解答；（5）建筑业文档下载管理。

2）企业资质管理和注册执业资格人员管理

包括企业资质和专业人员从业资格的网上申请、审批、年审、动态管理、变更、备案、资质证书管理和相关资质申请审批工作处理情况的查询以及资质标准和等级的管理等。具体为：（1）资质标准及资质等级管理及注册执业资格人员管理；（2）企业资质申请和注册执业人员资格申请；（3）资质和资格审批；（4）资质备案和资格备案；（5）资质和注册人员动态管理及年审；（6）资质和资格证书管理；（7）企业及从业人员统计分析。

3）企业信息管理

企业信息管理主要是对企业信息的维护，包括企业相关信息的输入、输出、修改、删除、查询和打印等功能。具体为：（1）企业基本信息管理；（2）工程项目及质量管理；（3）企业人员管理；（4）企业证照资料管理。

4）在建工程项目管理

在建工程项目管理是指对在建工程项目全过程的信息化管理。从项目的立项审批、招标投标、质量安全报监、施工安全许可证、竣工验收的全过程都尽可能应用信息化的手段进行管理。具体内容包括：（1）建设工程报建管理；（2）工程项目网上招、投标；（3）相关许可证网上申领；（4）质量安全监督及质量安全事故举报；（5）竣工验收备案。

政务信息化管理常用构架如图2-11所示。

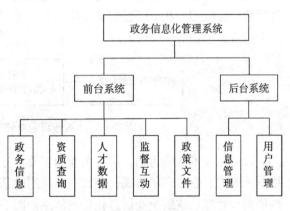

图2-11　政务信息化管理常用架构

6. 建筑行业政务电子化应用问题

建筑行业政务电子化实施过程有着投资大、周期长、技术难度高、参与面广、与行业结合紧密等特点。在其实施过程中应充分注意以下问题：

1）统一规划、分步实施

信息化建设是一个长期、渐进的过程，其成功实施绝不是建立一个网站那样简单，它涉及大量的信息技术和管理问题，为避免低水平的重复开发与建设，提高信息集成与共享的程度。建议借鉴日本的成功经验，由住房和城乡建设部牵头，会同有关方面的专家、企业和研究机构，制定信息化建设的统一规划，由各级政府建设主管部门根据各地实际情况分层次、分阶段的稳步推进。

2）促使建筑行业行政组织的重组

行政组织是行政职能的载体，随着行政职能的转变而转变，政府职能的社会化要求政府组织实现由臃肿向精炼的转变，要求政府组织由便于控制的金字塔向利于服务的网络型转变。

3）应用与研究并举

在信息化建设的过程中应专门安排一定的人力、物力，对政府建设管理信息化中的一些基础性的问题开展研究工作，如建筑业信息交换标准、信息安全技术等，并在应用实施的过程中注意不断吸收研究成果，保持技术的先进性。有关问题的研究工作可以考虑和其他部委及有关企业、科研单位合作开展。

（三）建筑企业信息化

1. 发展阶段与管理体系

建筑企业信息化管理体系是以操作系统、数据库系统、网络架构和管理以及安全管理等作为系统建设的基础架构；以企业外部和内部信息门户作为公司提高和统一对外形象、组织和管理内部信息共享的基础；以办公自动化和工作流管理作为贯穿公司业务操作的通信和流程管理平台；配合公司各项业务运作的专用和通用系统，信息化管理体系在建筑企业中起到了很重要的作用，如：能使财务管理、人力资源管理、工程项目经营管理支持更高效率的管理运作；能以企业信息总线作为各信息系统建立统一的通信渠道；能开发和组织企业级的知识共享和管理数据库，为企业提供更好的技术和决策支持等。

管理信息化在工程建设企业中的迅速发展，主要得益于计算机技术和通信技术的日益发展和广泛应用。从20世纪80年代至今，工程建设企业管理信息化的发展大致可以分为三个阶段，如图2-12所示。

图2-12　工程建设企业管理信息化的发展阶段

以信息技术战略为纲，基于企业的主要业务需求，规划企业信息系统的整体架构、应用系统架构、企业应用集成，并在明确应用的基础上规划基础软件系统、硬件网络架构和网络安全管理。建筑企业信息化管理体系如图2-13所示。

2. 建筑企业信息化建设

建筑企业信息化管理不仅仅只是购买计算机软硬件用以辅助企业办公和决策，而是应以现代信息技术为基础、以管理理念的信息化为先导，在强调应用信息化管理平台作为管理手段的同时，进行管理流程再造，建立一套满足企业信息化管理要求的经营管理体制。建筑企业实施信息化管理，需要构建信息化管理平台和流程再造的共同保障，如图2-14所示。

3. 建筑施工企业信息化建设的层次

1）企业单个部门内实现信息化

在这个层次内，为了提高工作效率，在企业单个部门内，在生产经营管理中主要运用电脑进行数据处理，在此基础上带动业务流程信息化。

2）企业内多部门数据互联互通，业务协同

达到这一层次，需要各部门的数据有统一的定义标准，并且各部门内已具有比较成熟

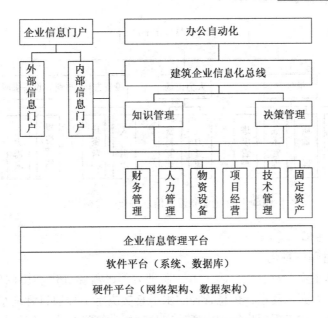

图 2-13 建筑企业信息化管理体系

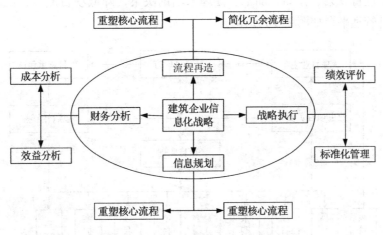

图 2-14 构建信息化管理平台和流程

的信息系统，对外提供调用接口。企业通过内部局域网络建设，实现了施工进度管理、会计电算化管理、人事管理、物料管理、工资核算、质量管理等。但该层次信息化仍局限于企业内部。

3）企业联盟体信息协作平台

任何一个企业都不可能闭门造车，当企业内部的业务流程梳理清楚，信息系统完善后，必然要与外界进行数据交换，并且外界数据往往也是决策支持系统的重要变量（如市场价格信息）。这种管理模型重新架构，形成扁平化的快速、敏捷的组织模型，降低了联盟体组织管理的复杂度。实现了以项目建设需求为主线的协同设计、进度管理、客户关系管理、物资协同管理、成本控制、协同工作、合同管理等关键业务流程优化。不同的企业之间信息系统互通后，可以形成企业间信息协作平台，不仅有利于互相之间的沟通，还有利于寻找到新的利益增长点。具体结构如图 2-15 所示。

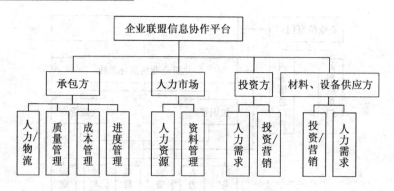

图 2-15　企业联盟体信息协作平台结构图

（四）项目管理信息化

1. 工程项目管理信息化

工程项目管理主要涉及业主、施工方、监理方等，需要处理和协调项目成本、质量、进度、材料等多个方面。其中，信息管理的水平直接决定工程项目管理水平。工程项目信息化管理的本质是：在工程项目管理中通过充分利用计算机技术、网络技术、数据库等科学方法对信息进行收集、存储、加工、处理来辅助决策，降低项目成本、提高管理效率。工程项目信息管理平台如图 2-16 所示。

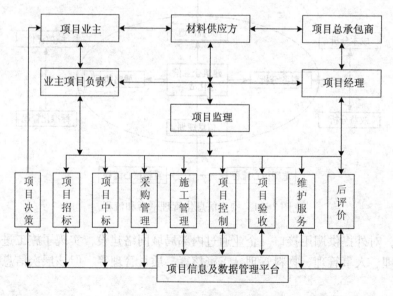

图 2-16　工程项目信息管理平台

2. 多项目管理信息化

高效的信息沟通是多项目成功实施的关键。项目多、地域广、工期长等特点为项目参与各方在信息沟通和协同工作上带来了问题。信息技术和网络技术的发展为项目信息沟通问题的解决创造了条件。多项目管理作为大型、复杂项目的管理方法，项目管理信息化是其重要特征，网络平台上的项目管理是其主要的手段。

1）多项目管理三级平台

多项目信息管理平台按三级平台开发，通过网络实现数据上报。自下而上分别是单项目建设管理用户、中间层是业务管理部门、最上层是领导决策层。各层之间通过网络平台进行数据流转，如图2-17所示。

2）多项目管理平台具体建设内容及架构

多项目平台架构如图2-18所示。

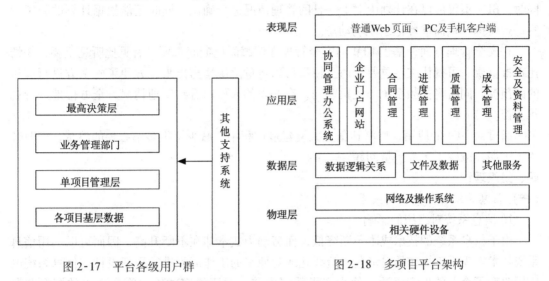

图2-17　平台各级用户群　　　　　图2-18　多项目平台架构

（五）案例1：中建五局信息化建设

中建五局管理信息化集成系统完成了十大运行系统和两大项目管理支撑系统，全局在建的140个项目应用了综合项目管理系统。

目前中建五局员工业务工作、互动交流、物资管理、审批都通过信息系统来实现，大大提高了员工的效率。中建五局管理信息化集成系统于2009年1月8号正式启动，目前，涵盖了大型建筑企业集团的主要管理内容，建立了五局从上到下的主数据标准化体系。通过业务协同架构可以实现在一个平台解决多个业务集成的需求，实现中建五局不同业务以一种统一和通用的方式进行自由交互，大大提高了公司管理和运营的效率。

现在，中建五局的整个信息系统实现了集团化管理、企业各系统间的集成，解决了财务与业务脱节的问题，实现了多级审批流管理及报表集中管理。整个系统将中建五局的精细化管理模式构建于信息管理系统之上，中建五局的管理层可以通过IT系统及时获得全球18个国家22家分支机构的一线生产数据，对财务、采购、人工等成本实现精细化管理。而且通过拥有NC建筑解决方案，实现了项目管理系统和财务系统、企业门户系统、决策支持系统等的无缝集成，为企业提供了一个全面的一体化解决方案。

（六）案例2：BIM在广联达信息大厦施工中的应用

广联达信息大厦工程从方案决策到深化设计再到工程施工方面均利用了BIM。此处主要介绍施工这一方面。

在施工方面，基于BIM施工组织，施工方通过模型对工程重点和难点的部位进行分析，制定切实可行的对策，依据模型确定了施工方案、排定计划和划分流水段。模型在建造前期的决策阶段给施工方很大的帮助，提高了决策阶段的效率。基于BIM-5D成本模型，施工方结合对进度的模拟，施工成本做到了一目了然。在技术管理上，施工方采用三维技术，让操作人员准确地进行施工，避免拆改现象的发生。设计中 3~5 层的钢结构，分别做了理论模型和实际施工模型两块。

在进度管理方面，施工方用季度卡来编制计划，在编制计划时将周和月结合在一起，方便于后期计划变更时自动生成新计划。方便了施工方对现场的施工进度进行每日管理。同时，BIM 不仅可以在计划中对上一日的管理情况进行确认，同时还能根据计划的施工内容进行模拟，从而准确记录现场动态。

在安全管理方面，基于 BIM 的安全管理强调瞬间比期间重要、看见比听见重要、知情比审批重要、可视比文字重要。通过模型可以将危险源暴露出来，方便了施工方进行有目的的预控，同时将视频系统与主机联网，有权限的人可以看到实地情况，全方位地进行视频监控。

通过对 BIM 的应用，广联达信息大厦建造过程中，减少了很多不必要的浪费，同时节约了工期，减少了工程质量问题。

四、组织理论

(一) 信息系统与组织之间关系

1. 信息系统对组织的影响

由于信息系统的技术成本不断降低，而劳动力成本却在不断升高，因而可以利用信息系统技术实现手工操作的自动化、流线化或对原来的工作流程进行重新设计。信息系统的应用改变了企业的生产函数，使生产函数向内移，对于给定的输出需要更少的资金和劳动力。

信息技术可使企业组织在维持规模不变的情况下，通过有效使用外部供应商，而不需要使用内部供应资源来降低企业的交易成本。信息技术甚至能够在增加收入的同时减小企业规模。网络化的企业使企业从市场上购买产品和服务比自己内部生产产品和服务更容易、更便宜，这样企业在不需要扩大规模甚至减小规模的情况下，就可有效地降低交易成本。

信息技术可以降低组织获取信息的成本，扩大信息传播的范围，从而改变组织的授权与决策层次。利用信息技术可以直接将作业层的信息传递给高层管理人员，这样在减少中层管理人员的情况下能够实现信息在组织内的传递，同时增加高层管理人员直接接触低层人员的机会。另外，由于利用信息技术可以将信息直接传递给低层人员，使他们在不需要管理层介入的情况下也能够依据自己的专业知识与信息做决策。这样，中层人员的作用在减弱，有学者认为组织中的中间管理层将会逐渐消失，而也有学者认为信息技术的应用给中层人员提供了更多的信息，从而使他们的权力在加强，能够做出更多和更重要的决策，这样使组织减少了对低层人员的需求。

信息技术的深入应用将使许多公司能够以"虚拟组织"方式经营与运作，知识和信息的获取、扩散和使用更方便、快捷，工作不再受地理区域的限制。新的研究也表明，组织变得"扁平化"不仅要靠削减中层人员，还靠按业务流程对组织重组来代替传统的职能部门。业务流程贯穿传统组织结构，它跨越销售、市场、制造和研发部门间的边界，把不同职能和不同专业的人员组织起来共同完成一项任务。通过对业务流程的自动化或重新设计和优化，信息系统能够使组织获得更高的效率。当然，是否所有现代化组织都会经历"扁平化"、"知识密集型"等组织结构上的转变尚无人知晓。信息系统对组织的影响包括众多行为因素，因此信息系统对组织的作用是相当复杂的。

信息系统的应用能给组织带来新的活力和生产力，合理地运用信息系统能简化组织运行的环节，从而提高组织运行的效率。然而引进信息系统带来的组织变革时常会遭受组织及组织内成员的排斥。

1）个人阻力

（1）个人习惯：习惯使得人们排斥引进新的技术和手段。

（2）不安全感：不了解情况，往往使人们感到担忧，失去安全感。变革正是因改变了人们获取信息的来源，因此容易引起无安全感。这时，人们因对新环境不了解而可能抵制。

（3）利益分配：引进新的技术和手段可能会引起利益重新分配，因此，利益受损一方势必会抵制变革。

（4）个人投入：引进信息系统这样的新技术和手段，通常需要组织成员投入时间、精力以及资金去学习和适应，而成员时常不希望个人额外付出，因此个人投入成为组织变革的阻力。

2）组织阻力

（1）组织结构：信息系统对组织影响的行为理论表明建立新的信息系统或改造旧信息系统不仅仅是对机器和成员的再安排，新的信息系统还可能改变原有的组织结构，这必然会破坏原有的组织文化、组织政治和组织平衡，产生新的冲突和发展阻力。

（2）变革成本：组织作为一个集合体，变革时通常要付出较大的成本，而如果该成本超出组织的预期，则变革成本也就成为一项巨大的阻力。

（3）群体利益：组织变革时可能会触及某些群体的利益，利益受损的群体势必会抵制组织的变革。

2. 信息系统对组织间的影响

信息系统对组织间的运作起到很多作用，传统的看法是组织间信息系统可通过提高参与者之间的沟通效率创造竞争优势，现在表明其对运营层面和战略层面都产生了影响，具体包括：

1）降低成本

组织间信息系统最大且最明显的作用就在于能够在组织内部和组织间两个层面上降低成本。组织间信息系统的实施提高了信息交换的自动化水平和通信能力，因此很大程度上减少了组织和个人间纸质文件的转递，继而降低了由此产生的成本费用。实施组织间信息系统带来的间接成本节约则表现在企业可以通过频繁地从供应商订货，或者生产顾客正好需要的产品数量进而大大降低其库存水平。此外，实施组织间信息系统还大大降低了组织间的协调成本。

2）稳定和提升组织间关系

对一个企业而言没有比与合作伙伴保持融洽关系更加重要的事情了。战略联盟对合作双方均有利，但是保持这种战略联盟关系却很难。战略联盟在 20 世纪最后一个十年里数量急剧增加，仅仅最后两年中就出现了两万多个战略联盟，但是伴随着风险几乎有一半的战略联盟最终失败了。投资建设一个组织间信息系统的结果是能够提升组织间的关系。一个组织间的信息系统是建立在组织及其合作伙伴对伙伴关系的共同维护基础上，建设一个组织间信息系统需要耗费大量人力、财力以及时间，可能在参与成员能够从组织间信息系统投资中获益之前安装和适应这个系统就需要几年的时间。这些都增加了参与成员的转换成本，参与者对组织间信息系统进行了大量投资，就会更加珍视双方的关系，通过组织间信息系统实现成本的节约和信息共享有助于保有贸易伙伴等，这些都对伙伴关系有很好的促进使用。

3）促进跨组织业务流程再造

组织内部的业务流程再造是指通过组织对现有流程的重新分析，改进和设计组织流程，以使这些流程的增值内容最大化，其他非增值内容最小化，从而有效地改善组织的绩效，以相对更低的成本实现或增加产品对顾客的价值。组织内部的流程再造是能够为组织带来成本、时间和流程质量等多种尺度上的改善的一种改革。然而，在合作伙伴之间发生了更多的流程再造。例如，修改后的财务流程在新发票和付款流程方面就需要伙伴的接受和支持，准时化库存系统也需要供应商的合作才能够实现。跨组织业务流程再造比组织内部的业务流程再造更能为组织带来益处。实施组织间信息系统提高了沟通效率，使组织间的运作和交易更加牢固，从而促进合作双方的战略柔性，因此组织间信息系统能够完成上述跨组织业务流程再造。实施组织间信息系统的作用只有在通过组织间信息系统完成了跨组织业务流程再造后才能得到全部体现。

4）信息共享

建立组织间信息系统就是为了组织间可进行信息的有效沟通和传递，组织间可展开各种合作以追求信息的共享。组织间信息系统的参与成员可以通过组织间信息系统与供应商伙伴进行及时的信息沟通，通过组织间信息系统提高信息共享的能力，增强其对上游企业的影响能力，更好地了解用户的产品需求信息，继而更好地为顾客提供服务。

最典型的实现跨组织协作的组织间信息系统就是电子数据交换系统（Electronic Data Interchange，EDI）。EDI用户的收益按表2-4确定。

EDI用户的收益表

表2-4

收　　益	收　益　原　因
降低成本	替代纸张、节省劳动力
促进资金流动	更迅速地处理和交换信息
减少库存水平	减少订单环节、降低订货成本
提高信息质量	增加了信息的时效性、准确性和可获取性
增加效率	通过缩短循环时间降低成本促进内部运营、更好地管理信息
提升贸易伙伴的关系	增加信息共享增进了信任；促进双边业务的跨组织实现；减少差错环节
跨组织业务流程重组	完成单方面不能实现的业务流程重组；提高参与准时化项目的能力
增强竞争力	提高占有新市场的能力、以低成本提供更好服务的能力；促进纵向集成和竞争结构的改变；相关联组织竞争力的均衡

（二）信息系统与组织战略

1. 竞争力分析模型

该模型由迈克尔·波特于20世纪80年代初提出，被用于竞争战略分析。五种竞争力分别是：买方的议价能力、供应商的议价能力、行业潜在进入者的威胁、替代产品的威胁、行业内现有竞争者的竞争力，如图2-19所示。

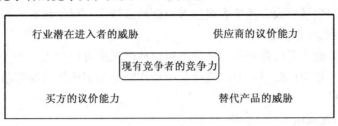

图 2-19　不同力量的特性和重要性

1）行业潜在进入者的威胁

这种威胁主要是由于潜在进入者加入建筑行业，会带来整个行业生产能力的扩大，影响行业内各企业市场占有率，必将引起建筑行业现有企业的激烈竞争，使建筑产品的价格下降，并加剧了在建筑原材料、人才等资源方面的争夺而导致的成本增加。

潜在进入者的威胁状况取决于建筑行业的进入障碍和原有企业的反击程度。建筑行业基本是属于劳动密集型行业，其行业的进入障碍较低，这也是目前建筑行业竞争日趋激烈的主要原因之一。

2）买方的议价能力

买方主要通过对企业进行压价以及要求企业提供高质量产品或服务的能力，来影响行业中现有企业的盈利能力。在建筑市场属于买方市场的条件下，业主往往压价承包工程，还要求高质量的施工和优质的服务，其结果是使得建筑行业内的竞争者们相互竞争，导致行业利润下降。因此，建筑企业必须了解、分析顾客的状况，预测市场规模的演变，充分了解顾客需求的内容、趋势及特点，顾客的规模结构、消费心理、习俗及层次，应用产品、价格、销售渠道及促销手段等营销组合来满足用户的要求；同时要借助国家法律、法规的力量、政府监督的力量，以维护企业的合法权利。

3）供应商的议价能力

供应商主要通过提高企业的投入要素价格、降低企业单位价值量的能力，来影响行业中现有企业的盈利能力与产品竞争力。供应商力量的强弱主要取决于他们所提供给企业的是哪些投入要素，当供应商所提供的投入要素对企业产品生产过程非常重要，或者很难替代时，供应商对于企业的潜在讨价还价力量就大大增强。建筑施工企业的供应商主要是原材料、设备供应商以及分包商。相对其他产业而言，建筑业供应商的讨价还价能力较弱。但在特定环境的影响下，供应商的讨价还价能力会增强。

4）替代产品的威胁

替代品是指那些与本行业的产品有同样功能的其他产品。替代品的价格如果太低，其所投入的市场就会使本行业产品的价格上限处于较低的水平，这就限制了本行业的收益。建筑业现今新技术、新工艺、新材料的不断涌现逐步替代了原有产品，如果替代品的价格较低,它投入市场就会使本行业的产品价格上限处于较低水平,从而限制了本行业的收益。

5)现有竞争者的竞争力

行业内现有企业之间的竞争采用的主要手段是价格竞争、广告竞争、加强服务保修竞争等。建筑业竞争的激烈程度随行业所处的阶段的不同而不同,现今建筑行业处于相对成熟的阶段,企业的数量巨大,竞争表现出涉及面越来越广、程度越来越深的态势。

2. 建筑企业组织战略类型

建筑企业或其他施工行业企业,常见的组织战略大致可以分为三种类型:成本领先战略、差异化战略和集中化战略。公司选择某一种战略是期望该战略能够给公司带来超出行业平均水平的回报。

1)低成本领先战略

低成本领先者依赖于一些独特的能力来获得并保持它们的低成本优势。低成本企业常常精于降低成本和提高效率。它们将规模经济最大化,实施削减成本的技术,强调管理费用的降低,并使用大批量销售技术来推进它们的成本曲线。

低成本领先者能够利用其成本优势来获得更低的价格或更高的利润率。这样做,公司能够有效地抵御价格战,在价格上击败竞争者,获得市场份额;或者公司如果已经统治了整个行业,就能轻而易举地获得垄断收益。

2)差异化战略

差异化战略也称"特色取胜"战略,其核心是以项目开发以及施工经营特色获胜。即企业通过特色化经营使企业的产品或服务成为行业内独一无二的且需求者乐意接受的,为企业在行业内建立起了特殊的市场地位,有效地避免了企业受到同行的冲击,使企业生产经营处于主动地位。

3)集中化战略

集中化战略又称市场细分化战略,通常以低成本或差异化为基础,试图满足一个特定细分市场的需求。这类细分市场是那些在营销中被忽视的、容易接近的市场,包括那些典型的消费者。追求集中化战略的企业愿意为那些被忽视的群体服务,从中获得客户的忠诚度,提升自己的实力。

此外,经济全球化在进一步带动了建筑业高速发展的同时也带来了激烈的竞争。建筑企业要更好的发展,通常也实行多元化战略。多元化战略可以很好地规避市场风险,稳固自身的市场地位。多元化战略包括横向多元化、纵向多元化和无关联多元化。以施工企业为例,施工企业加入建材行业生产和销售建材,即为横向多元化;施工企业自身投资开发地产项目,即为纵向多元化;施工企业进入与建筑业毫不相干的行业(如家电行业),即为无关联多元化。

3. 建筑企业内部价值链分析

一般而言,企业组织创造价值的活动中,并不是每个环节都创造价值或者每个环节对企业的价值目标都具有同样的贡献和影响。实际上只有某些特定的价值活动才真正创造价值,这些真正创造价值的经营活动,就是价值链上的"战略环节"。价值链由五项主体活动和四项辅助活动构成。如图2-20所示,价值链工具能够分析组织各项活动的性质,帮助企业在战略规划中明确自身的优势与劣势。

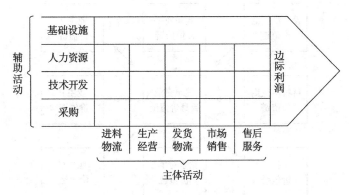

图 2-20　价值链工具

建筑企业主体活动在日常经营活动中发挥着主体作用，直接为企业创造价值并提供给业主方；辅助活动不直接参加企业创造价值的活动，而是为建筑企业主体活动更好地创造价值提供辅助条件。但辅助活动和主题活动是相辅相成的，二者为了共同的目标相互配合协调，为企业创造更多的利润，为业主方提供最大限度的满意。具体如图 2-21 所示。

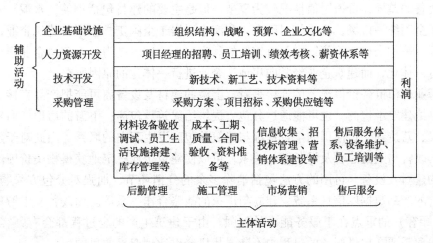

图 2-21　主体活动和辅助活动相辅相成

4. 建筑企业外部价值链

建筑企业和其他的经营主体一样，都不是孤立存在于市场中的，它是与其他的同类型企业或上下游企业共同生存、相互影响的。当机会出现时结成战略联盟就能实现多赢的局面。生产企业既可以与用户企业进行联合，形成企业自身业务的前向扩张；又可以与供应商进行联合，即价值链的横向一体化。这样企业的价值链、供应商价值链以及顾客价值链就连接成一个外部价值链。外部价值链管理把竞争战略扩展到战略联盟，核心在于价值链的构建与优化问题。对于建设施工企业来说，企业通过工程承包服务向业主提供建设产品，业主为该服务向承包商支付费用。同样，位于承包商下游的设计分包商、材料设备供应商、工程专业分包商等各相关环节分别向承包商提供产品或服务，获取承包商支付的费用，形成一个围绕它所承包的各工程项目的相互联系的外部价值系统。建筑施工企业外部价值链如图 2-22 所示。

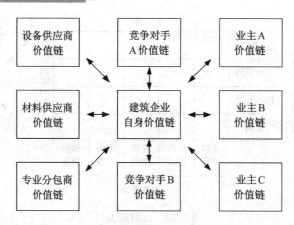

图 2-22 外部价值链

5. 建筑企业行业价值链分析

从行业价值链各环节的价值分布来看，房地产开发商由于拥有开发和购买的双重地位，在行业价值链中具有优势，一般能获得最大的价值增值；建材及设备提供商由于各种建材及设备的差异，价值增值情况较为复杂，但是主要的建材包括钢筋、水泥、木材等已经形成了全国统一市场，价格相对固定，利润水平居于全国正常水平；建筑企业，由于同质化竞争，平均来说在价值链中具有较低的利润水平。这也是为什么建材企业很少向建筑企业进行一体化，而建筑企业经常向房地产企业进行一体化的原因所在。

从行业价值链各价值环节的连接来看，上游的建材及设备商可能把产品直接或通过分销商提供给建筑承包商，也可能通过分包方提供给建筑承包商；下游的房地产商从建筑产品的开发、营造到交付使用的全过程都与建筑承包商发生双向的联系。因此对于建筑承包商来说，改善与上游建材及设备商的关系，可以使建筑企业稳定地获得物美价廉的建筑施工所需的建材及设备。可用的方法包括消除多余的分销环节、加强对分包方采购的管理、建立完善的产品数据库信息系统、建立与厂家的战略合作关系等。而改善与下游房地产商（或其他顾客）的重点在于服务能力的加强。由于建筑生产的全过程都会有顾客的参与，因此承包商需要在提供服务的过程中不断寻找机会以达到双赢的目的。

6. 基于信息系统的组织战略

企业战略信息系统可以运用信息技术来支持或体现企业竞争战略和企业计划，使企业获得或维持竞争优势，或削弱对手的竞争优势。战略信息系统改变组织的目标、经营活动、产品、服务或者与环境的关系，帮助组织获得超过竞争对手的优势，而具有这种影响力的系统可能会改变整个组织的经营活动。战略信息系统应该与支持高层管理人员、解决长期的决策制定问题的战略层信息系统区别开来。战略信息系统可以用在组织的任何层次，并且比其他系统范围更广、深度更深，战略信息系统影响企业经营方式以及企业所从事的业务。组织有时为了能充分利用这种信息系统技术，甚至需要改变企业内部的运作以及与客户和供应商之间的关系。这种形式表现在各种竞争力量的较量之中（如企业与供应方、配销渠道、顾客或直接对手之间为不同目的而展开的竞争），而信息技术的应用可以影响这种平衡。

企业战略信息系统是企业竞争的有力武器，首先须了解在动荡变化的经济和技术环境中,哪些方面是可以抓住的战略机会,企业应该制订怎样的对策和竞争战略来求得生存与发展。只有当一个信息系统影响或直接支持企业的经营战略,从而给企业带来了竞争优势或削弱了竞争对手的竞争优势,才称它是战略信息系统,系统才具有战略作用。企业内信息系统的应用可能在五个层次上产生战略作用,如图 2-23 所示。

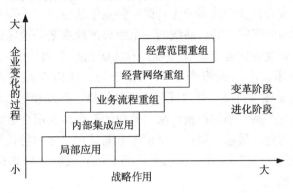

图 2-23 企业内信息系统

其中,第一个层次:局部应用层,也就是利用信息技术实现某个局部功能,该系统的战略作用是在信息系统实现此局部功能的过程中发挥出来的。

第二个层次:内部集成应用,即建立一个企业范围内的信息技术平台,使整个企业中各个孤立的信息系统有机地集成起来。集成化信息技术平台的建立使各个子系统的信息可以共享,从而带来工作效率的极大提高和成本的降低,并可能影响企业的组织结构和经营过程。一般来说这种全企业范围内集成化信息系统的应用对企业来说都是具有战略作用的。

第三个层次:业务流程的重组,利用信息系统技术改变企业的业务过程,进行企业内部流程的重组,此类信息系统技术应用所能带来战略作用的大小取决于信息系统的应用和管理两个方面。

第四个层次:经营网络的重组,是指利用计算机和通信技术将客户、供应商等与企业经营相关联的实体集成到一个共同的信息系统中,这种基于电子通信网络的集成,形成了纵横交错的、集成化的协作体系。

第五个层次:经营范围的重组,即企业经营范围的重新定义。该层次的变革是比较大、比较深层次的。

(三)案例1:"波特五力模型"在建筑装饰业的应用事例

建筑装饰行业已经成为建筑业的三大支柱性产业之一,是建筑业中竞争程度最高的子行业。

建筑装饰行业的五力竞争现状主要为:建筑装饰行业由于进入壁垒较低、竞争对手较多、市场趋于成熟、产品或服务同质化严重;国内装饰材料供应充足,供应商议价能力弱,建筑装饰企业工厂化建设率较低,上游价格风险可以通过开口合同或者战略合作规避;建筑装饰行业信息不对称明显,大部分顾客缺乏对装饰行业的了解,议价能力较弱,并且对于设计实力和施工能力强的公司,顾客对价格因素较不敏感;装饰行业基本无替代,但国家倡导绿色建筑,提倡精品房建设,所以未来会有更多的建筑商包揽装修业务,会对现有建筑装饰企业构成一定的威胁。

基于波特五力模型的对策：（1）成本领先策略：企业在提供相同的产品或服务时，通过在内部加强成本控制，在研究、开发、生产、销售、服务和广告等领域内把成本降低到最低限度，使成本或费用明显低于行业平均水平或主要竞争对手，从而赢得更高的市场占有率或更高的利润，成为行业中成本领先者的一种竞争战略。（2）集中化策略，进行市场细分：主攻某个特殊的顾客群、某产品线的一个细分区段或某一地区市场。可以使企业的资源进行整合，集中企业的优势资源和力量，专注研究某个领域内的技术、市场、用户，将企业最具优势的技术、产品或服务推向细分市场，从而在此领域内赢得竞争优势。（3）差异化策略：企业凭借自身的技术优势和管理优势，开发和生产出在性能、功能和质量上都优于市场上现有产品水平的创新产品，并使创新产品与消费者的需求相吻合，使为顾客所提供的产品在功能、质量、服务、营销等方面具有"不可替代性"。

（四）案例 2："价值链分析"在建筑企业的应用案例：浙江永峰建设公司"建筑＋房地产"二元发展的升级模式

浙江永峰建设有限公司成立于 1998 年 11 月 3 日，注册资本 5018 万元，是一家具有一级资质的建筑企业，经历了 6 年的快速发展阶段，逐步由三级资质的建筑企业成长为一级资质企业，年利润也突破了千万。然而这时，永峰建筑公司的发展遇到了瓶颈，利润增长空间缩小。

2005 年，永峰建筑公司经过了详细的市场调查和价值链分析，决定采用"建筑＋房地产"的二元发展模式实现产业升级。利用公司原有的技术经验和资源优势，整合公司内外环境因素实现相关产业的跨越，在行业价值链上寻找新的利润增长点。

之后四年的发展验证了公司战略决策的正确性。根据公司 2009 年的财务报表发现，尽管公司的建筑业务利润额仅为 1400 万，提升不多，但是公司的房地产开发业务利润已突破了 6000 万，为公司的利润总额做出了巨大贡献。同时，永峰公司通过引进战略投资者和合作联盟的手段实现了资产优化组合，在竞争日益激烈的大环境中进一步减少了经营风险。

第二节　工程管理信息系统方法论

一、工程管理信息系统的层次性

狭义的工程项目管理是在限定的工期、质量、费用目标内对工程项目进行综合管理以实现项目预定目标，但这只是工程项目施工的管理，随着投资规模、领域的扩大、投资来源多样化，工程项目对环境、经济的影响增强，工程项目管理已不限于实施过程，而是扩展到从立项到交付使用、维护的全过程管理，工程项目的实施也从施工承包发展到项目管理、工程总承包等多种形式。对于一个具体的工程项目，其目标已不仅仅是质量、工期、费用的控制，还要与资金筹措、风险分析、使用维护以及与所在地经济、环境等联系起来，项目的目标、管理都应按"广义"考虑。因此，工程管理信息系统的方法，除了具体的技术性方法，还要向前后期的评价延伸，要考虑并体现中央提出的可持续、协调发展。

二、工程管理信息系统的思想性方法

项目管理的思想性方法也可称为思想，之所以将项目管理思想作为方法加以分析，是

因为工程项目管理的背景、环境日益复杂，涉及环节、因素增多，项目对环境、经济的影响较大，并受到人文、社会关系的影响，资金来源、建设形式也日趋多样化。如果仅仅着眼于具体的技术方法，就不能从战略高度对项目进行综合分析，不能与国家的发展战略、发展观念相协调，所以首先研究工程项目管理的思想方法。工程管理信息系统体现出来的思想是多方面的，其中最基本的应该是系统思想。

系统思想不仅是项目管理的基本思想，也是工程管理信息系统形成与发展的基础之一。系统思想的科学基础是系统论，哲学基础是事物的整体观。系统论是 20 世纪 50 年代发展起来的，80 年代在中国哲学界曾引起巨大影响，是"三论"之一（另两论是信息论、控制论）。在很大程度上，"项目"与"系统"是一致的，例如二者都有明确的目标、一定的限制条件，需要制定计划去实现目标并在实施过程中根据信息反馈进行控制等。"系统工程学是为了研究多个子系统构成的整体系统所具有的多种不同目标的相互协调，以期系统功能的最优化、最大限度地发挥系统组成部分的能力而发展起来的一门科学"，如果将其中的"系统"改为"项目"，将"系统功能"改为"项目目标"这一定义也适用于项目管理。工程项目管理的系统思想包含两个含义。

一是将工程项目自身作为一个系统来管理，也就是运用系统科学的方法，通过信息反馈与调控，对工程项目进行全面综合管理，包括计划、组织、指挥、协调、控制，以实现项目的目标。将项目作为一个系统管理体制早已有之，我国古代一些案例如战国时期李冰修都江堰、宋朝丁渭修复皇宫等都典型地体现了系统思想。项目管理的过程也即系统管理过程，这一点不多论述。

工程项目管理系统思想的第二个含义是工程项目作为一个系统，又是大系统的一个子系统，"大系统"包括项目所在行业、所在地经济、社会环境以至于地区、国内、国外市场等。要将工程项目放到社会经济系统中，作为社会大系统的子系统看待，特别要注重项目建设与环境、资源、文化、区域发展规划等大系统的协调，符合可持续发展的要求。党的十六届三中全会提出以人为本、可持续的科学发展观要在项目建设中体现出来，不能为了经济振兴而牺牲资源、环境和人的全面发展，这方面我们已经付出了沉重代价，考虑到当时尚处于小康前阶段，片面追求投资规模有历史原因，当迈向全面建设小康社会时应尽量考虑项目的负效应。项目自身是一个系统，又是社会环境系统的子系统，项目自身的顺利实施是一个目标，符合社会、环境、发展要求又是一个目标。在这样的思想指导下，工程项目建设才能既实现自身目标，又能起到振兴区域经济、协调全面发展的作用。这一指导思想重点应在项目的策划、评价、决策阶段体现。

三、工程管理信息系统的技术性方法

技术性方法是项目实施过程中的具体方法或工具，在不同环节有不同的方法。建设项目除了有与环境协调的宏观目标，具体应有质量、时间、费用三大目标，前期需经评价，在实施过程中涉及合同、采购、信息、人力资源、风险等的管理，对于上述目标和过程中的管理内容，目前都有一定的方法，这些方法综合起来，共同控制、协调项目以保证项目建设的成功实施。

因此，对于工程管理信息系统的直接管理可分为项目评价、直接目标管理、过程管理、综合管理四个部分，各部分可采用相应的方法。

（一）项目评价方法

项目评价主要指经济评价，包括财务评价、国民经济评价，其思路基本一致，只是角度不同，前者只考虑项目本身，后者从国民经济整体考虑（一些效益、费用由于只是在全社会转移而不予考虑，如税金、利息等），同时采用影子价格（资源优化配置状态下的价格）为数据基础。

经济评价主要采用指标分析、比选方法，评价指标有净现值、内部收益率、投资回收期等，通过与基准值比较或各指标间比较，选择较优的方案。只要基础数据确定得当、客观符实，通过指标比较能够选出较优方案。

项目还需进行社会评价，社会评价则带有较大程度的主观性，而且更多考虑项目的整体影响，所以主要体现在思想方法中。项目评价需要认真、客观，得出符合实际的结论。

（二）项目直接目标管理方法

对一个工程管理信息系统而言，其直接控制的目标有三个：质量、时间（工期）、费用（造价），即按计划的质量、时间、费用完成项目。这三个目标彼此之间有一定互斥性，难以同时达到最优，其实施应以项目整体最优为目标。

（1）质量管理：质量管理的原则是全面质量管理，即以质量为中心、项目全员参与，以达到预期目标。全面质量管理既是原则，也有可行的操作程序，即 PDCA 循环（计划、执行、检查、处理），具体的控制方法则有 ABC 分析法（也称主次因素图、排列图方法）、因果分析法、控制图法、直方图法等，这些具体方法的作用在于找出质量偏差的原因并加以修正。

（2）时间管理：也称进度管理，工程的进度直接影响项目效益的发挥。进度管理的主要方法是网络计划方法，网络计划以网络图为基础。网络图是反映项目各工作或活动间逻辑顺序关系的图，它既能反映项目工期，又能反映各工作间的相互关系、前后次序，通过对关键线路的分析，找出关键工序，合理统筹安排主、次要工作和各项资源，有效控制工期。

（3）费用管理：也即造价管理，在费用预算内完成项目一直是工程领域追求的目标，可实际上总是超支，这当然有投资体制方面的原因，也有管理方法上的原因。

工程管理信息系统的费用管理主要有费用估算和偏差分析法。费用估算是工程项目前期根据设计、市场、有关规定估算投资总额，偏差分析（赢值法）是通过实际完成的工程与计划相比较，分析是否存在偏差并找出偏差原因，以合理控制费用的方法。费用偏差还要结合工程进度分析，这也可以通过赢值法进行。

（三）项目过程管理方法

工程管理信息系统的项目实施过程中有许多内容、环节需要管理，对项目实施影响较大的有：

（1）合同管理：合同是约定项目参与各方权利义务关系的协议，是具有法律效力的文件。合同管理的中心是选择合同类型，主要是价格类型，不同形式价格的合同体现了风险分配形式。合同管理一般按标准合同文本执行，可适当加以修正。

（2）人力资源管理：项目建设的实现要靠团队进行。从现代管理角度，人们开始把人当作一种资源来开发而不是作为工具来管理，"人力资源管理"一词越来越多地为理论与实践所提及，虽然实际上离这个词的本义还有很远。项目人力资源管理方法主要是利用组织结构图、责任分配图进行人员需求分析，落实责任，建立激励机制，调动各参与人的积极性，保证项目实现。

（3）采购管理：项目建设中设备、材料的采购是一个重要内容，关系到大量投资。采购的原则是既不影响建设，又不要造成积压浪费，影响资金流动。采购管理方法除了计划，主要以库存计算为依据，即根据进度、市场价格因素计算出合理库存量，按进度采购，满足建设需要。

（4）沟通管理：沟通在管理中越来越重要，有效的沟通能极大地提高工作效率，是实现项目各目标的条件。沟通以信息为基础，通过信息的取得、辨别、处理、反馈实现良好的协调。信息技术是沟通管理的主要方法。

（5）风险管理：项目风险来自各方面，市场价格变化、业主、供应商、分包商、项目所在地的经济环境等，项目越大，涉及相关人越多，项目风险越大。风险有业主的，也有承包商的。风险管理的原则是对风险做出正确的估计并采用适当措施予以规避或转移（如通过保险、合理磋商合同条款等）。风险管理以风险评估为依据，风险评估有 SWOT（优势、劣势、机会、威胁）分析、概率分析（决策树、蒙特卡洛模拟、敏感性分析、盈亏平衡分析）方法，各自从不同视角对项目风险做出评价。

（四）项目综合管理

工程管理信息系统的项目综合管理实际上就是对项目各目标、各环节、各要素、各过程进行全面协调，以保证项目整体效果最优，这也是系统思想在项目实施中的表现。项目综合管理采用计划、统筹、协调的方法。项目综合管理是针对项目系统进行，而不是某一个别目标和过程。综合管理是工程项目管理信息系统的主要特点。

第三节　工程管理信息系统技术基础

工程管理信息系统基于管理和计算机的系统，同时也是基于网络的系统。工程管理信息系统的技术基础主要包括计算机硬件设施、计算机软件、数据库技术、网络技术和科学管理等方面的内容。

一、计算机硬件与软件

（一）计算机硬件

计算机硬件指组成一台计算机的各种物理装置，是计算机进行工作的物质基础。计算机系统的硬件一般是由运算器、控制器、存储器、输入设备和输出设备五部分组成的。

（二）计算机软件

计算机的软件是指计算机所运行的程序及其相关的文档数据。一般分为系统软件和应用软件两种。

系统软件是指管理、监控和维护计算机资源（包括硬件和软件）的软件，它主要包括操作系统、各种程序设计语言、数据库管理系统以及实用工具软件。

应用软件是指除了系统软件以外的所有软件，它是用户为解决各种实际问题而编制的计算机程序及其相关的文档数据等。通常，应用软件专门用于解决某个应用领域中的具体问题。由于计算机的应用已经渗透到了各个领域，所以应用软件也是多种多样的。应用软件是普通用户接触和应用最多的软件，如建筑行业的设计软件、造价软件，合同管理软件等。这些软件的应用不仅是行业信息化的需求，更是提高工作效率的必要手段。

二、数据库与数据库管理系统

(一)数据库

数据库是一个逻辑上紧密相连的数据集。该数据集中的数据具有某些固有的语义含义。数据库是为某个特定目标设计、建立和使用的,它拥有确定的用户组和这些用户组感兴趣的预定的应用。数据库是一个持久数据的集合,这些数据用于某种应用系统中,是由一个或几个数据表格组成的,数据表格是由数据组成的,是一个统一管理的相关数据的集合,数据库的特点是能被各种用户共享,具有最小的冗余度,数据间有紧密的联系但又有较高的对程序的独立性。数据库的发展划分为三个历史阶段:第一、20 世纪 60 年代以前的文件处理阶段;第二、20 世纪 60 ~ 80 年代中期的数据库管理系统阶段;第三、20 世纪 80 年代中期至今的数据库网络化阶段。

数据库包含表、视图、存储过程、索引等对象。这些对象是数据库存储数据或对数据进行操作的实体,数据库是这些对象的集合。按国际上通用的分类方法,数据库分为三大类:参考数据库、源数据库、混合型数据库。

(二)数据库管理系统

数据库管理系统是指对数据进行管理的软件系统,它是数据库系统的核心,与数据库系统中的各个部分都有着密切的联系。对数据库的一切操作都是在数据库管理系统的控制下完成的。数据库管理系统的主要目的是使数据作为一种可管理的资源,从而使数据易于为各种用户所共享,增进数据的安全性、完整性和可用性,提高数据的独立性。同时,它也是连接用户应用程序与物理数据库之间的桥梁。

数据库管理系统的主要功能包括六个方面:(1)定义数据库;(2)装入数据库;(3)操纵数据库;(4)控制数据库;(5)维护数据库;(6)数据通信。数据库管理系统的工作方式有以下三种:终端用户工作方式、批处理工作方式、在线用户工作方式。

三、计算机网络的分类和拓扑结构

(一)计算机网络的分类

按计算机网络进行分类的典型方式——计算机网络覆盖的范围来看,可分为局域网、城域网和广域网三类。

1. 局域网

局域网是指在一个有限的范围内(一栋大楼或一个学校),将各种计算机、终端和外围设备互联而形成的网络,可以实现楼内部和邻近的几座大楼之间的内部联系。局域网是计算机网络中发展最快的一个分支,目前正朝着多平台、多协议、异种机方向发展,数据传输速率和带宽在不断提高。

2. 城域网

城域网是指覆盖几十公里范围内企、事业单位的多个局域网互联而成的网络。它是介于局域网和广域网之间的一种高速网络。

3. 广域网

广域网是指设备之间的通信,通常利用公共电信网络,实现远程设备之间的通信。网络系统的实施主要是通信设备的安装、电缆线的铺设及网络性能的调试等工作。常用的通信线路有双绞线、同轴电缆、光纤电缆以及微波和卫星通信等。它覆盖几十公里到几千公里的范围,可达到一个国家、地区或几个洲的国际远程网。目前,Internet 是一个最大的广域网。

(二) 计算机网络的拓扑结构

计算机网络的拓扑结构是指网络中的结点与通信线路之间的几何关系，反映网络中各实体间的结构关系。拓扑结构主要有星形拓扑、总线拓扑、环形拓扑、树形拓扑和网形拓扑。如图 2-24 所示。

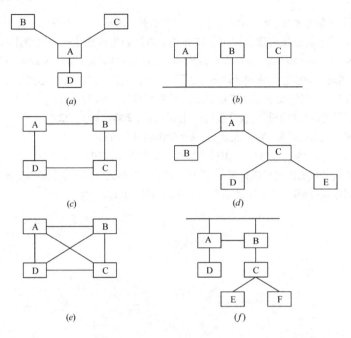

图 2-24 各种拓扑结构

（a）星形拓扑；（b）总线拓扑；（c）环形拓扑；（d）树形拓扑；

（e）网形拓扑；（f）混合形拓扑

（1）星形拓扑：各结点通过点到点通信线路与中心点相连。中心结点控制全网的通信，任何两结点之间的通信必须经过中心结点。

（2）总线拓扑：各结点通过一条共用的通信线路进行通信。

（3）环形拓扑：在环形拓扑结构中，结点通过点到点通信线路连接成闭合环形。环中数据可沿一个方向或向两个方向逐站传送。

（4）树形拓扑：从总线拓扑演变而来，像一棵倒置的树，顶端是树根，树根以下带分支，每个分支还可带子分支。树根接收各站点发送的数据，然后再广播发送到全网。

（5）网形拓扑：结点之间的连接是任意的，没有规律。

（6）混合形拓扑：将两种单一拓扑结构混合起来，取两者的优点构成的拓扑。

【章后习题】

1. 简述工程管理信息系统学科基础及其在各方面管理中的具体体现。

2. 简述信息系统与组织之间的关系。

3. 根据实际工程，谈谈基于信息系统的组织战略如何制定。

【参考文献与延伸阅读】

［1］吴忠,夏志杰. 管理信息系统理论与应用［M］. 北京:北京大学出版社,2009.

［2］梁艳红．我国工程建设基本管理制度创新研究［D］．青岛：山东科技大学硕士学位论文，2008．

［3］李伯鸣，卫明，徐关潮．工程项目管理信息化［M］．北京：中国建筑工业出版社，2013．

［4］温佳，李文涛，王娟．浅谈建筑企业管理发展现状［J］．科技信息，2010，（16）：360．

［5］贾洪．我国建筑业市场结构及其优化研究［D］．北京：北京交通大学博士学位论文，2009．

［6］成虎，韩豫．工程管理系统思维与工程全寿命期管理［J］．东南大学学报：哲学社会科学版，2012，14（2）：36-40．

［7］李晓东．工程管理信息系统［M］．北京：机械工业出版社，2006．

［8］魏忠，宋庆飞．基于信息化构建集团企业核心竞争力的新模式探索——以中建八局集团 ERP 为例［C］．Proceedings of International Conference on Engineering and Business Management（EBM2010），2010．

［9］李顺国．我国建筑企业信息化管理理论与方法研究［D］．武汉：武汉理工大学博士学位论文，2008．

［10］汤铭．中建五局：信息化使老国企获新生［J］．计算机世界，2014，（6）．

［11］陈小华．组织理论的发展及其比较分析［J］．甘肃农业，2006，（9）：22．

［12］赵天唯．管理信息系统教程［M］．北京：北京大学出版社，2011．

［13］储雪林．科技管理者［M］．合肥：中国科学技术大学出版社，2011．

［14］王姣．组织间信息系统协同形成机理研究［D］．长春：吉林大学博士学位论文，2008．

［15］陈平．管理信息系统［M］．北京：北京理工大学出版社，2013．

第三章 工程信息管理分析

【学习目的与要求】

本章主要从信息概念，建设工程信息概念、编码原则与模型，建设工程信息管理信息需求、收集与过程管理以及工程管理信息系统的功能、特点、结构与类型等方面着重分析工程管理信息系统的项目信息流程的结构；项目信息流程的组成；项目信息加工、整理和储存流程；项目信息的优化选择；项目信息的加工整理和项目信息流程示例，强化工程项目信息规划在工程管理信息系统课程中的重要地位。

第一节 信息概念与特点

一、信息概念

"信息"一词古已有之。唐代诗人李中吟出"梦断美人沉信息，目穿长路倚楼台"的名句。诗中的"信息"就是指音信、消息。英语中信息（Information）和消息（Massage）两个词在许多场合都是相互通用的。

最早研究信息的学科应该是通信学科。目前，理论界对信息的表述众说纷纭，但一般认为，众多的表述只是由于理解信息的角度不同、研究的目的不同而产生的，本质上的差异并不很大。综合各种表述，能够比较准确包含信息本质特征的定义是：信息是经过加工的数据；信息是有一定含义的数据；信息是对决策有价值的数据。信息反映着客观世界中各种事物的特征和变化，是可以借助某种载体加以传递的有用知识。具体可从如下几个方面进一步理解：

（1）信息是对客观事物特征和变化的反映。客观世界中任何事物都在不停地运动和变化，呈现出不同的特征。人们通常所说的信号、情况、指令、资料、情报、档案都属于信息的范畴，因为它们都是对客观事物特征和变化的反映。

（2）信息是可以传递的。信息是构成事物联系的基础。人们通过感官直接获得的周围的信息极为有限，大量的信息需要通过传输工具获得。信息必须是由人们可以识别的符号、文字、数据、语言、图像、声音等信息载体来表现和传递。

（3）信息是有用的。信息的有用性是相对于其特定的接收者而言的。同样一则信息，对有的人来说，它就是信息，而对另外一些不关心它的人来说，就没有什么作用和影响，因而就不是信息。例如，北京市的天气预报，对于居住在北京的人来说是信息，而对居住在其他城市的人来说就不一定是信息。

（4）信息形成知识。所谓知识，就是反映各种事物的信息进入人们的大脑，对神经细胞产生作用后留下的痕迹，人们正是通过获得信息来认识事物、区别事物和改造世界的。

信息的概念不同于数据。数据是反映客观实体的属性值或对客观事物的记载。数据由一些可以鉴别的符号表示，如数字、文字、声音、图像或图形等。数据本身无特定含义，只是记录事物的性质、形态、数量特征的抽象符号。

由于信息是指对数据进行加工处理后得到的有用的数据，人们占有了信息就可以加深对事物的理解并达到某些特定的目的。因而，区分数据和信息在信息系统开发中十分重要。可以把信息与数据的关系比喻为产品与原料的关系。信息不随承载它的实体形式的改变而变化；数据则不然，随着载体的不同，数据的表现形式可以不同。例如，同一则信息，既可以写在纸介质上，也可以刻在光盘上。

信息与数据是相对的两个不可分割的概念，信息须以数据的形式来表征，对数据进行加工处理，可以得到新的数据，新数据经过解释又可以得到新的信息。但是，在一些不很严格的场合或不易区分的情况下，人们也把它们当作同义词，如笼统地使用数据处理或信息处理。

二、信息特点

（1）真实性。根据信息的定义，信息应该反映客观事物的规律，即信息具有真实性。具有真实性的信息才具有价值，不符合真实性的信息不仅没有价值，而且可能既害别人也害自己。所以真实性是信息的第一和基本的属性。破坏信息的真实性在管理中普遍存在，如谎报产量、谎报利润和成本、做假账等，都会给管理决策带来错误。收集信息时一定要注意维护信息的真实性，对于生产信息的信息源单位或信息服务单位，这个问题尤为重要。

（2）层次性。管理是分层次的，不同层次的管理要求不同层次的信息，因而信息也是分层次的。管理一般分为高、中、低三层，信息对应地也分为战略级、策略级和执行级三个层次。不同层次的信息其性质不相同。战略级信息是关系企业长远命运和全局的信息，如企业长远规划、企业合并、转产的信息等。策略级信息是关系企业运营管理的信息，如月度计划、产品质量和产量情况以及成本信息等。执行级信息是关系企业业务运作的信息，如职工考勤信息、领料信息等。

（3）时效性。由于信息在实际工作中是动态、不断变化、不断产生的，因此有强烈的时效性。这就要求要及时处理数据，及时得到信息，做好决策和管理工作，避免事故的发生，真正做到事前管理。

（4）扩散性。信息的浓度越大，信息源和接收者之间的梯度越大，信息的扩散力度就越强。越离奇的消息、越耸人听闻的新闻，传播得越快，扩散的面越大。

信息的扩散存在两面性。一方面，它有利于知识的传播，所以可以有意识地通过各类学校和各种宣传机构，加快信息的扩散。另一方面，扩散可能造成信息的贬值，不利于保密，可能危害国家和企业利益，不利于保护信息所有者的积极性。例如，软件盗版不利于软件发展。因此，要人为地筑起信息的壁垒，制定各种法律，如保密法、专利法、出版法等，以保护信息的扩散。在信息系统中如果没有很好的安全保密手段，就不能保护用户使用信息系统的积极性，可能导致信息系统的失败。

（5）增殖性。用于某种目的的信息，随着时间的推移可能价值耗尽，但对于另一种目的，该信息可能又显示出用途。如天气预报的信息，预报期一过就对指导生产不再有用，但对各年同期天气比较、总结变化规律、验证模型却是有用的。信息的增殖在量变的基础上可能产生质变，在积累的基础上可能产生飞跃。BIM与大数据的结合就是一个例证。

第二节　建设工程信息概念与模型

一、建设工程信息概念与特点

（一）建设工程信息概念

建设项目从提出、调研、可行性研究、评估、决策、计划、设计、施工到竣工验收等一系列活动中，涉及范围管理、时间管理、费用管理、质量管理、采购管理、人力资源管理、风险管理、沟通管理和综合管理等多方面工作，以及众多参与部门和单位形成了建设工程信息整体。从管理和其发挥作用的角度，可将这些信息分为静态信息和动态信息。所谓静态信息，是指成果性、结论性信息，典型的如隐蔽工程验收记录、材料检验报告等，其更具有资料的性质，关系到能否为工程检查验收及日后的维护、改造、扩建提供足够的依据。所谓动态信息，是指阶段性、指令性的信息，如发函，通知，投资、进度、质量瞬时值及其分析结论等，关系到工程进展各阶段的承上启下，关系到各个管理方的内部与内部、内部与外部的沟通、决策与协调，对工程的成败至关重要。

（二）建设工程信息的特点

建设工程信息除具有一般信息的特点外，还具有其自身的特点：

（1）内容构成的繁杂性。一项工程建设项目的完成往往是多部门、多专业、跨地区的综合成果。

（2）信息来源的广泛性。从工程项目的提出、调研、可行性研究、评估、决策、计划、设计、施工到竣工验收等各个环节，涉及诸如设计、监理、施工、设备、物资、运营等各个单位或部门，涉及范围管理、时间管理、费用管理、质量管理、采购管理、人力资源管理、风险管理、沟通管理和综合管理等方面。

（3）信息形成的阶段性。大致可分为前期准备阶段、工程设计阶段、工程施工阶段、竣工验收阶段和使用维护阶段5个阶段。

（4）产生时间的延续性。随着整个工程的进展而逐渐产生，并一直延续到工程竣工验收后的管理、使用和维护阶段。

（5）信息类型和载体的多样性。工程建设过程中项目建议书、可行性研究、初步设计、施工图设计、竣工验收、运行管理等多个阶段均可能产生声、像、图、文、数据等不同类型的信息，这些信息以纸质材料、照片、胶片、磁带等形式存在。

（6）信息使用的频繁性。建设工程各阶段产生的信息都具有承上启下的作用，各个参与方、各个管理方面产生的信息都具有关联性。

（7）信息管理的规范性。必须以现行的有关建筑工程施工资料管理的规范、标准、强制性条文为基础，结合国家及地方的有关法律、法规和行政规章以及建设部门对工程技术资料的具体要求而开展。

（三）建设工程信息的分类

建设工程信息分类繁多，按照类型分类如图3-1所示。

二、建设工程信息编码体系

（一）建设工程信息编码系统概述

经过几十年发展，工程项目信息分类体系从简单走向复杂，从单维走向多维，从点信

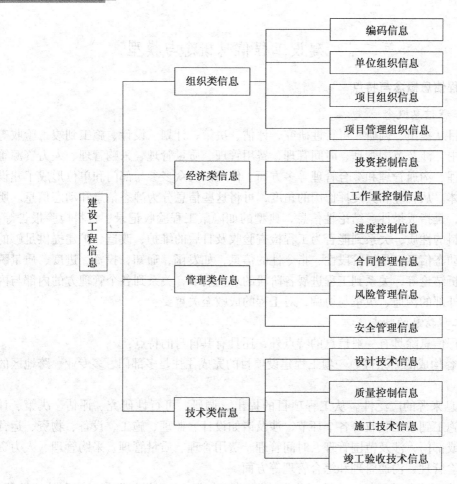

图 3-1 建设工程信息分类

息走向面信息，成为当今工程项目管理领域中联系工程进度、工程质量和工程费用这三大目标的纽带，成为工程项目干系方进行沟通的桥梁，成为工程项目信息化管理的实施基础。

美国建筑规范学会的 CSI 体系是在北美地区应用最为广泛的信息分类标准。它是由美国建筑规范学会（Construction Specification Institute，CSI）和加拿大的建筑规范学会（Construction Specification Canada，CSC）在 1963 年颁布的，又被称为 Master Format 体系，它的信息分类的主要对象是建筑产品信息。美国的 Uniformat 体系最早是由美国国防部制定，用于项目实施全过程的信息分类标准。它按项目构成和部位对项目信息进行分解和编码。目前，在国际上许多针对过程项目进行的信息分类标准，往往是在设计的前期应用Uniformat 标准作为建立项目信息分类体系的标准。

Master Format 和 Uniformat 的分类与编码体系对建设项目管理控制的各大方面来说，其性质和应用不同。例如从投资静态核算和管理来讲，基于建设项目的生产工艺和工种工程的项目信息分类和编码体系比较适用；而从投资及进度管理的角度来说，面向构成部位的项目信息分类和编码体系在动态控制方面比较有优势。通过比较分析可知，片面强调工种工程或者单独面向项目元素的项目信息分类和编码体系，都不能满足项目实施的全过程管理和控制的需要。针对以上不足，我国学者提出了建设项目综合分解体系和基于工程量清单计价模式的工程项目信息分类和编码。

随着我国建设市场的快速发展，招标投标制、合同制的逐步推行，以及加入 WTO 与国际接轨等，原建设部已于 2003 年 7 月 1 日起施行《建设工程工程量清单计价规范》GB 505002—2003（以下简称《规范》）。基于工程量清单，借助于工程量清单完备的分部分项工程清单，结合项目分解结构 PBS 和工作分解结构 WBS，编码共设置 7 个层次供使用者选用，对应 8 个分类表，最大容许 12 位编码。其中，设施层按照主要用途进行划分，如工厂、医院、道路等，设 2 位编码，从 01~99；单位工程编码跟设施编码一样，也为 2 位编码，从 01~99；其他工程分类层、专业工程层、分部工程层、分项工程层和项目特征层自动套用《规范》GB 50500—2013 中的要求。

建设项目分解结构和编码体系对工程项目的顺利实施有重要意义。除此之外，它还是建筑企业积累历史数据，企业项目信息化管理以及工程项目集成化管理的基础。我国当前单一的概预算分解体系与国际工程惯例存在较大差异，要提出一套适合我国国情并能够与国际惯例接轨的工程项目信息分类和编码体系还有很长的路要走，需要在不断摸索和实践中总结和改进。

（二）工程信息编码系统的功能框架

编码由一系列符号（或文字）和数字组成，编码是信息处理的一项重要的基础工作。信息编码可以为计算机中的数据与实际处理的信息之间建立联系，提高信息处理的效率；编码也可以对信息单元的识别提供一个简单、清晰的代号，以便于信息的存储与检索；编码还可以显示信息单元的重要意义，以协助信息的选择和操作。

工程信息编码是为实现工程项目设施的生产和管理目标而建立健全的设备及相关建构筑物的编码。建立编码的目的是建立标准的数据库，以保持设施在其生命周期各阶段中所产生的不同来源、不同数据类型的档案形成一个整体的、动态的、有效的数据链，将粗线条的、零散的项目档案信息进行积累、分析与再利用，有效、生动地展示在利用者的面前。这样做首先是为了规避各业务系统因编码方式不同而形成的"信息孤岛"现象；其次是为了更好地整合新旧工程信息，服务工程项目的改建和扩建；再次是为了整合信息从而形成工程信息管理知识库，满足企业管理层和专业技术人员不同层次的利用需求。一个建设工程项目有不同用途的信息，为了有组织地存储信息，方便信息的检索和信息的加工处理，必须对项目的信息进行编码。

建筑工程信息编码系统包括编码规则定义和编码生成、管理。通过这两个相互关联的模块来阐述编码生成的机理和方式。编码管理系统的体系结构如图 3-2 所示。

工程信息作为建筑企业全生命期信息管理中的重要信息资源，编码不仅在编码库中是唯一的，而且在生成之后的整个生命周期中都必须得到完善的管理。编码申请人员在申请了一个编码后，该编码还不能立即投入使用，必须经过专门的编码管理部门对所申请的编码进行审核，检验该编码是否符合国家的标准、企业的规范和编码规则约定的要求；同时对该编码还要进行唯一性的判断，不能对同一种资源重复申请，如果这种资源的编码已经有人申请了，就不允许再申请，同时发消息通知申请人返回申请。对返回申请的编码，编码申请人可以对该编码进行修改和操作，删除该编码或对该编码的属性进行修改，修改完后可以对该编码进行重新申请。如果该编码有问题，不符合编码规则的定义，编码管理人

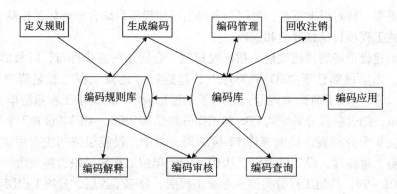

图 3-2　编码管理系统的体系结构

员可以直接删除该编码。

三、建设工程信息编码原则与方法

（一）建设工程信息编码的基本原则

1. 唯一性原则

一个编码只能表示唯一的信息内容。无论编码对象有何种名称或描述，作为一个编码对象则只能有一个唯一赋予它的代码，编码设计的唯一性原则贯穿于整个编码系统的始终。

2. 系统性原则

对工程信息按合理的顺序进行排列，形成合理的科学体系，从而能够反映信息编码对象之间的区别，同时也能反映出对象彼此之间的联系。

3. 科学性原则

一般选用工程管理信息分类中最稳定的本质属性作为分类编码的依据，这样生成的编码特征稳定，符合科学性原则。

4. 简明性原则

在可以描述编码对象主特征的前提下，代码应该尽可能的简短，降低人工操作的差错率，减少计算机处理和存储的空间。

5. 可扩充性原则

随着工程项目的进行，信息量的不断增大，企业信息编码系统应为新的编码对象留下足够的备用代码空间。

6. 规范性原则

同一个工程项目中的编码，要求编码一致，代码的类型、结构、编写格式统一。

（二）建设工程信息编码的方法

建设工程信息的编码可以有很多种，如：建设工程的结构编码、建设项目管理组织结构编码、建设项目的政府主管部门和各参与单位编码（组织编码）、建设项目实施的工作项编码（建设项目实施的工作过程的编码）、建设项目的投资项编码（业主方）/成本项编码（施工方）、建设项目的进度项（进度计划的工作项）编码、建设项目进展报告和各类报表编码、合同编码、函件编码、工程档案编码等。这些编码是因不同的用途而编制的，如投资项编码（业主方）/成本项编码（施工方）服务于投资控制工作/成本控制工作；进度项编码服务于进度控制工作。但是有些编码并不是针对某一项管理工作而编制的，如投资控制/

成本控制、进度控制、质量控制、合同管理、编制建设项目进展报告等，都要使用建设项目的结构编码，因此需要进行编码的组合。建设工程信息编码的主要方法如下：

（1）建设工程的结构编码。依据项目结构，对项目结构的每一层的每一个组成部分进行编码。例如：工程量清单项目编码结构 030208004XXX 其中：

03：第一级工程分类码，01 建筑工程，02 装饰装修工程，03 安装工程；

02：第二级专业工程顺序码，02 为第二章电气设备安装工程；

08：第三级分部工程顺序码，08 表示第八节电缆安装工程；

004：第四级分项工程项目名称顺序码，004 表示电缆桥架；

XXX：第五级为工程量清单项目名称顺序码（由工程量清单编制人编制，从 001 开始）。

（2）项目管理组织结构编码。依据项目管理的组织结构进行编码。

例如：广州地铁一号线组织编码为：第一层为地铁指挥部，用英文第一个字母 H 表示（H = Headquarters）；第二层为地铁总公司，用 O 表示（O = Owner）。地铁公司进一步的划分用 O1-1 ~ O1 ~9 至 O9-1 ~ O9 ~9，驻地监理则用项目编码加 SW（SW = Supervise Work），施工单位编码则用项目编码 CU（CU = Construction Unit），如图 3-3、图 3-4 所示。

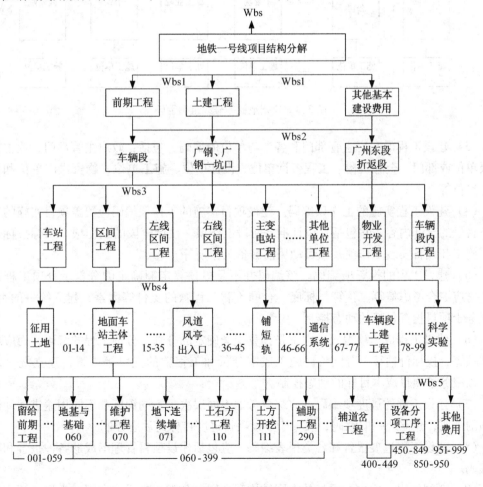

图 3-3 广州地铁一号线项目结构分解

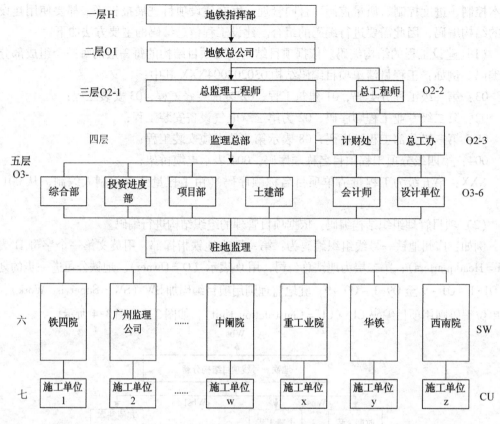

图 3-4 广州地铁一号线组织编码

（3）建设工程的政府主管部门和各参与单位的编码。包括：政府主管部门、业主方的上级单位或部门、金融机构、工程咨询单位、设计单位、施工单位、物资供应单位和物业管理单位等。

（4）建设工程实施的工作项编码。建设项目实施的工作项编码应覆盖项目实施的工作任务目录的全部内容，它包括：设计准备阶段工作项、设计阶段的工作项、招标投标工作项、施工和设备安装工作项及项目动用前准备工作项等。

（5）建设工程的投资项编码。该编码并不是概预算定额确定的分部、分项工程的编码，它应综合考虑概算、预算、标底、合同价和工程款的支付等因素，建立统一的编码，以服务于项目投资目标的动态控制。

（6）建设工程成本项编码。它不是预算定额确定的分部、分项工程的编码，而应综合考虑预算、投标价估算、合同价、施工成本分析和工程款的支付等因素，建立统一的编码，以服务于项目成本目标的动态控制。

（7）建设工程的进度项编码。应综合考虑不同层次、不同深度和不同用途进度计划工作项的需要，建立统一的编码，服务于建设项目进度目标的动态控制。

（8）建设工程进展报告和各类报表编码。应包括建设项目管理形成的各种报告和报表的编码。

（9）合同编码。应参考项目的合同结构和合同的分类，应反映合同的类型、相应的项目结构和合同签订的时间等特征。

建设项目的计量与支付是与合同、工点、施工单位一一对应的。工点多、施工单位多、合同多的情况下，就很容易出现混乱和重复支付的现象。如果使用编码就很容易实现这种对应关系，如广州地铁一号线芳村站土建工程，其合同编码为 GM-C/04-1，施工单位编码为 2-04-1-CU，驻地监理编码为 2-04-1-SW，计量与支付编码为 2-04-1 加计量与支付的属性码及年月码，在计算机管理中，只要查找它们的公用码层 04-1，就可查找到相关的信息，也可实现与其他管理模块的数据共享。某工程项目合同编码示例如图 3-5 所示。

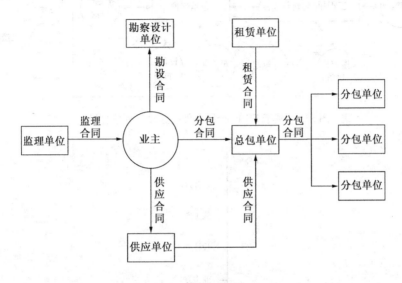

图 3-5　建设工程主要合同关系示意图

（10）函件编码。应反映发函者、收函者、函件内容所涉及的分类和时间等，以便函件的查询和整理。

（11）工程档案的编码。应根据有关工程档案的规定、建设项目的特点和建设项目实施单位的需求而建立。

四、建设工程信息模型

（一）FIDIC 合同条件的建设工程信息模型

基于国际通用的 FIDIC 合同条件的建设工程信息模型，如图 3-6 所示。在该模型中，一级实体代表工程建设中的主要三方，即业主、工程师和总承包商。同时描述了二级实体与一级实体的信息交换关系。该模型是按主体描述的信息关系图。

（二）基于霍尔的"三维结构体系"的建设工程信息管理模型

借鉴霍尔的"三维结构体系"，建立建设工程信息管理框架。霍尔的"三维结构体系"是由时间维、逻辑维和知识维组成的立体空间结构，由美国系统工程学家霍尔在1969 年提出的，主要是基于大型复杂工程的实践，它将系统工程的活动分为前后紧密连接的 7 个阶段和 7 个步骤，同时又考虑到为完成各阶段和各步骤需要的各种专业知识，为解决规模较大、结构复杂、涉及因素众多的大系统提供了一个统一的思想方法。尽管建设工程信息管理内容错综复杂，但主要可以从三方面展开，即从时间维、主体维和实体维展开，如图 3-7 所示的是一般房屋建筑工程的信息展开。不同类型的建设工程的信息内容构成不尽相同，特别是在实体维，例如铁路建设工程主要由站前的路基工程、桥涵工程、隧道工程和站后的轨道工程、通信工程、信号工程、电力工程、牵引供电工程等组成；公路建设工程主要由路基工程、路面工程、桥梁工程、隧道工程和交通工程构成。

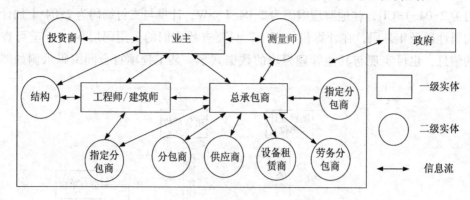

图 3-6　基于 FIDIC 合同条件的建设工程信息模型

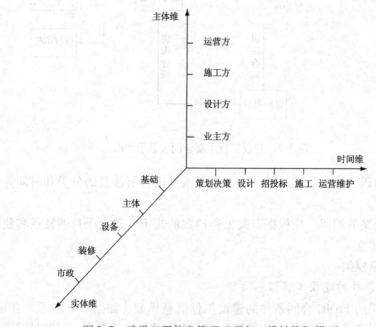

图 3-7　建设工程信息管理"霍尔三维结构"模型

1. 时间维

建设工程信息管理的时间维度主要体现为工程建设的各个阶段，它包括建设工程全寿命期，主要可以分为策划决策、设计、招标投标、施工和运营维护等 5 个阶段，主要内容包括机会研究、可行性研究、勘察、设计、招标投标、施工、验收，以及项目的运营、维护直至报废。现阶段对建设工程时间维的管理主要方法是将建设工程全寿命期工作内容进行整理编码，某房屋建筑工程策划决策阶段的各项工作系统编码按表 3-1 确定。另外，建设工程由于影响重大，政府要从多个层面和角度进行监管，这就需要业主方进行项目材料的报批。这些工作关系到项目能否上马和顺利实施，有些与项目里程碑相重叠，可以称之为工程报批点。

建设工程信息管理时间维编码体系 表 3-1

WBS 编码	任 务 名 称	WBS 编码	任 务 名 称
1	工程项目策划决策阶段	1.1.3.4	组织编制辅助研究报告
1.1	工程项目选定	1.1.3.5	组织辅助研究报告的评估
1.1.1	项目投资机会研究	1.1.3.6	有关报批手续（辅助研究）
1.1.1.1	投资机会研究阶段开始	1.1.3.7	辅助研究（专题研究）结束
1.1.1.2	投资机会研究的编制依据	1.1.4	综合管理（工程项目选定）
1.1.1.3	其他工作/资料（投资机会研究）	1.2	工程决策
1.1.1.4	编制/组织编制投资机会研究报告	1.2.1	可行性研究
1.1.1.5	组织投资机会研究报告的评估	1.2.1.1	可行性研究阶段开始
1.1.1.6	有关报批手续（投资机会研究）	1.2.1.2	可行性研究的编制依据
1.1.1.7	投资机会研究阶段结束	1.2.1.3	其他工作/资料（可行性研究）
1.1.2	项目建议书	1.2.1.4	编制/组织编制可行性研究报告
1.1.2.1	项目建议书阶段开始	1.2.1.5	组织可行性研究报告的评估
1.1.2.2	项目建议书的编制依据	1.2.1.6	有关报批手续（可行性研究）
1.1.2.3	选址勘察（项目建议书）	1.2.1.7	可行性研究阶段结束
1.1.2.4	其他工作/资料（项目建议书）	1.2.2	项目评估及决策
1.1.2.5	编制/组织编制项目建议书报告	1.2.2.1	项目评估阶段开始
1.1.2.5.1	初步性投资总控计划	1.2.2.2	评估前准备
1.1.2.5.2	初步性进度总控计划	1.2.2.3	成立评估小组
1.1.2.6	组织项目建议书的评估	1.2.2.4	制定评估计划
1.1.2.7	有关报批手续（项目建议书）	1.2.2.5	调查收集资料
1.1.2.8	项目建议书阶段结束	1.2.2.6	分析测算
1.1.3	辅助研究（专题研究）	1.2.2.7	评估报告编写
1.1.3.1	辅助研究（专题研究）开始	1.2.2.8	有关报批手续（项目评估）
1.1.3.2	准备相关资料	1.2.2.9	项目评估阶段结束
1.1.3.3	委托研究单位的确定		

2. 实体维

建设工程信息管理的实体维是项目实体构成，如房屋建筑工程主要包括基础、主体、设备和装修等，这些往往也是工程专业构成。业主方对项目实体的管理主要从项目的工程编码体系展开，某房屋建筑工程的 WBS（工程编码体系）按表3-2确定。工程编码体系界定了建设工程管理实体的范围，同时也是信息化管理的基础。

建设工程信息管理实体维编码体系   表3-2

WBS 编码	任 务 名 称	WBS 编码	任 务 名 称
1	地下结构	4.4	采暖、通风、空调设备
1.1	地基	4.5	消防设备
1.2	基础	4.6	动力配电
1.3	地下室	4.7	变配电
2	地上结构	4.8	防雷及接地
2.1	改建、扩建工程	4.9	室内照明
2.2	结构	4.10	通信设备及线路
2.3	围护、分割结构及防护（初装修）	4.11	建筑智能化系统
3	室内外装修	4.12	住宅智能化系统
3.1	室外装修	5	设备及陈设品
3.2	室内装修	6	特殊施工和拆除
3.3	厨房、卫生间设备	7	与建筑有关的场地工作
4	设备安装工程	7.1	施工准备
4.1	建筑附属机械设备	7.2	室外市政管线
4.2	建筑给水排水设备	7.3	室外设施
4.3	燃气设备	7.4	园林绿化

3. 主体维

建设工程实施过程是物质生产的过程，是劳动资料和手段、主体结合的过程，这就涉及建筑市场，包括建筑工程市场和建筑生产要素市场。建筑市场中的各类主体通过某种交易方式形成以经济合同为纽带的各类经济关系或责权利关系，构成了建设工程内部和外部的关联关系。建设工程涉及的主体就构成了建设工程信息管理的主体维，主体维是项目全方位管理的依托。

对于工程项目的直接参与方，业主主要是通过合同作为纽带进行管理的。当前对于主体维的管理和信息编码主要是基于合同进行的。合同编码能规范整个项目的合同管理和建立合理的、清晰的合同档案目录，便于对各类合同的跟踪管理以及对合同相关事务的查询。

（三）基于电子商务的建设工程信息模型

建筑行业是国民经济建设的支柱产业之一，对国家的经济建设发展起着举足轻重的作用。建筑业与其他行业相比，具有产品单件性、生产周期长、工作量大、涉及面广等特点。这些特点均影响了建筑业内信息交流的完整性和高效性，从而经常导致建筑项目成本的增加，造成社会资源浪费。随着信息技术的迅速发展和广泛应用，借助网络技术，建筑业发展电子商务已成为企业增强竞争力，适应未来发展的有效手段。

与其他行业的电子商务一样，建筑业的电子商务由建筑业商务主体、电子市场、交易事务、信息流、资金流、物资流等基本要素构成，如图3-8所示，各建筑业商务主体围绕建设项目开展各种商业活动，并以互联网和各管理信息系统为依托，相互间传输交易事务、信息、资金、物资。

电子商务的建立和完善是一个庞大的系统工程，需要建筑业相关行业及部门的合作。应从建筑业本身的需求出发，建立适合建筑行业特点的电子商务模式：即将信息技术、管理技术和工程项目管理紧密结合起来，使建筑业的商务流程更加合理、高效，并具有竞争力。一个典型的整合商务活动的解决方案应该包括大量的公共信息技术和设

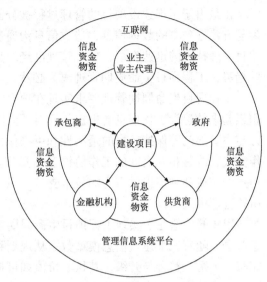

图3-8　建筑业电子商务

施，以便处理企业间的应用接口、网络安全、系统异常处理和恢复、数据控制问题，这被称为"技术体系"。另一方面，一个电子商务体系应通过整合业务过程各参与有机体之间的信息数据，向信息获取方提供关键的、及时更新的商务信息，被称为"应用体系"。因此，从技术和应用两个角度考虑建立整合的建筑业电子商务信息系统，如图3-9所示。

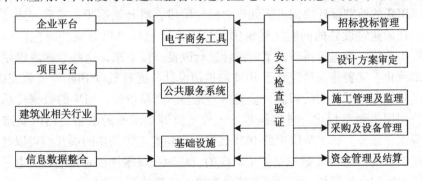

图3-9　建筑业电子商务信息系统

（四）建设工程全寿命管理信息模型

1. 工程项目生命周期管理BIM的引入

BIM是Building Information Modeling——建筑信息模型的简称，"这是一种以三维数字技术为基础，将建筑工程生命全周期内的各种相关信息加以整合并进行有效管理的一种全新设计模式。"

工程项目的建设工作是有始有终的，从开始到终结的整个建设过程中的各个阶段合在

一起就构成了该工程项目的生命周期。工程项目的生命周期从管理层次阶段性工作角度可以分成策划阶段、准备阶段、实施阶段、完工阶段四个主要阶段。其建设程序从业主管理角度划分为项目建议书阶段、可行性研究阶段、设计阶段、实施准备阶段、施工阶段、竣工验收阶段及项目总结评价阶段。

正是由于工程建设项目的管理过程被分割成相互分离的管理阶段，在不同阶段中不同参与方建立独享的数据信息，造成信息沟通和共享的障碍极大，随着业主需求的改变以及项目管理技术的迅速发展，项目管理已经向集成化、信息化的趋势发展，为了应对这种发展趋势，工程项目生命周期管理成为必然。

工程项目生命周期管理要求实现在项目内各参与方之间的建设工程信息共享，即逐渐积累起来的建设工程信息能根据需要对不同阶段参与项目的业主、设计方、施工方、咨询方与主管部门等保持较高的透明性和可操作性。这一方面需要项目各参与方改变传统的工作方式，改善相互之间的工作协调和信息交流渠道；另一方面需要应用最新的 IT 方法为信息的交流和利用提供有力的技术支持。纵观建筑工程领域，能实现这种可能的途径就是 BIM 管理模式。

BIM 的价值在于实现工程项目生命周期内各环节和专业间采用统一的数据模型进行信息共享。随着三维建筑信息模型数据从规划到设计、施工、运行、维护各个阶段不断得到完整、丰富、整合与升级，其核心价值如可持续设计、大量数据管理、数据共享、工作协同、碰撞检查、成本管理等也会不断得到发挥。

2. BLM 模型

BIM 技术从根本上改变了建筑信息的创建行为和过程，从工程设计开始，创建的就是数字化的设计信息。基于数字化设计信息的创建，与相关技术产品接口，可以改变建设工程信息的管理过程和共享过程。BIM 从前期设计阶段便开始建立一个贯穿始终的数据库档案。随着项目展开，BIM 的数据信息跟随方案自动积累与更新，设计的方案随着计划的调整而改变。BIM 的前期设计数据进入到概念设计阶段，将开始逐步地扩充起来。有了 BIM 共享基础，在做建筑设计的同时，建筑师就可以便捷地计算出方案的绿色指标、经济指标、概预算等数值，反过来再对方案的设计进行改良。接下来，这些数据将继续在扩初设计中得以细致化、完善化。最终基于 BIM 的扩初设计，通过截取 BIM 模型就完成了布图，使用提取工具就完成了文案的编制，呈交一套完整的产品设计。BIM 的数据传承到施工阶段，承建公司用来做工程化、进度编排、工程造价等动工前的准备，用以安排采购、下包、后勤等工作任务。施工阶段中的 BIM 数据库也随着工作安排的展开而得以补充，最终完成的工程项目实体与 BIM 数据是完全对应的，每项物质零件都有其准确的电子数据信息存档备案。BIM 信息传递的最终阶段是建筑物投入运营使用的阶段。

由于 BIM 具有承载各种信息的能力，建筑工程需要涉及许多不同的专业，如建筑、结构、材料等。由于 BIM 具有承载各种信息的能力，整个建筑相关的信息和一整套设计文档存储在集成数据库中，所有信息都已数字化，完全相互关联。在工程项目全生命周期中（决策、设计、施工、运营、管理、拆除后再利用等阶段），各个专业可以根据自己的需要在 BIM 中提取自己所需要的数据，来完成各自的决策、分析设计、管理等目的。同时从 BIM 中获取信息时，也不断地把本专业创建的信息加入到 BIM 中去，以提供给其他专业使用。如此使工程中各参与人员通过 BIM 紧密地联系在一起，实现了协同工作的目的，如图

3-10 所示。正是 BIM 的应用，一种新的建筑工程项目管理思想应运而生，这就是建筑工程全生命期管理 BLM（Building Lifecycle Management）。

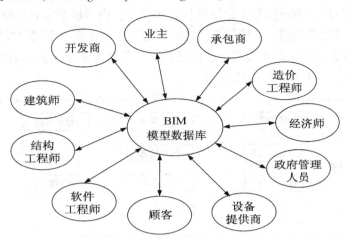

图 3-10　BIM 模型数据库

　　建设工程全寿命管理（BLM）的信息模型从动态上分析是一个循环的模型，如图 3-11 所示。该图形象地表示了工程项目生命周期内的信息生命过程的行为本质：创建、管理、共享。BLM 的目标是通过协同作业，改善信息的创建、分享与过程管理，从而达到提高决策准确度、提高运营效率、提高项目质量和提高用户获利能力的目标，是工程建设领域信息化发展的方向。

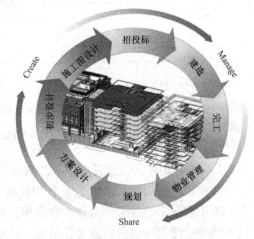

图 3-11　建设工程全寿命管理（BLM）模型

　　建设工程全寿命管理信息的模型从结构上分析是一个层次模型，包括基于数据层面的协同作业和基于沟通层面的协同作业。基于数据层面的协同作业是通过采用 BIM 技术，改善信息的"创建"过程。技术上实现了从二维（2D）到三维（3D），从图形（Drawing）到模型（Model）。BIM 是以三维数字技术为基础，集成了建筑工程项目各种相关信息的工程数据模型，该模型可以为设计和施工提供相协调的、内部保持一致的、并可进行运算分析的信息。该模型及其集成的信息是随着项目的进程不断丰富和完善的，项目相关各方可以从该模型中提取其需要的信息。基于沟通层面的协同作业是建设过程参建各方在项目建设过程中，运用现代信息和通信技术及其他合适的手段，相互传递、交流和共享项目信息和知识的行为和过程，如条形码技术（Bar Code Technology）能自功地获取和保存数据；数字地图（Digital Mapping）和文件扫描（Document Imaging）技术能使图形转变为数字形式；三维视图及动画技术能有效地以可视方式及友好的用户界面描绘、检索及传输数据；数字照相机、数字录像机、数字探头等数字化设备可以方便地将施工现场的任何影像数字化。

　　3. BLM 模型管理框架

　　BLM 模型管理框架由数据层、模型层和功能模块层三个部分构成。其中数据层是一个中央数据库，其包含了建设项目在整个存续阶段方方面面的信息，通过该中央数据库，实现了信息在不同阶段、不同参与方之间的传递和共享；模型层是该管理框架的核心部分，连接着数据层和功能模块层；功能模块层是 BIM 在全生命周期中不同阶段的主要应用，每一个 BIM 应用都是一个子 BIM 模型，根据建设项目管理的需求不同、目标不同，功能模块可适当地扩展或改变。如图 3-12 所示。

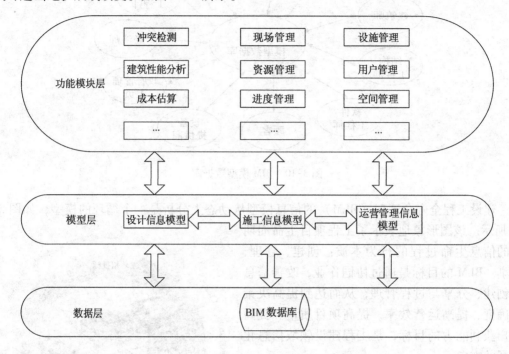

图 3-12　基于 BLM 的全寿命期建设管理框架

　1）基于 BIM 的信息管理框架的数据层

　　信息管理框架的数据层是一个 BIM 数据库，理论上，其包含了建设项目方方面面的信息。BIM 数据库的数据分为基本数据和扩展数据，基本数据是对信息模型的图元本身的几何、物理、性能等信息的数字化描述；扩展数据是与模型图元相关的各种技术层面、经济管理层面的文档、资料，这些数据通常是非结构化和半结构化的。BIM 数据库相当于一个信息存储平台，保证不同的阶段不同的参与方需要什么信息都可以随时从这个数据库中提取，同时各个参与方也会根据建设项目管理的实际需要，扩展和输入相应的信息，并用对应的软件分析后，再将结果输入到中央数据库中，来不断完善数据层信息。通过该数据层，避免了建设信息的重复输入，减少了不必要的人力和财力的投入，以提高信息使用效率，节约工期和成本。因此，存储在 BIM 数据库中的信息只需要在某一阶段由某个参与方输入一次即可，其他后续参与方只需要根据自己的使用需求提取这些信息，这样不但避免了重复输入发生错误，又节省了重复输入的成本。

　　综上所述，建设项目涉及业主、设计、施工、供应商、运营单位等众多参与方，信息量大、来源多、数据形式各异，因此建设项目全生命期中信息数据的存储和共享就是数据层所要实现的关键。因此，数据层应能保证数据存储、数据交换、数据应用三个功能的实现。

2）基于 BIM 的信息管理框架的模型层

在基于 BIM 的建设项目全生命期信息管理框架中，模型层起到了核心作用，因为其针对功能模块层不同的 BIM 应用需求，从数据层获取信息，产生相应的子信息模型。在这个过程中，充分发挥了 BIM 的关联修改、一致性、协同工作等特点，真正实现了 BIM 在全生命周期各个阶段的集成应用。建设项目全生命期管理，更多的是站在业主或房地产商的角度，因此从他们的立场和整个项目全生命期的综合效益角度来分析，有三个时间段能够实现最大化 BIM 效益：分别是设计阶段、施工阶段、运营阶段。因此，管理框架的模型层定义为设计信息模型、施工信息模型和运营管理信息模型。

3）基于 BIM 的信息管理框架的功能模块层

功能模块层是由 BIM 在建设项目管理中的应用构成，这些管理功能模块会自动将分析结果反馈给相应的专业人员，由专业人员将信息数据存储到 BIM 数据库中，以方便后续阶段相关参与方的使用，提高信息的利用率，使项目效益最大化。

在建立建筑信息模型贯穿的建筑生产模式下，建筑以全生命期管理目标为根本出发点，要求全生命周期管理的项目策划、建设面向运营，使项目策划、建设和运营的资源、组织、技术、过程和信息一体化，即在建筑的决策、设计、施工各阶段中充分考虑下阶段的情况，通过建筑的决策、设计、施工、运营等环节的充分结合，使相关参与方之间能够有效地沟通和信息共享，在项目实施的不同阶段，各参与方可提前介入项目管理中，依据各自的核心优势参与项目各阶段的实施。

第三节　建设工程信息管理

一、建设工程管理信息需求

在建设工程全生命期过程中，在某一阶段产生的信息不会立即消失或失去有用性，而是会传递到下一个阶段，继续被应用。以下从决策阶段、设计阶段、施工招标阶段、施工阶段以及竣工保修五个阶段出发，分析建设项目全生命期各阶段信息的需求。

（一）项目决策阶段的信息需求

决策阶段主要是定义项目总目标、阶段目标、项目投资额、项目功能等，大多是使用非几何信息对拟建的项目进行描述。此阶段产生的信息将对后续设计工作有重要影响。

1. 主要工作活动

决策阶段是决定建设项目是否能成功的关键。决策阶段的主要工作有项目调研，进行数据资料整理和分析，并编写相应的调研报告和投资机会研究报告，主要是确定投资方向、地块的获取、项目立项，进行建设项目可行性研究，编制相应的投资估算；筹措项目建设所需资金；把握市场的宏观形势，进行投资回报的分析，做好前期项目的营销推广。

2. 主要信息需求

决策阶段需求的信息主要有：相关的政策、法律法规、社会治安情况，地块周边交通、医院、学校等环境调查资料，产品市场占有率及社会需求情况，资金筹措的渠道、方式信息，原材料、设备等供应情况，水、电、基础设施方面的信息，土地投标方案的制定，建设用地规划许可证及其他文件，划拨建设用地文件，国有土地使用证等资料。可行性研究报告包括项目概况、投资环境分析、市场研究等资料，新技术、新设备、新工艺以及其他专业配套能力及设施等。

（二）建设工程设计阶段的信息需求

设计阶段是将业主的建设意图，如对拟建项目的功能需求和标准转化为可以实施的模型。设计工作需要多专业协同工作，以保证业主的意图能够最大化实现。

1. 主要工作活动

建设单位组织设计招标投标，并与勘察设计、咨询、监理、施工等单位签订招标投标及合同文件；委托勘察设计单位进行水文地质勘察、编制设计任务书和相关的进度计划，编制建筑设计概算；进行初步设计、技术设计审核，组织施工单位、监理单位进行施工图审查；获取政府主管部门的施工图审批意见。

2. 设计阶段的信息需求

由设计阶段的主要工作分析可知，设计阶段的信息需求主要包括设计标准，设计标准分为国家标准、行业标准、地方标准和企业标准；标准设计也称通用设计，是工程建设标准化的组成部分，分为各类工程建设的构件、配件、零部件，通用的建筑物、构筑物、公用设施等；设计原始资料，重点是工程勘察的重要地形地质资料和参数、水文特征的资料等；设计大纲，是指设计原则、设计规程、规范、技术标准；基本数据和条件，包括设计参数、定额、指标；建设规模论证、设计方案比选等。

（三）项目施工招标阶段的信息需求

施工招标是工程实际开展的前提，招标是我国建筑市场或设备供应走向规范化、完善化的重要举措，是计划经济向市场经济转变的重要步骤，对项目成本控制、进度控制有着重要的意义。

1. 主要工作活动

建设单位作为招标方，通过发布招标公告或者向通过资格预审的施工单位、监理单位和其他工程咨询单位发出招标邀请，提出所需的施工单位的资质及施工成果的数量、质量、技术要求等条件，表明将选择最能够满足施工要求的施工单位并与之签订施工合同意向；经招标方对施工单位、监理单位和其他工程咨询单位的资质条件、工程业绩的质量、投标报价和满足招标要求的程度等做出综合评价，确定中标者，并与之签订建设工程委托合同。

2. 项目招标阶段的信息需求

建设工程招标阶段的信息需求主要为工程招标资料，包括项目工程合同、监理合同、详细的技术规范、项目简介、招标范围、工期要求、质量标准，对于有特殊要求的建设项目要特别注明各种专业的施工图纸、工程量清单、投标报价编制文件以及确定的招标和评标办法；投标人信息包括投标单位资质、信誉度、履约能力等。

（四）建设工程施工阶段的信息需求

施工阶段生产周期较长，涉及业主、设计单位、监理单位、总承包商、分包商、材料供应商、设备供应商、政府相关主管部门等众多参与方，还需要投入大量的人员、财力和物力等，工作活动复杂，因此要特别注意在信息传递过程中的真实性和及时性。

1. 主要工作活动

施工阶段是具体的建设项目的实现过程，施工阶段的主要工作有获取施工许可证等施工证书，获取相关的法律法规、技术标准等信息，选择施工监理单位，选择分包商，签订相关的施工合同，图纸会审，编制施工组织设计等。施工阶段的主要工作是对建设项目的建造实施的管理，包括现场管理、资源管理、进度管理、成本管理、质量管理、安全及文明施工管理等。

2. 施工阶段的信息需求

由施工阶段的主要工作分析可知，施工阶段的信息主要包括工程概况，国家有关政策和法规，工程质量方面的信息如国家有关质量控制标准、项目施工质量规划、质量控制措施、质量抽样检查结果等，工程成本方面的信息如投资估算指标和定额，项目施工成本规划、工程概预算、建筑材料价格、机械设备台班费、人工费运输费等，进度控制方面的信息如施工定额、项目施工进度计划、分部分项工程作业计划、进度控制措施、进度记录等，安全方面的信息如国家有关安全法规、项目安全责任、项目安全计划、项目安全措施、项目安全检查结果等，资源管理方面的信息如人、材、机的投入计划、材料和设备的采购计划、各种资源的现场管理计划等。

（五）建设工程竣工保修阶段的信息需求

建设工程的竣工验收是施工全过程的最后一道程序，它是建设投资成果转入生产或使用的标志，也是全面考核投资效益、检验设计和施工质量的重要环节。工程保修是工程质量和工程项目后期运行过程中的一种保障，也是对施工单位的一种约束。

1. 主要工作活动

竣工保修阶段是建设工程项目完成后的检验修复过程，竣工验收阶段的工作主要是施工单位在工程完工后对工程质量进行检查，确认工程质量符合有关法律、法规和工程建设强制性标准，符合设计文件及合同要求，编写工程竣工报告；监理、勘察、设计单位对勘察、设计文件及施工过程中由设计单位签署的设计变更通知书进行检查，并提出质量检查报告；对于质量检验通过的工程，施工单位要移交工程资料，建设单位报主管部门备案。保修阶段需要核实工程的详细资料，派遣指定的保修人员，制定相关的保修方案，准备保修所需的材料及设备。

2. 竣工保修阶段的信息需求

由竣工保修阶段的主要工作分析可知，竣工验收阶段的信息需求主要为建设依据、工程建设概况、工程质量分析报告、主要技术经济指标。保修阶段的信息需求为工程详细资料、保修人员技术水平、保修实施方案以及保修材料；保修过程包括保修人员服务态度、保修及时性、保修过程规范性操作；保修效果包括保修工程质量、用户满意程度以及完备的保修资料。

二、建设工程管理信息流

（一）建设工程项目信息流

1. 信息流程

一个典型的信息传递过程应包含信源（信息的发生源）、信道（信息传输的路线）、信宿（信息的接收者）以及编码（将信息转换成信号）和译码（将信号还原为信息）4 个要素。信息只有经过开发与组织才能构成信息资源。信息由信源发生经过信道传递到信宿的过程就形成了信息流，即信息供给方与需求方进行的信息交换、交流，包括信息生产、加工、存储和传递。信息流在整个管理活动中起着主导作用，可以分为人际信息流、组织信息流和大众传播信息流三种类型，如图 3-13 所示。

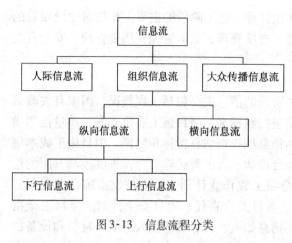

图 3-13 信息流程分类

其中，组织信息流是指组织之间以及组织内部成员之间的信息交流，是组织存在的前提和维系的纽带。横向信息流是以公开、双向、劝服和平等为特征在组织中间层次进行的交流；纵向信息流是以秘密、单向、命令和等级为特征在组织中由上而下或由下而上的信息交流。下行信息流是信息在组织中由高层级向低层级的流动，通常以文件、指令、会议等形式传递，是一种金字塔形；上行信息流是指信息在组织中由低层级向高层级的流动，通常以报告、报表、请示等形式传递。建设工程信息关系图如图 3-14 所示。

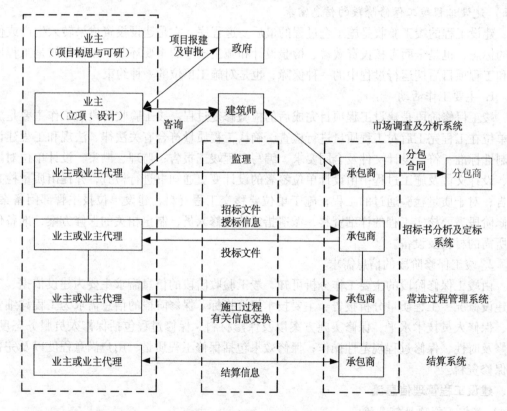

图 3-14 建设工程信息关系

2. 建设工程信息流

建筑工程信息由众多工程参与方创建、使用、维护，具有不同的信息存储和交换格式。随着工程的进展信息不断累积，并由前一阶段传递到下一阶段。由于信息传递方式的局限性，信息的传递过程会造成信息丢失。建筑工程不同阶段具有不同的目标，所产生和需要的信息不同，同时信息也具有明显的不同特征。此外，由于很多信息被跨阶段的工作所用，因此还应以建筑生命期视角分析各阶段的信息特征，如图 3-15 所示。下面从规划决策阶段、设计阶段、招标投标阶段、施工阶段以及运行和维护阶段五个主要阶段出发，分析建筑工程生命期各阶段信息的特征。

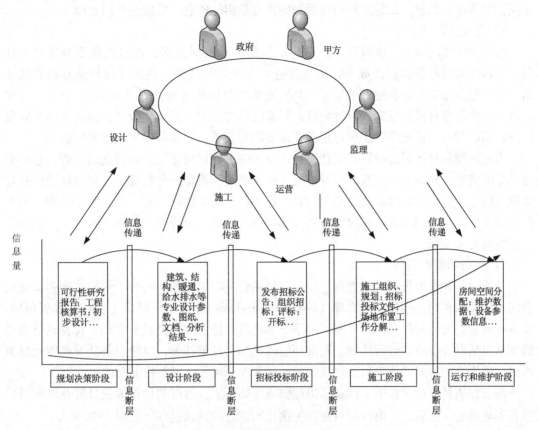

图 3-15　基于全寿命周期的建筑工程信息流程示意图

1）规划决策阶段

该阶段主要定义项目目标、各阶段任务和平衡项目功能和成本之间的关系，产生的信息将影响设计及后续工作，包括定性和定量的信息，更多的是用非几何信息对建筑工程进行抽象描述。在决策阶段，需要不同的可对比模型以寻求最优解决方案，因此该阶段的信息模型必须具有灵活性，在不需要花费太多的精力和成本情况下，可增加、删除或更改其中的主要信息。在建筑工程产品信息方面，该阶段主要产生项目的一些参数和功能描述，例如项目规模、高度、各功能区面积以及空间和房间手册等，并对设计产生重要的影响。

2）设计阶段

该阶段主要是技术性解决方案将功能性标准（行为）转化为可实施的模型，以用于设计和安装计划，设计将确保实现设施既定的功能。因此，设计阶段需要更多的抽象和模拟信息。设计工作是多专业共同的工作，设计过程也不是一个线性过程，而是不断修改、变更和完善的过程，因此变更管理、版本控制（Version Control）、并行控制（Concurrency Control）和信息跟踪是设计信息管理的重要内容。设计阶段的成果是可接受的建筑工程产品模型，产品模型应满足相应规格说明书里所描述的条件和行为。

3）招标投标阶段

招标投标阶段是项目由设计变为实体建筑的开始，在这一阶段项目，参与方开始增加，信息量以几何倍数递增。招标投标阶段的信息模型必须灵活而且容量较大，能够收纳不同类型的项目信息。招标投标前段管理的重点是招标信息，后段是合同管理。

4）施工阶段

可分为计划阶段和实施阶段。计划阶段包括招标投标过程，该过程主要制定施工计划、材料计划以及估算施工成本，主要信息来源于设计成果，但并非设计信息的直接输出，而是包含施工方法和施工组织等，是实现既定目标的过程计划（Process Plan）。计划阶段产生的信息有可能反馈到设计阶段，引起设计的变更，以优化设计，因此这两个阶段应进行集成管理。计划阶段还应确定哪些需要招标投标，并编制详尽的技术规格书。

实施阶段是对计划的执行，支持设计信息和施工计划向建筑实体转化的过程，包括更为详尽的信息，例如增加工具、任务细分、材料采购和设备的分配等。实施阶段的信息包括设计信息、施工计划以及其他相关信息，这些信息应集成在一起，需要集成管理。施工阶段结束后，反映施工方法和过程计划（How to）的信息应减少，强调"What is"的信息应完整地记录下来。

5）运行和维护阶段

设施运行和维护包括设施管理、设备运行和建筑物的维护等内容。设施管理强调建筑空间的分配和利用，包括空间管理（Space Management），需求的信息主要包括楼层布局、设备布局和空间房间信息等，空间管理系统和决策支持系统需要紧密集成。设备运行需要的信息包括设备参数、运行计划、周围环境信息和气候条件等，以使设备能尽可能地保值增值。建筑维护需要的信息包括建筑物的体量和外观尺寸、材料性能和维护计划等。

在工程项目进行过程中，信息从招标阶段开始汇集，通过招标投标使外界获取项目信息并不断丰富、汇总，下面以项目招标为例说明信息的流动过程，如图3-16所示。

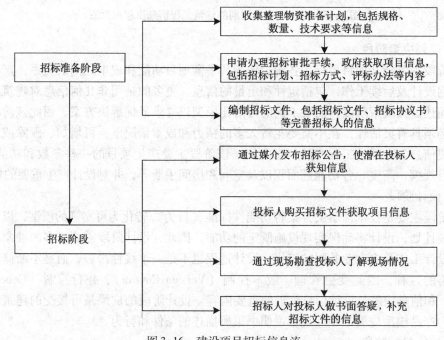

图3-16 建设项目招标信息流

（二）信息沟通管理

1. 建设工程项目中的信息沟通管理

理想的集成化生产过程不但需要过程与过程之间的直接信息传递，而且需要参建各方之间的直接信息沟通，在传统工程建设模式中普遍存在信息沟通的障碍，使工程建设过程中产生信息孤岛现象及孤立生产状态，造成工程建设过程中的变更、返工、拖延、浪费、争议、索赔甚至诉讼。从而导致工程建设成本增加、工期拖延、质量下降。因此，国内外许多未来建设工程项目信息管理发展趋势研究，都把信息沟通置于非常重要的位置。

信息沟通就是交换和共享数据、信息和知识的过程，也就是建设工程参与各方在项目建设过程中，运用现代信息和通信技术及其他合适的手段，相互传递、交流和共享项目信息和知识的行为和过程。其目的是在建设项目参与各方之间共享项目信息和知识，使之做到在恰当的时间、恰当的地点，为恰当的人及时提供恰当的项目信息和知识。

信息沟通可以在建设项目各组成部分、各实施阶段、各参与方之间随时随地获得所需要的各种项目信息。用虚拟现实的、逼真的工程项目模型指导建设工程项目的决策、设计与施工过程，减少距离的影响，使项目团队成员相互沟通时有同处一地的感觉，并对信息的产生、保存及传播进行有效管理。

建筑业各主体之间信息交换的过程和所需要的主要信息交换标准如图 3-17 所示。基于 Internet、Intranet 及 Extranet 的建筑业信息交换标准体系，由九大信息交换标准构成。这些标准包括：业主同政府主管部门之间的报建及审批信息交换标准；业主与建筑师之间的有关建筑规划及设计方面的信息交换标准；业主与工程师（包括监理师）之间的用于项目监理、了解和控制工程项目按质、按量、按期、按投资要求完成的有关信息交换标准；委托招标方和参加投标方之间有关招标文件标准化的信息交换标准；投标商与招标委托方之间有关投标文件标准化的信息交换标准；招标方与中标方之间的授标信息交换标准。还包括体现业主与承包商之间基于各种承发包方式的各种标准合同文本体系的信息交换标准；工程师（或监理师）与承包商之间在整个营造过程中有关信息的交换标准，包括设计变更、工期变动、各种索赔等信息的交换标准；结算信息交换标准，不仅包括了有关已完工程的工程量表的确认及支付，而且考虑了与会计系统信息交换的一致性，是工程控制系统与会计系统的一个结合点；另外，总包与分包之间的主要信息交换，包括有关合同等信息，构成了相应的总包、分包信息交换标准。这些信息交换标准构成了一个信息交换标准系统。

2. 信息沟通的技术

以计算机网络为代表的现代信息和通信技术（IT 技术）所具有的强大功能，能改善建设工程中的信息沟通及信息管理工作，可以很好地协调各专业高层人员之间的活动，处理或减少工程中的不确定性，如项目信息系统、基于知识的专家系统等，对解决问题很有帮助。

IT 技术不仅能利用自动手段捕获、保存和检索数据，利用有效的信息处理方法把数据处理成信息，而且能利用功能强大的网络通信技术以丰富的形式，快速、大量地传输各种形式的数据、信息和知识等。如条形码技术（Bar Code Technology）能自动地获取和保存数据；数字地图（Digital Mapping）和文件扫描（Document Imaging）技术能使图形转变为数字形式；三维视图及动画技术能有效地以可视方式及友好的用户界面描绘、检索及传输

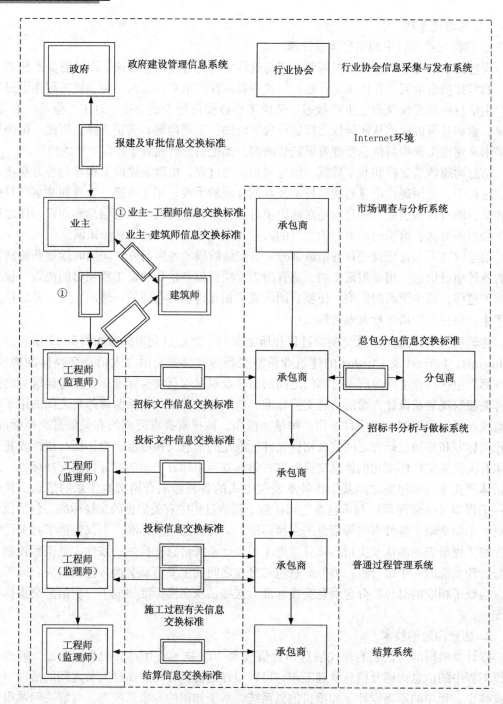

图 3-17　建设项目招标信息流

数据；数字照相机、数字录像机、数字探头等数字化设备可以方便地将施工现场的任何影像数字化。

　　另外，数据、信息和知识还能方便地以物理方式传输。如传输图像、声音、影像等的多媒体（Multimedia）技术；基于 Internet/Intranet/Extranet 的各种 E-mail（包括声音 Mail、传真 Mail、图像 Mail、多媒体 Mail 等）技术、群组技术（Groupware）（如问题讨论组、白板技术等）、电子数据交换（EDI）、共享数据库技术、视频会议（VC）技术、虚拟现实（VR）技术、4D技术等。这些基于现代信息网络的沟通技术能满足以物理方式传输文本文件和声音及图像等非文本文件的各种需求。可根据建设工程管理的功能和具体项目管理的需要选择合适的IT技术。

建设工程信息还可以通过因特网在建设系统相关网站进行收集。其主要来自如下三方面的网站。

（1）政府相关部门的网站。如住房和城乡建设部和专业部委的网站，有关行业协会的网站，各地政府或地方相关部门的网站。通过这些网站，可以了解到政府颁布的最新法律法规、规程、规范、技术标准、政策文件、建设行业动态及建设工程的招标信息等。

（2）相关企业的网站。包括国内外建筑类网站，施工单位、监理咨询单位的企业网站，材料供应单位的网站等。

（3）各类信息的通用网站。主要有商业性网站和各地城市网、物业小区信息网等。

3. 典型方式

1）工程项目信息门户 PIP

项目信息门户（Project Information Portal，PIP）是在项目主题网站和项目外联网的基础上发展起来的一种工程管理信息化的前沿研究成果。根据国际学术界较公认的定义，项目信息门户是在对项目实施全过程中项目参与各方产生的信息和知识进行集中式存储和管理的基础上，为项目参与各方在Internet平台上提供的一个获取个性化（按需索取）项目信息的单一入口。它是基于互联网的一个开放性工作平台，为项目各参与方提供项目信息共享、信息交流和协同工作的环境。PIP作为一种基于Internet技术的项目信息沟通解决方案，以项目为中心对项目信息进行有效的组织与管理，并通过个性化的用户界面和用户权限设置，为在地域上广泛分布的项目参与各方提供一个安全、高效的信息沟通环境，有利于项目信息管理和控制项目的实施。

项目信息门户按其运行模式可分为PSWS模式和ASP模式两种类型。PSWS模式（Project Specific Website）：为一个项目的信息处理服务而专门建立的项目专用门户网站，即专用门户。采用PSWS模式，项目的主持单位应购买商品门户的使用许可证，或自行开发门户，并需购置供门户运行的服务器及有关硬件设施和申请门户的网址。

ASP模式（Application Service Project）：由ASP服务商提供的为众多单位和众多项目服务的公用网站，也可称为公用门户。ASP服务商有庞大的服务器群，一个大的ASP服务商可为数以万计的客户群提供门户的信息处理服务。采用ASP模式，项目的主持单位和项目的各参与方成为ASP服务商的客户，他们不需要购买商品门户产品，也不需要购置供门户运行的服务器及有关硬件设施和申请门户的网址。国际上项目信息门户应用的主流是ASP模式。

PIP的最大特点是改变了传统工程项目信息交流的点对点式沟通方式，实现了项目实施全过程中项目参与各方的信息共享，大大提高了项目建设的信息透明度，如图3-18所示。传统的建设工程项目由于地理位置和组织界限的限制，项目参与各方在信息沟通与协同工作上存在许多困难。信息沟通不畅引起的决策失误、应对迟缓、协调困难等等是造成超投资、拖工期等问题的主要原因之一。据国际有关文献资料介绍，建设项目实施过程中存在的诸多问题，其中三分之二与信息交流（信息沟通）的问题有关；建设工程项目

10%～33%的费用增加与信息交流存在的问题有关；在大型建设工程项目中，信息交流的问题导致工程变更和工程实施的错误约占工程总成本的3%～5%。

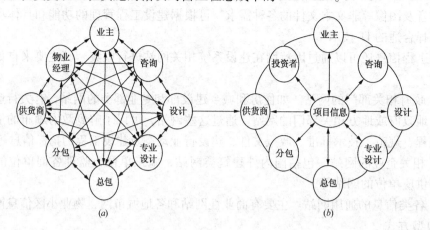

图3-18 从点到点的集中共享

PIP在工程项目中的应用使工程项目的信息流动大大加快，信息处理效率极大提高，项目管理的作用得到充分的发挥，传统项目实施过程中的信息不对称现象得到有效遏制，由此造成的工程损失和浪费得到了根本的控制，工程建设的综合效益也得到显著的提高。国外大型工程项目实施的有关统计结果显示，PIP在大型工程项目中的应用使工程项目的综合经济效益平均提高10%左右。

2）项目管理信息系统PMIS

项目管理信息系统（Project Management Information System，PMIS）是基于计算机的项目管理的信息系统，主要用于项目的目标控制，为项目某一方（业主、设计方、承包商、供货商和咨询机构等）的项目管理工作服务，提供相应的信息处理结果和依据，为实现项目投资/成本控制、进度控制、质量控制而服务。PMIS系统的基本功能有辅助确定项目计划值，项目实际数据的采集，项目投资、进度、质量、合同等各类信息的查询，项目计划值与实际值的比较分析，项目变化趋势的预测等。

因此，PMIS与PIP不同。PMIS是项目参与的某一方或几方，为有效控制项目的投资/成本、进度、质量目标，主要利用信息处理技术，处理与项目目标控制有关的结构化数据，为项目管理者提供信息处理的结果和依据。项目参与各方有各自的PMIS，是一个相对封闭的信息系统。PIP则是项目参与各方为有效进行信息沟通和共享，利用信息管理和通信技术，提供个性化的信息获取途径和高效协同的工作环境。PMIS的核心功能是目标控制，PIP可以集中存储、处理PMIS所产生的目标控制数据。项目的成功既需要PMIS提供有效的目标控制功能，也需要PIP提供良好的信息沟通和协作功能。

项目管理信息系统是项目驱动下的管理信息系统，应符合项目管理的运作特性。简单来说，PMIS是以计算机、网络通信、数据库作为技术支撑，对项目整个生命周期中所产生的各种数据进行及时、正确、高效的管理，为项目所涉及的各类人员提供必要的高质量的信息服务，PMIS的基准控制是建立在项目工作分解结构和基准计划管理基础之上的。

工作分解是现代项目管理中不可缺少的过程，是制订项目计划和实施项目控制的基础。工作分解结构（Work Breakdown Structure，WBS）方法起源于美国军方的型号研制，是一种以结果为导向的分析方法，主要应用于项目范围管理，它按照项目发展的规律，依据一定的原则和规定，进行系统化的、相互关联和协调的层次分解，最终构成一份层次清晰且可作为组织项目实施的工作依据（WBS 的输出结果可用树形图、层次分解表等方式表达）。WBS 方法虽然始于项目范围管理中的工作分解，但其应用如今已经遍及项目管理的各个领域，WBS 输出结果已成为编制项目基准计划和阶段目标控制中不可缺少的参照系。另外，在确定系统管理组件和流程模块过程中运用 WBS 方法，将有利于 PMIS 开发按照软件工程的规范贯彻项目管理的系统原理思想。

（1）PMIS 的基准计划和过程基准控制

在 WBS 的基础上，制定项目基准计划（Baseline Scheme/Plan）是项目管理和 PMIS 系统项目进程控制的目的。其中，在基准计划不断更新基础上的过程基准控制是管理的核心。变动是项目运行过程中的一个显著特点，随着项目的启动和展开，在各种主观和客观条件的影响下，项目从设计要求、实施规范、费用预算，到执行计划，WBS 内容都有可能发生变化和改动，制定好的各项基准计划随之也需不断地更新以达到相应的变更和调整。这些变动又在不同程度上影响项目的实施时间和成本。为了避免由此带来管理上的混乱，采取规范化管理机制来进行过程基准控制是十分必要也是可行的。如图 3-19 所示。

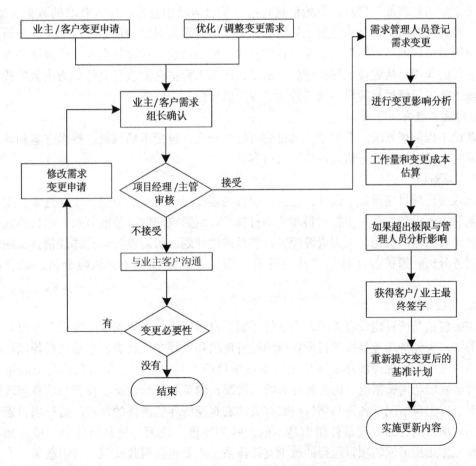

图 3-19　PMIS 基准计划更新和进程控制图

（2）PIP + PMIS 模式

项目信息门户 PIP、项目管理信息系统 PMIS、其他运用软件及操作系统所形成的建设项目运用软件系统和由计算机及网络系统组成的硬件系统，构成了工程项目信息平台，如图 3-20 所示。PIP 是搭建工程项目信息平台的核心。项目管理软件对工程相关数据进行处理，PIP 则实现包括项目管理软件处理的信息在内的项目有关信息的交流和共享，是工程项目信息平台信息交流的枢纽。它是对传统的项目信息管理方式和手段的革命性变革。

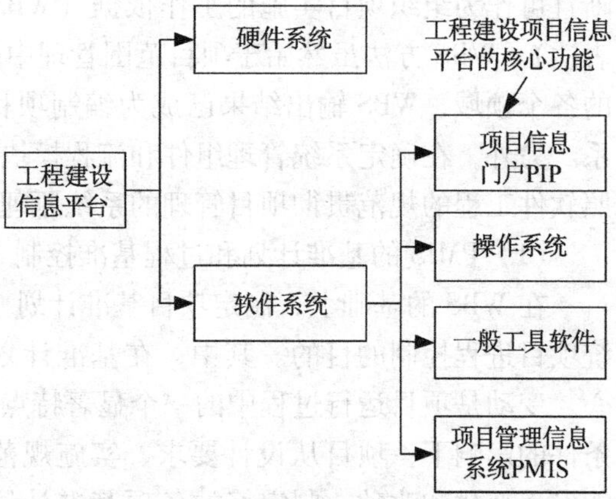

图 3-20　项目信息门户和项目管理信息系统

三、建设工程信息收集

建设工程信息收集是信息得以利用的第一步，也是关键的一步。建设工程信息收集工作的好坏，直接关系到整个建设工程信息管理工作的质量。建筑工程信息根据其来源可以分为原始信息和加工信息，原始信息是指在项目活动中直接产生或获取的数据、概念、知识、经验及其总结，是未经加工的信息；加工信息则是对原始信息经过加工、分析、改编和重组而形成的具有新形式、新内容的信息，两类信息都对建筑企业的管理活动发挥着不可替代的作用。从建设工程实施阶段出发，建筑工程信息的收集具体分为决策阶段、设计阶段、施工招标投标阶段、施工阶段、竣工阶段信息的收集。

（一）建设工程决策阶段

建设工程的规划决策主要是指项目的可行性研究，包括市场调研、技术方案和建设条件的研究、经济效益的分析与评价三大内容。

1. 可行性研究

深入进行项目建设方案设计，包括：项目的建设规模与产品方案，工程选址，工艺技术方案和主要设备方案，主要材料和辅助材料，环境影响问题，节能节水，项目建成投产及生产经营的组织机构与人力资源配置，项目进度计划，所需投资进行详细估算，融资分析，财务分析，国民经济评价，社会评价，项目不确定性分析，风险分析，综合评价等等。

2. 建设条件

主要包括与项目建设有关的宏观运行环境、自然环境、工程和水文地质条件以及厂址选择等。宏观经济环境是指项目所在地的经济现状和发展变化趋势，它是项目赖以生存的基本条件之一。宏观经济环境评估主要是对项目所在地的经济总供给和总需求的平衡状况、经济发展与增长情况、国民就业和收入情况、储蓄和贷款情况、投资与消费和政府购买情况、进出口情况等各种与项目成败有关的宏观经济环境条件的评估。通过项目宏观环境评估对项目运行的宏观条件做出基本的判断和评价。政策环境是指各个与项目相互联系、相互作用所形成的项目运行的政策支持体系。主要包括财政政策、货币政策、产业政策、区域经济发展政策等方面。项目政策环境评估就是对项目运行的政策支持体系进行全面分析，通过评估与项目相关的政策对项目运行的影响，明确项目所处政策环境对项目投资的利弊。

3. 财务评估方面

财务评估应加强基建项目筹资风险的评估，对目前企业的财务结构状况，筹资结构的安排，筹资币种、金额及期限的规划，筹资成本的估算和筹资的偿还计划都应事先进行评估，并参考有关评价指标，做出正确、客观、可行的结论，为投资项目的正确决策奠定基础。

(二) 建设工程设计阶段

1. 计划任务书及其有关资料的收集

计划任务书又称设计任务书，它是确定工程项目建设方案（包括建设规模、建设布局和建设进度等原则问题）的重要文件，也是编制工程设计文件的重要依据。所有新建或扩建的工程项目，都要根据资源条件和国民经济发展规划按照工程项目的隶属关系，由主管部门组织有关单位提前编制设计任务书。

2. 设计文件及有关资料的收集

工程项目的设计任务书经审批后，主管部门需要委托设计单位编制工程设计文件。工程设计文件通常包括以下内容：

(1) 社会调查情况。建设地区的工农业生产、社会经济、地区历史、人民生活水平以及自然灾害等调查情况。

(2) 工程技术勘测调查情况。收集建设地区的自然条件资料，如河流、水文资源、地质、地形、地貌、水文地质、气象等资料。

(3) 技术经济勘察调查情况。主要收集工程建设地区的原材料、燃料来源、水电供应和交通运输条件、劳力来源、数量和工资标准等资料。

(4) 设计图纸反映出大量的信息。如施工总平面图、建筑物的施工平面图和剖面图、安装施工详图、各种专门工程的施工图以及各种设备和材料的明细表等，依据施工图设计所提出的预算等。

(三) 建设工程施工招投标阶段

1. 招标投标合同文件及其有关资料的收集

招标投标文件是工程建设项目管理的法规，其主要内容包括：投标邀请书、投标须知、合同双方签署的合同协议书、履约保函、合同条款、投标书及其附件、工程报价表及其附件、技术规范、招标图纸、建设单位在招标期内发生的所有补充通知、承包单位在投标期补充的所有书面文件、建设单位发布的中标通知书等。

在招标文件中包含大量的信息，包括建设单位的全部"要约"条件，承包单位的全部"承诺"条件。如建设单位所提供的材料供应、设备供应、水电供应、施工道路、临时房屋、征地情况、通信条件等；承包单位所投入的人力、机械方面的情况、工期保证、质量保证、造价保证、施工措施、安全保证等。

2. 投标人情况搜集

招标文件要求相适应的人力、物力和财力，以及其要求的资质、工作经验与业绩等。

(四) 建设工程施工阶段

工程项目在整个施工阶段，每天都发生各种各样的情况，相应地包含着各种信息，需要及时收集和处理。因此，工程的施工阶段，可以说是大量的信息产生、传递和处理的阶段，监理工程师的信息管理工作，也主要集中在这一阶段。

1. 收集建设单位提供的信息

建设单位作为工程项目建设的投资者及组织者，在施工中要按照合同文件的规定提供相应的条件，并要不时地表达对工程各方面的意见和方法，下达某些指令。因此，应及时收集建设单位提供的信息，具体如下：

(1) 建设单位负责工程项目某些材料（钢材、木材、水泥等）的供应时，以某一价格提供承包单位使用，建设单位应及时将这些材料在各个阶段提供的数量、材质证明、试验资料、运输距离等情况告诉有关单位，监理工程师应及时收集这些信息资料。

(2) 建设单位在建设过程中对各种有关进度、质量、造价、合同等方面的意见和看法，监理工程师应及时收集。

2. 收集承包单位提供的信息

承包单位在施工中，现场所发生的各种情况均包含了大量的信息，承包单位自身必须掌握和收集这些信息；监理工程师在现场中也必须掌握和收集这些信息。

承包单位在施工中必须经常向有关单位（包括上级部门、设计单位、监理单位等）发出某些文件，传达一定的内容。如向监理单位报送施工组织设计、各种计划、单项工程施工措施、月支付申请表、各种工程项目自检报告、质量问题报告、有关意见等。监理工程师应全面系统地收集这些信息资料。

3. 项目建设监理记录

项目建设监理记录是指现场监理工程师的监理记录，主要包括工程施工过程记录、工程质量记录、工程计量和工程款拨付记录、工程竣工记录等内容。

(1) 现场监理人员的日报表（监理日志）。主要包括如下内容：当天的施工内容，当天参加施工的人员（工种、数量等），当天施工用的机械（名称、数量等），当天发现的施工质量问题，当天的施工进度与计划施工进度的比较（若发生施工进度拖延，应说明其原因），当天的综合评语，其他说明（应注意的事项）等。现场监理人员的日报表可采用表格式，力求简明，要求每日填报。

(2) 工地日记。主要包括：现场监理人员的日报表，现场每日的天气记录，监理工作纪要，其他有关情况与说明等。

(3) 现场每日的天气记录。主要内容为：当天的最高、最低气温，当天的降雨、降雪量，当天的风力及天气状况，因气候原因造成当天损失的工作时间等。若施工现场区域大，工地的气候情况差别较大，则应记录两个或多个地点的气象资料。

(4) 施工现场监理负责人的日记。主要包括如下内容：当天所做的重大决定，当天对施工单位所做的主要指示，当天发生的纠纷及可能的解决办法，该工段项目监理总负责人（或其他代表）来施工现场涉及的问题，当天与该工程项目监理总负责人的口头谈话摘要等。

(5) 施工现场监理负责人周报。施工现场监理负责人应每周向工程项目监理总负责人（总监理工程师）汇报一周内所发生的重大事件。

(6) 施工现场监理负责人月报。主要包括：工程施工进度状况（与合同规定的进度作比较）；工程款支付情况；工程进度拖延的原因分析；工程质量情况与问题；工程进展中的主要困难与问题，如施工中的重大差错、重大索赔事件，材料、设备供货困难，组织、协调方面的困难，异常的天气情况等。

（7）施工现场监理负责人对施工单位的指示。主要包括：正式函件（用于极重大的指示）；日常指示，如在每日的工地协调会中发出的指示，在施工现场发出的指示等。

（8）施工现场监理负责人给施工单位的补充图纸。

（9）工程质量记录。主要包括试验结果记录及样本记录等。

4. 收集工地会议信息。

工地会议包括开工前的第一次工地会议及开工后的工地例会。

（1）第一次工地会议。工程项目开工前，监理人员应参加由建设单位主持召开的第一次工地会议。第一次工地会议应包括以下主要内容：

①建设单位、承包单位和监理单位分别介绍各自驻现场的组织机构、人员及其分工；

②建设单位根据委托监理合同宣布对总监理工程师的授权；

③建设单位介绍工程开工准备情况；

④承包单位介绍施工准备情况；

⑤建设单位和总监理工程师对施工准备情况提出意见和要求；

⑥总监理工程师介绍监理规划的主要内容；

⑦研究确定各方在施工过程中参加工地例会的主要人员，召开工地例会的周期、地点及主要议题。

（2）工地例会。工地例会应包括以下主要内容：

①检查上次例会议定事项的落实情况，分析未完事项原因；

②检查分析工程项目进度计划完成情况，提出下一阶段进度目标及其落实措施；

③检查分析工程项目质量状况，针对存在的质量问题提出改进措施；

④检查工程量核定及工程款支付情况；

⑤解决需要协调的有关事项；

⑥其他有关事宜。

（五）建设工程竣工阶段

1. 工程技术资料验收内容

工程地质、水文、气象、地形、地貌、建筑物、构筑物及重要设备安装位置、勘察报告、记录；初步设计、技术设计或扩大初步设计、关键的技术试验、总体规划设计；土质试验报告、基础处理；建筑工程施工记录、单位工程质量检验记录、管线强度、密封性试验报告、设备及管线安装施工记录及质量检查、仪表安装施工记录；设备试车、验收运转、维修记录；产品的技术参数、性能、图纸、工艺说明、工艺规程、技术总结、产品检验、包装、工艺图；设备的图纸、说明书；涉外合同、谈判协议、意向书；各单项工程及全部管网竣工图等的资料。

2. 工程综合资料内容

项目建议书及批件，可行性研究报告及批件，项目评估报告，环境影响评估报告书，设计任务书，土地征用申报及批准的文件，承包合同，招标投标文件，施工执照，项目竣工验收报告，验收鉴定书。

3. 工程财务资料内容

历年建设资金供应（拨、贷）情况和应用情况，历年批准的年度财务决算，历年年度投资计划、财务收支计划，建设成本资料，支付使用的财务资料，设计概算、预算资料，施工决算资料。

四、建设工程信息过程管理

建设工程信息管理贯穿建设工程全过程，衔接建设工程各个阶段、各个参建方。伴随着物质生产过程，也是信息的生产、处理和传递及其应用过程，而工程建设的生产过程又的确依赖于信息。因此，建设工程管理工作的质量直接影响最终的工程效果。

建设项目信息管理的过程主要包括信息的收集、优化选择、加工与存储和输出与反馈，如图3-21所示。建设工程信息的加工、整理、存储是数据收集后的必要过程。收集的数据经过加工、整理后产生信息。信息是指导施工和工程管理的基础，要把管理由定性分析转到定量管理上来，信息是不可或缺的要素。

（一）收集

明确了收集市场信息的目的、内容和对信息的要求，就可以进入信息收集的实施阶段。建设工程各个参与方在不同的阶段有不同的信息需求，因此依据项目阶段的不同确定适当的信息收集的方法。在项目同一阶段的不同时期，各个参与者的信息需求也不完全一致，要运用灵活的信息收集方法，同时注意信息的规范性。例如在规划阶段要派专人到有关地区、部门收集有关信息，通过实地调查确定建设工程项目建设的可行性，在招标投标阶段向咨询单位和监理单位购买相关的服务确定最优的中标候选人。

（二）信息优化

信息优化是对收集到的原始信息进行整理的第一步，使用建设项目系统中的信息编码系统对原始信息分类编码，在使用上更加的方便快捷，进行初步的筛选，使系统中信息更加精炼。在信息优化时，按照不同的需求、不同的使用角度，以不同的方法对信息进行分层加工。对施工单位提供的数据要加以选择、核对，进行必要的汇总，对动态数据要按照单位工程、分部工程、分项工程组织在一起。建设工程信息优化选择的标准与工程建设项目的质量、进度、造价管理等关键节点信息密切相关，在项目进行过程中会对企业过去、现在或者未来的情况做出评价或预测；资料的来源必须可靠，是项目客观事实的真实反映；评估一个项目的优化方法是否与其目标一致，适用性检验对于项目分析与方案评估及筛选是不可或缺的。

（三）加工与存储

建设项目的信息管理除应注意各种原始资料的整理外，更重要的要对收集来的资料进行加工，并对工程决策和实施过程中出现的各种问题进行处理。按照工程信息加工整理的深浅可分为如下几个类别：第一类是对资料和数据进行简单的整理和滤波；第二类是对信息进行分析、概括和综合后产生辅助建设项目管理决策的信息；第三类是通过应用数学模型统计推断可以产生决策的信息。

信息加工整理，往往要求按照不同的需求，分层进行。不同的使用角度，加工方法是不同的。工程人员对数据的加工要从鉴别开始，一种数据是自己收集的，可靠度较高；而对其他单位提供的数据就要从数据采样系统是否规范、采样手段是否可靠、提取数据的人员素质如何、数据的精度是否达到所要求的精度入手，对其他单位提供的数据要加以选择、核对及必要的汇总，对动态的数据要及时更新，对在施工中产生的数据要按照单位工程、分部工程、分项工程组织在一起，每一单位、分部、分项工程又把数据信息分为造

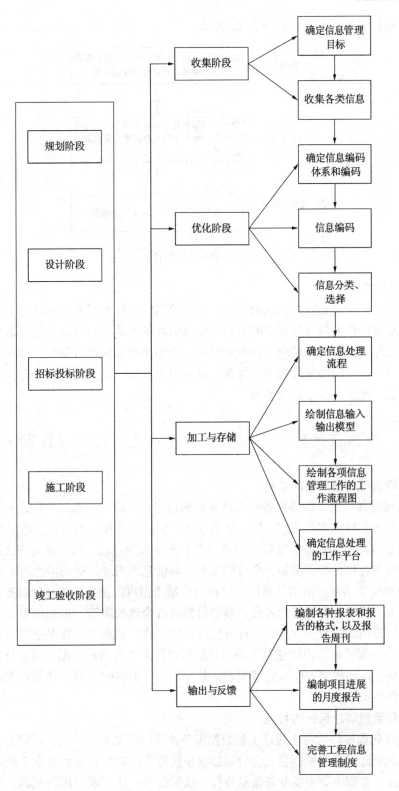

图 3-21　信息过程管理示意图

价、进度、质量等多个方面。如图 3-22 所示。

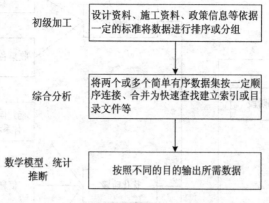

图 3-22　工程信息整理与存储流程图

（四）输出与反馈

信息的存储一般要建立统一的数据库，各类数据以文件的形式组织在一起，建设工程各参建方以局域网作为信息处理中间平台，实现信息资源共享，编制各类制表和报告。依据建设工程实际情况，可以按照下列方式组织，例如按照工程进行组织，同一工程按照投资、进度、质量、合同的角度组织，各类信息按照要求进一步细化，通过在使用过程中发现的问题不断修改完善信息管理系统。

第四节　建设工程管理信息系统的功能与特点

一、建设工程管理信息系统的功能

（1）数据处理功能。能够将各种渠道获得的信息进行输入、加工、传递和储存，对信息进行统一编码方便查询和使用，同时能够完成各种统计工作，及时提供给信息需求方。

（2）信息资源共享功能。建设工程是一个多方参与的过程，每个参与方之间要达到信息的及时交流和对称，必须依赖一个可以方便提取信息的系统，达到信息的实时共享。

（3）辅助决策功能。运用计算机中储存的大量数据可以快速生成各种财务、进度、资源等分析报表，给项目各级管理者最直接的材料进行合理的决策，以期取得最大的经济效益。并且可以运用现代数学方法、统计方法或模拟方法，根据现有数据预测未来。

（4）动态控制功能。根据建设工程项目进行过程的工程资料数据可以进行计划与设计施工对比分析，从而得到进度实施情况表，并分析产生偏差的原因，使管理人员及时进行调整和采取纠偏措施。

二、建设工程管理信息系统的特点

（1）集成化程度高。由于建设工程数据服务涉及的对象非常广泛，任何与之有关的个人、单位和职能部门等信息都会成为管理信息系统管理的对象，这就要求系统除了能对建设方、施工方、监理方等主要业务信息进行有效管理外，还应能对组织机构、员工人事等人力资源信息进行有效的管理。由此可知，系统的集成化程度高是建设工程管理信息系统的一个重要特征。

（2）数据联系紧密。由于建设工程数据间联系较紧密、信息间传递较频繁，这就要求系统在数据库表设计时要非常的合理，严格按照建设工程逻辑流程来设计，清晰、科学地对实体表和关系表进行区分，有效地减少数据的冗余。

（3）智能化鲜明。大部分系统用户都是非计算机专业的，面对庞大的信息量和复杂的业务操作流程，如果系统设计的智能化不够、人性化不鲜明，系统表示的信息内容不够直观、清晰，就会给用户的使用造成不便，就未能实现提高建设工程信息管理水平和提高工作效率的初衷。因此，系统的智能化程度高也是建设工程管理信息系统的一个重要表现。

（4）网络化运行。随着地产商经营范围的不断扩大，各联系公司呈现出员工人数众多、工作地点相对分散、跨区域经营业务的新特点，所以系统要突破时间和地域限制。因此，系统往往会采用 B/S 和 C/S 相结合的体系结构，实现网络化运行，强化系统功能的分布式应用，让身处各地的用户都能使用该系统。

（5）安全性高。建设工程管理信息系统对运行时的安全性提出更高的要求，确保系统的各种资源得到有效的保护。因此，系统除了使用防火墙等基本的安全防范手段外，还要采取数据加密等措施来弥补防火墙的不足，在一定程度上提高系统用户身份的合法性认证，有效防止非法用户通过伪造身份入侵到系统当中。

总而言之，建设工程管理信息系统要以提高其信息管理水平和提升其工作效率为目标，实现企业的业务流和信息流相统一，具有良好的安全、可靠性和易于维护及扩展等特点，朝着集成化、智能化、网络化的方向发展。

第五节　建设工程管理信息系统的结构与类型

一、建设工程管理信息系统结构

（一）基本结构

工程管理信息系统的基本结构如图 3-23 所示。信息源是信息流程的开始，信息处理器能完成信息的一切相关处理工作，信息用户利用信息进行决策，是信息的最终受益者和使用者。在此流程之上信息管理者负责信息系统的设计和实现，并负责信息系统的运行、维护和调整工作。

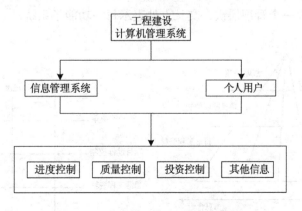

图 3-23　工程管理信息系统基本结构

（二）管理层次结构

在一般的管理系统中组织结构都依据管理幅度和规模分为上层、中层、基层。随着管理层次的增加，信息在工程项目自下而上的传递过程中，不可避免的产生遗漏、失真，自上而下的信息流动也存在困难，因此在纵向上，依据信息的处理范围和对决策的影响的程度，将工程管理信息系统分为日常工程资料、项目过程控制、战略决策三个层次，并随着管理层的提高，信息更加精简，信息量越小。形成的金字塔式系统结构如图 3-24 所示。

1. 日常工程资料

主要搜集处理与工程建设项目有关的数据、市场信息、报表等。

2. 项目过程控制

主要协助中层管理者进行短期项目目标确定和活动计划，根据工程实际进度调整投资、工期等，以及定期对工程活动进行总结汇报。其主要信息来源是施工现场，特别是反映当前进度的活动情况。

3. 战略决策

高层管理者需要根据外部环境信息和宏观经济环境，确定建筑企业的长期投资计划、投资总计划等。战略制定者需要利用下层次信息的处理结果，同时要使用很多的外部信息，如用户、竞争者、原材料供应情况，国家和区域经济状况和发展趋势，国家和行业部门的管理政策方针等。

从信息处理层次上看，越靠近金字塔的顶端，信息处理的分机构化程度越高，信息量越少，信息是用于满足企业高层决策者的需求；而在金字塔中部和底部，信息量越来越大，信息处理的结构化程度也越来越强，这些信息是用于满足企业中层和基层管理人员的需求。在金字塔不同层次之间存在着信息的交流，这些信息以底层的信息为基础，通过对底层信息的综合、提炼和加工得到上层信息。同时，上层信息指导和控制底层信息的处理过程。

（三）组织功能结构

从项目的角度看，建设、监理、施工单位的整体目标是实现经济效益最大化，因此在工程信息管理系统中存在一个唯一目标，并且兼具多重功能。各种功能之间信息不断流动，构成一个有机结合的整体，形成一个功能结构。如图 3-25 所示，每一列代表一种管理职能，每一行代表一个管理层次，交叉点处表示每一功能子系统。

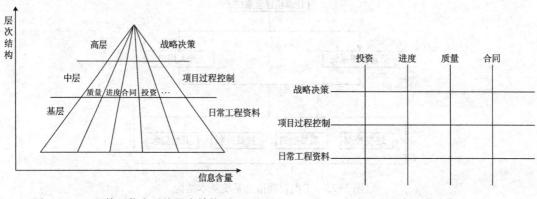

图 3-24　工程管理信息系统层次结构图　　　　图 3-25　功能结构图

1. 投资控制子系统

该系统的基本功能包括建设投资分配分析，项目概算和项目预算的编制，实际投资与概算、预算、合同价的对比分析，项目结算与预算、合同价的对比分析，提供多种（不同管理层面）项目投资报表。

2. 进度控制子系统

该系统的基本功能包括编制双代号网络（CPM）和单代号搭接网络计划（MPM），编制多阶网络（多平面群体网络）计划（MSM），工程实际进度的统计分析，实际进度与计划进度的动态比较，工程进度变化趋势预测，计划进度的定期调整，工程进度各类数据的查询，提供多种（不同管理平面）工程进度报表。

3. 质量控制子系统

该系统的基本功能包括项目建设的质量要求和质量标准的制订，分项工程、分部工程和单位工程的验收记录和统计分析，工程材料验收记录（包括机电设备的设计质量、建造质量、开箱检验情况、资料质量、安装调试质量、试运行质量），工程设计质量的鉴定记录，安全事故的处理记录，提供多种工程质量报表。

4. 合同管理子系统

该系统的基本功能包括提供和选择标准的合同文本、合同文件、资料的管理，合同执行情况的跟踪和处理过程的管理，涉外合同的外汇折算，经济法规库（国内外经济法规）的查询，提供各种合同管理报表。

（四）网络结构

在纵向和横向上把不同的管理业务按职能综合起来，做到收集信息集中统一，程序模块共享，各子系统紧密连接，由此形成一个一体化的系统，即工程管理信息系统网络结构。该结构分为用户层、功能层、数据层和物理层。如图 3-26 所示。

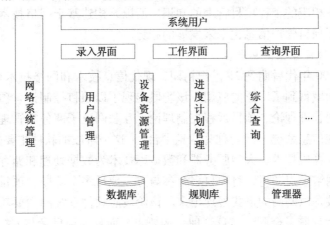

图 3-26　工程管理信息系统网络结构

用户层是面向用户的操纵系统，是建筑工程信息最终的表达和应用前提；功能层是工程信息系统功能的集合，每一项功能对应单一的用户需求，一个建筑工程管理信息系统的基本功能是有限的，但它们的排列组合是无限的，即构成了工程管理信息系统的复杂业务模型；数据层是工程信息的数据模型，是该信息系统的核心；物理层是工程信息在传递过程中的网络与通信硬件系统，是信息资源交换流动的基础。

二、建设工程管理信息系统类型

工程项目管理信息化主要包括两个方面：一是信息化的硬件条件，如计算机硬件、网络设备、通信工具等等；二是信息化的软件条件，如项目管理软件系统、相关的信息化管理制度等。从我国当前情况来看，工程项目管理信息化的硬件条件（如计算机硬件、网络设备、通信工具等）与西方发达国家差距不大，但是工程项目管理信息化的软件条件却有很大的差距。

（一）基于大型计算机的集中式项目管理信息系统

20 世纪 60 年代开发的项目管理软件主要是以网络计划技术（如关键路径法 CPM 和计划评审技术 PERT）为主要理论支撑，软件功能主要是集中在进度编制和优化方面，软件的运行都是集中在大型计算机上，主要的应用领域是大型的国防和土木建筑工程领域。

（二）基于个人计算机桌面的项目管理信息系统

该阶段开发的项目管理软件主要是以系统工程理论和一些项目管理基本方法（进度控制技术、资源平衡技术、成本分析技术等）为主要理论依据，软件功能主要包括进度计划、费用计划与控制、进度图形化、工程量计算、竣工资料编写等方面，基本上是在单机上运行，而且只能满足单一工程项目参与方的使用要求，应用领域也逐渐扩大到能源、交通、水利、电力等领域。典型的代表如：美国 Primavera 的 P3、Microsoft 的 Project98。

（三）基于网格技术的项目协同管理平台

随着网格计算机技术的发展，网格计算机技术成为了互联网发展新阶段的代表，它试图实现互联网上所有资源的全面联通，尝试把整个互联网整合成一台巨大的超级计算机，实现计算资源、存储资源、通信、软件、信息、知识的全面共享，构建以网格计算机技术为支撑的工程项目协同管理平台成为网格技术应用的新领域，将给工程项目管理带来巨大的变革。网格技术可以将项目参与方的信息全面集成，不仅提供项目相关信息，而且可以从信息平台上获得相应的工程项目管理的知识。所以，构建基于网格技术的工程项目协同管理平台将是工程项目管理信息化未来发展的趋势。

（四）基于 PIP 的项目管理信息平台

自从 20 世纪 90 年代后期到 21 世纪初期，现代信息技术和网络技术得到了快速发展，并且在工程建设领域得到了广泛的应用。该阶段出现了以项目控制论、项目全生命周期集成管理理论、协同管理理论、项目远程控制理论、互联网电子商务等管理理论和思想为理论支撑的项目管理信息系统（或者称为信息平台）。这个阶段的软件主要是以 Internet 为通信工具，以现代计算机技术、大型服务器和数据库技术为数据处理和储存技术支撑，形成以项目为中心的网络虚拟环境，将项目多个参与方、项目多个阶段、项目多个管理要素都集成起来，大多数是以网站的形式展现出来。该阶段的软件系统的主要功能不仅能满足项目管理职能（三大控制、合同、信息管理）的要求，而且为项目参与方提供了一个个性化项目信息的单一入口，可以满足项目多方进行信息交流、协同工作、实时传送和共享数据信息等功能，最终形成一个高效率信息交流和共同工作的信息平台和网络虚拟环境。比较典型的项目信息门户（PIP）有：美国的 Autodesk 公司的 Buzzsaw.com、德国的 Drees & Sommor 公司的 PKM 等，国内如国家发改委和金投公司合作研发的 P9PIP 和 P9SAP、上海普华的 Power PIP 等。

（五）基于 BIM 的 BLM 平台

BLM 是"Building Lifecycle Management"的缩写，中文名称为"建设工程全寿命管理"。BLM 信息管理包括两个方面：其一是项目创建过程中建立建筑工程信息，其二是在整个项目生命期中管理和共享这些信息，从而达到提高决策准确度，提高运营效率，提高项目质量和提高用户获利能力的目标。工程项目全寿命期信息指在工程的决策、建设和运行维护、扩建、工程健康诊断等过程产生的和需要处理的各种信息。它们在不同的工程参加者之间，以及不同的工程阶段之间传递。如图 3-27 所示。

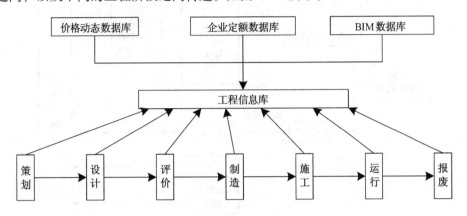

图 3-27　全寿命期信息库示意

工程全寿命期信息涵盖了与决策、建设和运行过程有关的技术、经济、管理、法律等方面的各种信息，能全面反映工程的历史、现状、形象、健康状况等工程基本信息。主要包括：

（1）工程基本形象信息：如位置、工程名称、工程用途、结构类型、楼层、地下室、总楼面面积、建设时间等。

（2）原场地信息：如水文地质资料、地形图、生态信息等。

（3）环境信息：主要包括影响工程建设与运行的环境方面的信息等。

其中，工程运行过程信息包括：

（1）工程以前发生过的问题的基本情况：问题名称、诊断日期、问题原因、采用的维修方案、诊断工程师、诊断报告、费用、维修施工承包商、工程发生问题时及以后的照片或图像资料、维修后工程的运行情况、监测报告等。

（2）当前工程的问题情况：工程运行情况、出现的问题名称、问题基本状况描述等。

（3）工程运行的常规信息：包括工程建设经济方面的信息、质量信息、人员信息、维修情况信息、更新改造情况信息等。

所有的相关报告，包括过去工程结构、材料和设施的实验报告、检查报告、测试报告、监测报告、诊断检查报告，以及工程疾病症状的照片或图像文件等，可以作为附件，也保存在相对应的信息库里。

从 BLM 平台来看，建筑工程建设项目的生命期主要由两个过程组成：第一是信息过程，第二是物质过程。施工开始以前的项目策划、设计、招标投标的主要工作就是信息的生产、处理、传递和应用；施工阶段的工作重点虽然是物质生产，但是其物质生产的指导思想却是信息（施工阶段以前产生的施工图及相关资料），同时伴随施工过程还在不断产生新的信息（材料、设备的明细资料等）；使用阶段实际上也是一个信息指导物质使用的（维修保养等）过程。BLM 包括建筑物规划、设计、施工、运营、改造、拆除等全部过程中所有信息的大型数据库，为真正实现建筑工程全生命周期的建设和管理提供了技术支撑。如图 3-28 所示。

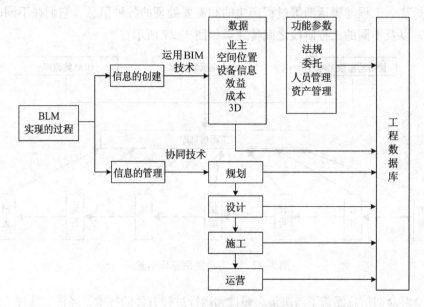

图 3-28 BLM 过程与工程数据库

BLM 工程数据库所涉及的工程基础数据种类繁多，本书所指的基础数据是与工程成本直接相关的实物量、价格、消耗量等数据，即工程项目的核心基础数据。价格动态数据库、企业定额数据库和 BIM 数据库，这三大基础数据库的建设将成为建筑信息化建设的核心内容。项目管理各条线不能及时准确获取项目核心基础数据是当前国内项目管理的困境所在，也是几十年来建筑业生产力难以提升的根本原因。工程基础数据库就是解决这个关键问题的信息化系统，是基础数据创建、积累、存取、共享、协同的支撑平台。其中：

1. 价格动态数据库

价格动态数据库是基于互联网的材料、机械设备、人工等动态数据的收集、分析和共享系统。价格信息积累具有自增长机制，以应对海量的产品种类、品牌种类、供应商数据，能自动分析中准价，有严格的授权控制体系。一个良好的价格动态数据库的作用：一是大幅提升采购员工工作效率。其中历史价格、供应商数据库、产品数据库都使采购人员的工作效率得到极大提升，一对多的询价工具可提高询价工作效率数倍提高。二是历史数据库共享带来企业巨大增值。

2. 企业定额数据库

企业定额数据库即企业消耗量指标数据库。消耗量指标体现了一个企业的项目管理水平，每个项目的材料、人工、机械消耗水平，是工程成本重大决定因素之一。企业定额数据库也是基于互联网动态数据库，能及时动态创建、管理维护和共享，能不断维护更新和增加数据以应对新材料、新工艺不断出现。企业定额数据库的作用：一是投标组价分析。

当前很多建筑企业还靠 20 世纪 90 年代的政府定额分析成本和组价投标，企业竞争力无从体现，恶性竞争因此得以加剧，因不清楚实际成本消耗而盲目压价比比皆是。二是项目全过程成本控制。应该如何签订分包价格，人和物消耗、损耗和成本控制如何制定标准，没有依据就处于盲目之中。

3. BIM 数据库

BIM 数据库是管理每个具体项目海量数据的创建、承载、管理、共享支撑的平台。企业将每个工程项目 BIM 模型集成在一个数据库中，即形成了企业级的 BIM 数据库。BIM 技术能自动计算工程实物量，因此 BIM 数据库自然包含量的数据。不仅如此，BIM 数据库可承载工程全生命周期几乎所有的工程信息，并且能建立起 4D（3D 实体＋1D 时间）关系数据库，这样的技术平台将真正带来项目管理的革命。BIM 数据库的作用：一是支撑项目各条线及时准确获取管理所需数据，数据粒度达到构件级。二是全企业范围内快速统计分析管理所需数据，实现单项目和多项目的多算对比，实现各管理部门对各项目基础数据的协同和共享。三是加强总部对各项目的掌控能力，为 ERP 提供准确基础数据，提升 ERP 系统价值。

【章后习题】

1. 分别从功能、特点、结构与类型方面描述工程管理信息系统。
2. 项目信息如何优化选择？
3. 工程管理信息系统分析为什么要对组织结构进行调查和分析？

【参考文献与延伸阅读】

[1] 李晓东，张德群，孙立新. 建设工程信息管理[M]. 北京：机械工业出版社，2009.
[2] 王要武. 管理信息系统[M]. 北京：电子工业出版社，2003.
[3] 徐云秋. 建设工程信息集成管理系统研究[J]. 民营科技，2010，(8)：29.
[4] 朱佑国，成虎. 建设工程信息集成管理系统研究[J]. 建筑管理现代化，2005，(5)：27-29.
[5] 胡寰，刘凤奎. 浅谈工程项目信息分类及编码体系研究现状[J]. 价值工程，2010，29(02)：225-226.
[6] 刘勇，沈吉. 工程项目信息分类及编码体系浅谈[J]. 施工技术，2006，35：11-13.
[7] 陈华宇. 工程信息编码的构建及其意义[J]. 中国档案，2011，(12)：53-54.
[8] 张腾. 企业信息分类编码管理系统的设计与实现[D]. 武汉：华中科技大学硕士学位论文，2009.
[9] 陈铮. 火电厂燃料供应系统工程项目进度管理[D]. 长春：吉林大学硕士学位论文，2014.
[10] 华均. 建筑工程计价与投资控制[M]. 北京：中国建筑工业出版社，2013.
[11] 赵雪锋. 建设工程全面信息管理理论和方法研究[D]. 北京：北京交通大学博士学位论文，2010.
[12] 胡晓明. 电子商务在建筑业的研究与应用[J]. 陕西理工学院学报：自然科学版，2006，22(6)：91-94.
[13] 楼巍. 电子商务对提升中国建筑企业竞争力的影响研究[D]. 杭州：浙江大学硕士学位论文，2012.
[14] 王红春. 建筑业电子商务体系研究[J]. 北京建筑工程学院学报，2008，24(2)：64-67.
[15] 王宇，赵清清，刘岩. 基于 BIM 技术的工程项目管理探讨[J]. BIM 与工程建设信息化—第三届工程建设计算机应用创新论坛文集，2011.
[16] 孙悦. 基于 BIM 的建设项目全生命周期信息管理研究[D]. 哈尔滨：哈尔滨工业大学硕士学位论文，2011.
[17] 林建坤. 高校基建工程管理信息流模型研究[J]. 建筑经济，2012，(11)：35-38.
[18] 张洋. 基于 BIM 的建筑工程信息集成与管理研究[D]. 北京：清华大学博士学位论文，2009.
[19] 范香. 中冶长天工程项目信息管理集成平台设计与实施研究[D]. 长沙：中南大学硕士学位论

文,2012.

[20] 乐云. 国际工程项目管理的前沿研究方向[J]. 建设监理, 2004,(6):78-80.

[21] 乐云, 马继伟. 工程项目信息门户的开发与应用实践[J]. 同济大学学报:自然科学版, 2005, 33 (4):564-568.

[22] 吴志东, 赵嵩正. 面向项目全生命周期和过程基准控制的 PMIS 功能模块结构设计和流程规划[J]. 西北工业大学学报:社会科学版, 2004, 24(3):56-60.

[23] 张乐. 房地产管理信息系统的设计与实现[D]. 北京:北京邮电大学硕士学位论文, 2011.

[24] 欧阳真. 工程项目管理信息化系统现状和发展趋势[J]. 有色冶金设计与研究, 2011, 32 (1):50-53.

[25] 张振军. 对工程项目管理信息化的发展趋势研究[J]. 中国建设信息, 2010,(14):48-51.

[26] 龙文志. 建筑业应尽快推行建筑信息模型(BIM)技术[J]. 建筑技术, 2011,(1):9-14.

[27] 杨宝明. 信息化路径探索与实践系列之四海量数据库多维构筑[J]. 施工企业管理, 2011,(4):96-97. BFQ

第四章　工程管理信息系统开发方法

【学习目的与要求】

本章主要从包括结构化生命周期法、原型法、面向对象开发方法、计算机辅助软件工程方法（CASE）在内的工程管理信息系统的基本开发方法来阐述工程管理信息系统开发方法，并要求学生能够针对实际工程合理选择工程管理信息系统的开发方法。

第一节　概述

对任何一个组织来说，建设一个与组织的目的、结构相适应的管理信息系统都是至关重要的。保证组织系统有效、完美达到预期目标的开发方法的选择是关系到管理信息系统能否成功的重要前提。因此，对工程管理信息系统的开发方法进行深入的了解、比对、选择，对提高系统开发成功率、降低开发成本有十分重要的意义，以下将介绍工程管理信息系统开发的常见问题及解决方法。

一、特点与原则

（一）工程管理信息系统的开发特点

工程管理信息系统作为一种对信息进行收集、处理、存储、维护、加工、传输与使用的系统，其开发过程具有显著特点。

1. 需求牵引

随着国内外市场竞争的加剧，信息必然成为组织的战略资源，组织必须运用先进的手段和方法来获取和利用信息资源，提高组织的竞争力。组织的这种潜在需求，必然推动和加速工程管理信息系统的开发。

2. 需要科学合理的管理

工程管理信息系统的开发有"三分技术、七分管理、十二分数据"之称，可见管理的重要性。只有在合理的管理体制、完善的规章制度、稳定的生产秩序、配套的科学管理方法和完整准确的原始数据的基础上，才能有效地开发工程管理信息系统，避免因管理不善而造成信息系统的开发不畅。

3. 系统的开发要因地制宜

工程管理信息系统的开发受到组织经营现状、管理基础、财力情况、管理模式、生产组织方式等多个因素的影响，不可能在短期内达到理想化水平，因此必须根据组织的实际情况，制定符合组织要求的开发策略。

4. 需要科学的结构和功能的分析

组织的管理模式、组织形式和运行机制决定工程管理信息系统的结构和功能。不同的组织、不同的时期，其工程管理信息系统的具体形式、功能需求及运行机制是不同的。例如，生产企业的功能可分为生产计划管理、材料计划管理、生产能力、财务管理、人事劳资管理、销售及客户管理、市场预测与决策支持等；娱乐休闲型酒店的功能可分为接待登记、点单、餐饮、财务、查询、部门及人员管理等。开发人员只有深入组织，调查分析，系统地了解用户的需求，才能开发出符合用户预期目标的系统。

5. 投资量巨大

开发一个工程管理信息系统必须投入大量的资金。投入费用包括购买计算机、网络通信设备等硬件费用，购买软件或开发系统等软件费用，以及运行与维护费用等。

(二) 工程管理信息系统的开发原则

工程管理信息系统的开发是一项系统而复杂的工作，没有一定的原则是很难达到预期效果的。在工程管理信息系统开发中应遵循以下原则：

1. 面向用户的原则

工程管理信息系统是为用户开发的，最终要交给用户使用，由用户通过运行并在使用后做出客观评价。因此，系统开发人员要使工程管理信息系统的开发获得成功，必须坚持面向用户，树立一切为了用户的思想。从总体规划到开发过程的每一个环节都必须站在用户的立场上，一切为了用户，一切服务于用户。

2. 四个统一的原则

工程管理信息系统的开发要做到四个统一，即"统一领导、统一规则、统一目标规范、统一软硬件环境"。"四统一"给系统开发人员和系统管理人员提出了共同遵守的准则，加强了系统开发过程的管理和控制，对提高系统开发质量和水平、缩短开发时间、减少开发费用、方便系统管理和维护等，都起到了重要的指导作用。

3. 信息工程原则

要用信息工程的方法来开发工程管理信息系统。由于工程管理信息系统的开发不仅涉及管理思想的转变、管理体制的变革、管理基础工作的健全，还涉及组织的整体状况、环境及经营管理和业务技术等许多方面，是一项内容繁多、覆盖面广、人机结合的系统工程。因此，必须从组织的全局和实际出发，制定组织工程管理信息系统的总体规划和设计，妥善处理当前和长远、实用性和科学性、现行管理和管理现代化三者之间的关系，统筹协调理想目标和实际目标、总体规划目标和子系统分目标、现行系统和目标系统之间的关系，从而保证工程管理信息系统的开发顺利进行。

4. 阶段性原则

工程管理信息系统开发过程要划分若干个工作阶段，明确规定各个阶段的任务和成果，制定各个阶段的目标和评价标准，由开发领导小组或技术负责人来对阶段性成果进行评审，发现问题及时提出修改方案，保证系统开发质量。值得注意的是，不能混淆工作阶段，如系统开发人员热衷于编制程序，在没有充分弄清系统需求之前就急于考虑机器的选型、网络的方案、系统软件的选择等，匆匆忙忙地购置、安装、调试后就开始了程序的编制工作，其结果必然造成各种资源的浪费、完成时间的推迟，甚至导致整个工程管理信息系统开发任务的失败。

5. 适用性和先进性原则

工程管理信息系统开发，既不能为了盲目追求技术的先进性而采取不成熟的技术，造成系统不能正常运行或运行不可靠、不稳定；也不能起点太低，采用过分落后的技术或简单的模仿手工，造成系统功能弱、性能差的现象。因此，在工程管理信息系统开发中应注重适用性与先进性相结合，一方面要把适用性放在第一位，满足现行管理的实际需求，尽快解决管理工作中的实际问题；另一方面要采用先进的管理思想和先进的技术，开发出功能全、起点高的系统。

6. 全员参与原则

工程管理信息系统的开发如果没有普及到所有相关成员，尤其是组织的管理者没有全部参与，那么工程管理信息系统的开发注定要失败。因为工程管理信息系统的开发与应用是一个技术性、政策性很强的系统工程，如系统的开发目标、环境改造、管理体制变革、机构重组、设备配置、人员培训等一系列重大问题，均需所有成员，尤其是组织的管理者参与和支持。

二、任务与策略

工程管理信息系统的开发是一项复杂的系统工程，涉及组织的内部结构、管理模式、生产加工、经营管理过程、数据的收集与处理过程、计算机硬件系统的管理与应用、软件系统的开发等各个方面。这就增大了开发信息系统的工程规模和难度，因此，需要研究出科学的开发方法和过程化的开发步骤，以确保整个开发过程能够顺利进行。

（一）工程管理信息系统开发的任务

从系统的观点出发，运用系统工程的方法，为建筑企业建立起提高企业管理决策能力的工程管理信息系统。其中工程管理信息系统开发的任务，就是开发一个能满足用户需要、高效并有力支持管理决策目标的、具有先进技术的工程管理信息系统。具体包括以下四个方面的任务。

1. 满足用户的需要

因为原来没有工程管理信息系统的帮助或旧系统不能满足要求的情况下，企业或组织不能更好、更快地发展，所以企业或组织才需要建立一个合理有效的工程管理信息系统。这就要求新建立的系统必须保证能够被用户所接受，并能为用户带来很好的体验和使用效果，实现用户的初衷。

2. 功能完善

一个开发成功的工程管理信息系统必须是功能完善的，能满足客户各种使用需求的。功能是否完善，是指系统能否覆盖组织的主要业务管理范围。同时，还表现在各部分接口是否完备，数据采集和存储格式是否统一，各部分是否协调一致。

3. 技术先进

一个新开发出来的工程管理信息系统必须是能适应当下科技发展的水平，并且能在一定时间段内不被社会淘汰。不能使一个系统刚开发出来就面临落伍或应用极短的时间后就被淘汰。要正确认识各种先进技术的优劣长短，根据组织的实际情况和未来的发展将其合理地运用到工程管理信息系统开发中去。保持先进性的同时，不要为了先进而采用最新但未经考验的技术。

4. 实现辅助决策

企业的工程管理信息系统服务于企业的管理，必须与企业的发展战略目标相一致。因此，工程管理信息系统就是根据企业管理的战略目标、规模、性质等具体情况，从系统的观点出发，为企业建立起提高管理决策效率及水平的辅助工具。许多组织的决策任务都非常复杂、耗时，因此，组织都需要能够帮助它们做出最佳决策的工程管理信息系统。

（二）工程管理信息系统开发的策略

开发工程管理信息系统曾采用过组织机构法、数据库方法等策略。组织机构法和数据库方法均因种种缺陷而被淘汰。目前常用的有"自下而上"的开发策略、"自上而下"的开发策略以及综合法。

1. "自下而上"的开发策略（DOWN-TOP）

"自下而上"的开发策略是从现行系统的业务状况出发，先实现一个个具体的功能，逐步由低级到高级建立工程管理信息系统。自下而上的方法首先是从研制各项数据处理应用开始的，然后根据需要逐步增加有关管理控制方面的功能。这种方法首先设计系统的构件，采用搭积木的方式来组成整个系统。其优点是可以避开大规模系统可能出现运行不协调的危险，但缺点是开发过程不会像事先计划的那么完全周密，系统构件之间的联系不强。由于缺乏从全局的角度考虑问题，在将来系统发展升级的过程中，往往要做出许多重大修改，甚至重新规划、设计。这种方法多用于指导小型企业的工程管理信息系统的开发，适用于对开发工作缺乏经验的情况。

2. "自上而下"的开发策略（TOP-DOWN）

"自上而下"的开发策略是从企业管理的整体进行设计，逐渐从抽象到具体，从概要设计到详细设计，体现了结构化的设计思想。该方法强调首先从组织管理的最顶层开始，为确保最顶层工作的完成，探索第二层的管理工作支持，从全面到局部、由长期到近期，依此类推来设计信息系统。这种开发策略是信息系统的发展走向集成和成熟的要求。整体性是系统的基本特性，系统由许多子系统构成，子系统又由许多功能模块组成，但它们又是一个不可分割的整体，缺少了某个子系统或者功能单元，都无法实现该系统的功能。

3. 综合法

"自上而下"的方法适用于一个组织的总体方案的制定，"自下而上"的方法适用于具体业务信息系统的总体设计。为了充分发挥以上两种方法的优点，人们往往将它们综合起来考虑，这就是综合法。如图4-1所示。

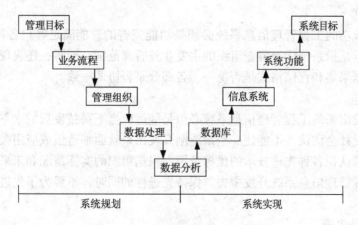

图4-1　综合法系统规划和系统实现过程

综合法通过对系统进行分析得到系统的逻辑模型，进而从逻辑模型求得最优的物理模型。逻辑模型和物理模型的螺旋式循环优化的设计模式体现了"自上而下"、"自下而上"相结合的设计思想。

116

三、开发生命周期

　　同任何事物一样，工程管理信息系统也要经历孕育、诞生、成长、成熟、衰亡等阶段，即工程管理信息系统的生命周期。把整个工程管理信息系统的生命周期划分为若干阶段，使得每个阶段有明确的任务，使规模大、结构复杂和管理复杂的系统开发变得容易控制和管理。通常，工程管理信息系统生命周期包括系统规划、系统分析、系统设计、系统实施、系统运行及维护等活动，可以将这些活动以适当的方式分配到不同的阶段去完成。其过程如图4-2所示。

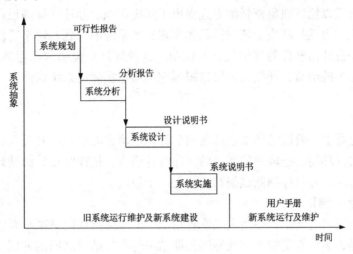

图4-2　工程管理信息系统的生命周期

（一）系统规划

　　1. 需求分析

　　需求分析阶段必须回答的问题是："需要解决的问题是什么？"如果不知道问题是什么就开发一个工程管理信息系统，显然是盲目的，只会白白浪费时间和金钱，最终得到的结果很可能是毫无意义的。尽管确切地定义需求的必要性是十分明显的，但是在实践中它却可能是最容易被忽视的一个步骤。

　　2. 可行性研究

　　这个阶段要回答的关键问题是："对于上一个阶段所确定的需求有行得通的解决办法吗？"为了回答这个问题，开发人员需要进行一次简化的系统分析和设计的过程，也就是在较抽象的高层次进行的分析和设计。

　　可行性研究应该比较简短，这个阶段的任务不是具体解决问题，而是研究问题的范围，探索这个问题是否值得去解，是否有可行的解决办法。可行性研究的结果是向用户提供是否建立这个系统的重要依据。一般说来，只有投资可能取得较大效益的项目才值得继续进行下去。可行性研究以后的那些阶段将需要投入更多的人力物力，及时中止不值得投资的项目，可以避免更大的浪费。

（二）系统设计

　　此阶段主要根据需求分析的结果，对整个系统进行设计，如系统框架设计，数据库设计等。系统设计一般分为总体设计和详细设计。好的系统设计将为软件及程序编写打下良好的基础。

1. 总体设计

系统开发人员应该使用系统流程图或其他工具描述每种可能的系统，估计每种方案的成本和效益，还应该在充分权衡各种方案利弊的基础上，推荐一个较好的系统（最佳方案），并且制定实现所推荐的系统的详细计划。如果用户接受开发人员推荐的系统，则可以着手完成下一步工作。

2. 详细设计

总体设计阶段以比较抽象概括的方式提出了解决问题的办法。详细设计阶段的任务就是把解法具体化，也就是解决应该怎样具体实现这个系统的问题。这个阶段的任务还不是编写软件，而是设计出软件的详细规格及说明。这种规格及说明的作用类似于工程蓝图，它们应该包含必要的细节，开发人员可以根据它们做出实际的系统软件。

（三）系统实施

1. 系统制作

系统制作是将上一阶段的详细设计落实到计算机语言的过程。开发人员应该根据目标系统的性质和实际环境，选取一种适当的程序设计语言，把详细设计的结果翻译成用选定的语言书写的程序，并且仔细测试编写出的每一个模块。

2. 系统的运行测试

系统的运行测试定义是：使用人工或者自动手段来运行或测试某个系统的过程。其目的在于检验它是否满足规定的需求或弄清预期结果与实际结果之间的差别。系统的运行测试是帮助识别开发完成的系统的正确度、完全度和质量的过程。测试并不仅仅是为了找出错误。通过分析错误产生的原因和错误的发生趋势，可以帮助开发人员发现当前系统开发过程中的缺陷，以便及时改进。测试通过后，系统就可验收上马。

（四）系统维护

维护阶段的关键任务是通过各种必要的维护活动使系统持久地满足用户的需要。通常有四类维护活动：改正性维护，即诊断和改正在使用过程中发现的系统错误；适应性维护，即修改系统以适应环境的变化；完善性维护，即根据用户的要求改进或扩充系统使它更完善；预防性维护，即修改系统为将来的维护活动预先做准备。

四、开发风险控制

（一）工程管理信息系统开发中的问题

1. 组织协调问题

在一些开发工程管理信息系统失败的企业中，有很多单位并非由于自身的资金、人力、管理基础等条件的限制，也不是由于开发人员的素质等问题，而是由于建设单位对系统开发工作本身的组织与管理不善。在工程管理信息系统的开发中，建设单位应加强以下几方面的组织、管理与协调：

1）开发单位的选择

通常合作开发的方式要优于企业单独开发的方式。一般来说，单靠一个企业的技术力量是不够的，事实上，单独开发所导致的低水平重复的弊病已经引起了广泛的注意。

2）开发队伍的选择

企业在开发工程管理信息系统时，应成立工程管理信息系统开发领导小组或相应的机构，并成立一个常设机构负责本单位工程管理信息系统的开发和运行。该组织必须有熟悉本单位生产经营活动的副职或更高级的领导直接参与和领导，这样才有协调本单位各主要部门的能力。开发队伍组织机构的合理性，与开发工作的成败密切相关。

2. 系统软件选择的问题

在系统建设中，技术人员担负着系统设计、实施的任务，当然是重要的，但是与用户相比毕竟处于从属地位。用户的需求是系统开发的出发点和最后归宿，他们最了解业务需求。系统投入运行后，他们是直接使用者，最了解系统的性能。他们是系统规划、实施和运行的决策者。系统建设过程中必然涉及传统管理体制改革，会与现行体制、机构、人员及具体业务产生冲突，因此，技术人员必须与管理决策人员进行充分的协调，选择适合用户的系统软件。

（二）风险的辨识

风险的辨识是指在信息系统开发之前对可能引起风险的因素和产生后果所进行的分析工作。它包括以下两项具体工作：

1. 风险的分类

（1）按风险的严峻程度可以分为两类：一般风险和严重风险。

（2）按风险来源的性质可分为五类：社会风险、经济风险、技术风险、公共关系风险、管理风险。

2. 风险因素的识别

风险因素的辨识实际上是以风险分类为基础，对各种风险因素的细划与归类，也就是要找出该项目将遇到的风险因素是什么，这是进行风险分析的前提。若按信息系统开发的风险来源性质进行各类风险的因素辨识，如图4-3所示。

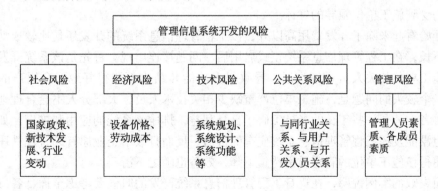

图4-3　工程管理信息系统开发的风险

3. 风险辨识的方法

由于风险辨识工作一般不要求对风险及其后果做出定量的估计，并且有些风险很难在短时间内用数学模型精确计算或用实验手段得到证实，所以风险辨识工作经常运用定性分析的方法。常有专家小组智暴法和专家咨询法。

（三）风险控制的内容

1. 健全管理组织

是指将一个项目看成一个整体，在信息系统开发的整个生命周期中建立相应的风险管理部门。这里的风险管理部门根据项目的大小和需要，可以独立组成，也可以由原项目管理部门兼顾风险管理的工作。风险管理的组织负责制定具体的风险管理政策、步骤、目的以及责任。这样有利于贯彻全过程风险管理的思想，并且避免了重复性工作，节约了信息系统开发的总成本。

2. 风险控制的方式

是指对风险分析做出的各种风险评价，制定出合适的管理方法。风险管理策略一般分为两大类：一类是采取旨在避免或降低风险发生的可能以及造成危害的策略，也称作风险控制策略；一类是采取旨在弥补风险可能产生的损失的策略，也称为风险融通策略。具体的风险管理策略有风险回避、转移、控制、投机与利用等五种方法。

（四）案例："风险管理"实例：某施工单位工程管理信息系统开发失败案例

建筑施工单位 A 是一个只有四五百人的小型企业，为提升企业管理水平，提高经济效益，于 2005 年决定向软件开发公司 B 采购一套工程管理信息系统。软件开发公司对该施工单位进行调研后，认为该企业目前规模尚小，有些管理人员计算机水平较低，且缺乏相关技术人员，因此不适宜立即全面开发 MIS，可先推行一些较为简单的子系统。但是，公司总经理决定马上开始 MIS 的全面开发。该公司总经理认为，不尝试新技术就难以大幅度提升公司管理水平。

经过了工程管理信息系统项目开发组建立、系统需求调研、系统方案规划、系统原型确定、软件开发（期间开发人员和施工单位相关人员沟通较少）、硬件设施购买、系统试运行等一系列工作后，整个工程管理信息系统如期完成。该工程管理信息系统由合同管理、成本管理、进度管理、风险管理、技术及专家知识库、营销管理、人力资源管理、综合办公、网络通信系统等模块构成。虽然由于超规模开发耗费了企业很多资金和人力，但验收时仍受到施工单位领导的好评。

刚开始看起来除了开发费用高以外，该工程管理信息系统的开发还是比较成功的，然而好景不长，在工程管理信息系统正式启用后，问题接连出现。首先是该系统开发过程中没有和施工单位相关人员详细沟通，导致很多功能和结构不能很好地配合用户的实际工作。另一个较大的问题是，施工单位严重缺少相关技术人员，大部分人不会合理地使用该系统。再者，公司一些年长的老员工碍于自身利益，排斥该系统的应用和推广。如此种种问题不但没能发挥工程管理信息系统应有的价值，反而打破了企业原有的管理秩序和自身优势，使得该施工单位的管理质量严重下降，效益也随之下滑。

上面失败的案例说明，在进行工程管理信息系统开发的时候要考虑全面，各方面的问题统筹解决。其中很重要的一点就是开发风险的控制。例如，该施工单位应考虑系统开发过程中的管理风险，用户应和开发人员进行详细有效的沟通，确认系统的相关结构和功能细节；同时，用户应考虑企业的现状究竟适合哪种层面和类型的工程管理信息系统，避免因盲目跟风而采用大规模或超前的技术，既浪费了大量资金和人力，又阻碍了企业的发展。

第二节　基本开发方法

系统开发问题，直接影响到整个计算机辅助管理工作的成败。系统开发和采用何种方式进行系统开发、如何组织开发过程是一个管理信息系统能否成功的关键所在。

一、开发的基本思想

工程管理信息系统开发的基本思想有四点：系统工程的思想、面向用户的思想、严格划分工作阶段的思想和系统标准化的思想。

(一) 系统工程的思想

根据企业管理的目标、内容、规模、性质等具体情况，从系统的观点出发，运用系统工程方法论，按系统发展规律建立和实现企业管理信息系统。

1. 系统的整体性

将企业作为一个系统整体来进行分析，同时考虑和兼顾企业中各个业务部门的相互联系、相互制约，充分注意各个信息之间的沟通及信息共享。

管理信息系统由多个子系统组成。它们并不是彼此孤立的，而是相互联系的一个有机整体，只有通过子系统之间的密切联系和相互配合，系统的总目标才能得以实现。因此在系统开发中首先要注意的不是各子系统的内部，而是为实现系统总目标和整体优化所必需的子系统之间必要的联系和配合。这一思想也同样适用于每个子系统的分析与设计。

2. 系统的目的性

企业管理信息系统要紧紧围绕企业的发展、现代化管理的目标而规划、设计、建立和运行。每一步骤和环节都要紧扣整个系统开发的目的，防止偏颇。

3. 系统的适应性

企业管理信息系统的建立要充分考虑我国的国情，在软硬件设置上要具有一定的适应性，以便当计算机软硬件更新换代，或者企业管理体制、管理模式、经营范围等因素发生变化时能进行相应的调整。

(二) 面向用户的思想

系统开发人员必须牢记，用户的要求或者说管理工作的要求是开发管理信息系统的出发点和归宿。系统成功与否取决于它能否承担起实际的管理业务，能否提高管理效率以及能否给企业带来经济效益。因此，系统开发要着眼于提高用户的效率而不是计算机的效率，这二者虽然有关系，却并不是完全一致的。

1. 面向用户

为了设计出用户满意的系统，系统开发前，首先要全面了解用户需求，明确用户面临的问题以及怎样解决这些问题。系统的开发过程中要始终与用户保持密切的接触，认真地向各级管理人员了解具体的管理业务和有待改进的地方，采纳他们合理的建议和要求。同时应不断地向管理人员介绍系统开发的进展情况，重要问题应与用户相关人员磋商并取得一致意见。总之，系统开发人员与用户间的真诚合作是系统成功的关键因素。

2. 采用直观的工具来刻画系统

由于系统开发队伍的专业构成复杂，他们各自担任的工作不同，因此在系统开发人员的内部也存在同样的问题。解决这个问题的方法是采用一些能够明确地描述和刻画系统的直观工具，这些工具的采用有利于用户与开发人员之间，以及从事系统开发的各类专业人员之间的思想交流，避免由于表述不清产生误解而造成不必要的损失。

(三) 严格划分工作阶段的思想

必须将系统开发的整个过程严格地区分为几个阶段，为每个阶段规定明确的任务和应取得的成果，这一思想贯穿于系统开发的全过程。混淆工作阶段的种种做法，例如系统分析未完成之前就匆忙地选机型、确定硬件配置，应用软件的结构确定之前就开始编写程序等，表面上看起来似乎工作进展很快，实际上必将返工，造成人力、物力不必要的浪费，其结果只能是欲速则不达。

（四）系统标准化的思想

系统开发中所有信息代码要尽量采用国标或部标，没有标准的部分，应编制相当的代码标准。开发各个阶段的文档资料应按照统一的要求编制，并提交给用户，以便用户的使用和日后的维护。

二、结构化生命周期法

（一）结构化生命周期法的基本思想

结构化生命周期法又称结构化系统开发方法，要求信息系统的开发工作划分阶段与步骤，规定每一阶段的工作任务与成果，按阶段提交文档，在各阶段按步骤完成开发任务。

1. 结构化生命周期法的基本思想

结构化生命周期法的基本思想是：用系统工程的思想和工程化的方法，按用户至上的原则结构化、模块化，自顶向下地对系统进行分析与设计。具体来说，就是先将整个信息系统开发过程划分为若干个独立的阶段，然后各阶段严格按步骤完成开发任务。

2. 系统开发的生命周期

任何系统都会经历一个发生、发展、成熟、消亡、更新换代的过程，这个过程称为系统的生命周期。在结构化的系统开发方法中，管理信息系统的开发应用，也符合系统生命周期的规律。生命周期法的基本思想要求将信息系统的开发工作划分阶段与步骤，各阶段中按步骤完成开发任务，一般认为将整个开发过程分为几个首尾相接的工作阶段，称之为系统开发的生命周期，如图4-4所示。

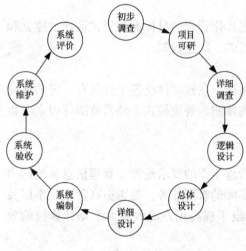

图4-4　系统开发的生命周期

（二）系统开发生命周期各阶段的主要工作

1. 系统规划阶段

系统规划阶段是根据用户的系统开发请求，系统开发人员进行初步调查、明确问题，确定系统目标和总体结构，确定分阶段实施进度，然后进行可行性研究。系统开发人员将组成专门的新系统开发领导小组，制订新系统开发的进度和计划，提交可行性分析报告。该阶段虽不属于系统分析与设计的正式工作阶段，但是不可缺少的重要阶段，它决定了项目是否启动。

2. 系统分析阶段

系统分析阶段是新系统的逻辑设计阶段。系统分析员在对现行系统进行调查研究的基础上，使用一系列的图表工具进行系统的目标分析，分析业务流程，分析数据与数据流程，分析功能与数据之间的关系，划分子系统以及功能模块，构造出新系统的逻辑模型，确定其逻辑功能需求，交付新系统的逻辑设计说明书。系统分析也是新系统设计方案的优化过程。数据流程图是新系统逻辑模型的主要组成部分，它在逻辑上描述新系统的功能、输入、输出和数据存储等，从而摆脱了所有的物理内容。

3. 系统设计阶段

系统设计阶段又称为新系统的物理设计阶段。系统分析员根据新系统的逻辑模型进行物理模型的设计，具体选择一个物理的计算机信息处理系统。这个阶段的任务是总体结构设计、代码设计、输入/输出设计、模块设计，根据设计要求购置与安装一些设备，进行试验，最终给出设计方案。

系统设计与系统分析阶段的不同在于：后者指出要做什么，它并不关心在什么信息技术的支持下完成，而前者解决如何做，即技术方案，它要考虑采取什么信息技术，因此在该阶段需要相关人员具有更多的信息技术方面的知识，而不强调管理理论知识，用户参与程度要低于在系统分析的参与度。

4. 系统实施阶段

系统实施阶段是新系统付诸实施的实践阶段，主要是实现系统设计阶段所完成的新系统物理模型。为了保证程序和系统调试顺利进行，硬、软件人员首先要进行计算机系统设备的安装和调试工作。程序员根据程序模块进行程序的设计和调试工作。为了帮助用户熟悉、使用新系统，系统分析人员还要对用户及操作人员进行培训，编制操作手册、使用手册和有关说明。

5. 系统运行、维护和评价阶段

系统的维护和评价是系统生命周期的最后一个阶段，也是很重要的阶段，新系统是否有长久的生命力取决于此阶段的工作。这一阶段的任务是进行系统的日常运行管理、评价、建立审计三部分的工作，然后分析运行结果。

以上全过程就是系统开发的生命周期。在每一阶段均有小循环，在不满足要求时，就返回到起点。

（三）结构化生命周期法的特点

1. "自上而下"整体性的分析与设计和"自下而上"逐步实施相结合

对于大型的信息系统的开发，应该首先"自上而下"地进行项目的整体规划，再"自下而上"地逐步实现各子系统的应用开发。生命周期法强调自顶向下整体性的分析和设计与自底向上的逐步实施相结合。在系统规划、分析和设计阶段，坚持自顶向下地对系统进行结构化划分。在系统调查和理顺管理业务时，应从宏观整体考虑入手，先考虑系统整体的优化，然后考虑局部的优化问题。在系统实施阶段，则应坚持自底向上的逐步实施，也就是说，组织人力从最基层的模块做起（编程），然后按照系统设计的结构，将模块拼接到一起进行调试，自底向上逐渐构成整体系统。

2. 用户至上的原则

信息系统的最终目的是为用户服务的，系统是要交付给管理人员来使用的。系统的成功与否取决于系统是否符合用户的需要。管理人员的要求是研制工作的出发点和归宿。用户对系统开发的成败是至关重要的，所以在系统开发过程中要面向用户，充分了解用户的需求和愿望，开发过程中始终与用户保持接触，加强联系，并不断让用户了解系统研制的进展情况，核准研制工作方向。

3. 严格区分了各工作阶段的任务

它强调的另一个观点是严格区分开发阶段，强调一步一步地严格进行系统分析和设计，每一步工作都及时总结，发现问题及时反馈和纠正，从而避免了开发过程的混乱状态。它是一种目前被广泛采用的系统开发方法，适合大型信息系统的开发。

三、原型法

原型法是随着计算机软件技术的发展，特别是在关系数据库系统、第四代程序生成语言和各种系统开发环境形成的基础之上提出的一种从设计思想、工具到手段都全新的系统开发方法。

（一）原型法的基本思想

原型法是指系统开发人员在初步了解用户的基础上，借助功能强大的辅助系统开发工具，快速开发一个原型（初始模型），从而使用户尽早地看到一个真实的应用系统。在此基础上，利用原型不断提炼用户需求，不断改进原型设计，直至使原型变成最终系统。原型法的基本思想是：（1）并非所有的需求在系统开发以前都能准确定义；（2）提供快速的系统建造工具；（3）快速地建立实际的、可供用户参与的系统模型；（4）系统开发中再进行反复修改，直到达到用户满意的效果。

这种方法是为了快速开发系统而推出的一种开发模式，旨在改进传统的结构化生命周期法的不足，缩短开发周期、减少开发风险。与前面介绍的生命周期法相比，原型法扬弃了那种周密细致的调查分析，然后逐步整理出文字档案，最后才能让用户看到结果的繁琐做法。

原型法强调用户的参与，将模拟手段引入系统分析的初期阶段，特别是对模拟的描述和系统运行功能的检验，都强调用户的主导作用。用户全过程参与系统开发，消除了心理负担，可以提高对系统功能的理解，有利于系统的移交、运行和维护。

（二）开发过程

原型法的开发过程是，首先建立一个能反映用户基本需求的原型，让用户实际看到新系统的概貌，以便判断哪些功能符合要求，哪些需要改进。通过对原型的反复修改，最终建立符合用户要求的新系统。原型法的开发流程是一个循环的、持续改善的流程，其开发流程如图4-5所示。

原型法在建立新系统时可分为下述四个阶段：

1. 确定用户的基本需求

通过初步调查，确定用户的基本需求，这时的需求可能是不完全的、粗糙的，但也是最基本的，如系统功能、数据规格、结果格式、屏幕及选单等。系统开发人员与用户通过展示软件对话操作，讨论确定系统的基本信息需求、数据元素及其相关关系的说明，弄清用户的期望和估算研制原型的花费、定

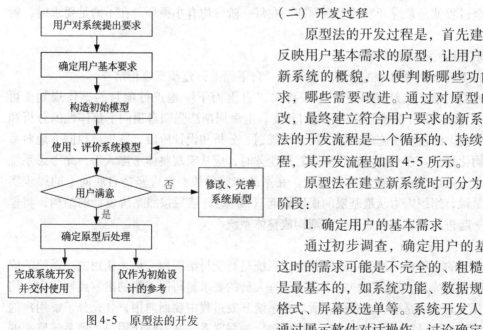

图4-5　原型法的开发

义需求，从而尽快开始构造原型。

这个阶段的主要任务是：讨论构造原型的过程；写出简明的骨架式说明性报告，反映用户的信息需求方面的基本看法和要求；列出数据元素和它们之间的关系；确定所需数据的可用性；概括出业务原型的任务并估计其成本；考虑业务原型的可能使用。

用户的基本责任是根据系统的输出来清晰地描述自己的基本需要。设计者和用户共同负责规定系统的范围，确定数据的可用性。设计者的基本责任是确定现实的用户期望，估计开发原型的成本。这一阶段的中心是：用户和设计者定义基本的信息需求，讨论的焦点是数据的提取、过程的模拟。

2. 开发初始原型

开发者根据用户基本需求开发一个应用系统软件的初始原型，初始原型不要求完全，只要求满足用户的基本需求，系统设计人员采用第四代语言环境进行开发，在开发的过程中可以忽略最终系统在某些细节上的要求，如安全性、健壮性、异常处理等。

开发初始原型，主要考虑原型系统应充分反映待评价系统的功能和特性，可暂时忽略一切次要内容。例如，如果构造原型的目的是确定系统输入界面的形式，可以利用输入界面自动生成工具，由界面形式的描述和数据域的定义立即生成简单的输入模块，而暂时不考虑参数检查、值域检查和处理工作，从而尽快地把原型提供给用户使用。如果要利用原型确定系统的总体结构，则忽略转储、恢复等维护功能，使用户能够通过运行菜单来了解系统的总体结构。

本阶段的主要任务是建立一个能运行的交互式应用系统来满足用户的基本信息需求。在这一阶段主要由系统分析和设计人员负责建立一个初始原型，其中包括与设计者的需求及能力相适应的对话，还包括收集用户对初始原型的反应的设施。

3. 对原型进行评估

让用户亲自使用原型，对原型进行检查、评价和测试，用户使用原型系统后，会很快发现原型存在的缺点和不足，提出改进的意见，同时在系统的启发下，还可能提出新的需求。这一步的目的主要在于让用户发现原型系统所存在的问题，它是加强用户和分析设计人员之间的沟通、发现问题、消除误解的重要阶段。

4. 修正和改进原型

开发者根据用户试用及提出的问题，与用户共同研究确定修改原型的方案，经过修改和完善得到新的原型，然后试用、评估、再修改完善，反复进行多次直到形成一个用户满意的系统。

四、面向对象开发方法

面向对象的开发方法是一种综合运用对象、类、继承、封装、聚合、消息传送、多态性等概念来构造系统的开发方法。面向对象开发包括以下过程：

1. 系统调查和需求分析

对系统将要面临的具体管理问题及用户对系统开发的需求进行调查研究，弄清要干什么。

2. 面向对象分析

在系统调查资料的基础上，从问题域中抽象地识别出对象及其行为、结构、属性、方法等，即分析问题的性质和求解问题。

在用面向对象分析的方法具体分析一个事物时，大致上遵循如下五个基本步骤：

第一步、确定对象和类。对象是对数据及其处理方式的抽象，它反映了系统保存和处理现实世界中某些事物信息的能力。类是对多个对象的共同属性和方法集合的描述，它包括对如何在一个类中建立一个新对象的描述。

第二步、确定结构。这里的结构是指问题域的复杂性和连接关系。类成员结构反映了泛化—特殊关系，整体—部分结构反映整体和局部之间的关系。

第三步、确定主题。这里所说的主题是指事物的总体概貌和总体分析模型。

第四步、确定属性。这里所说的属性就是数据元素，可用来描述对象或分类结构的实例，在对象的存储中指定。

第五步、确定方法。这里所说的方法是在收到消息后必须进行的一些处理方法。对于每个对象和结构来说，那些用来增加、修改、删除和选择的方法本身都是隐含的，而有些则是显示的。

五、计算机辅助软件工程方法（CASE）

CASE 是一种自动化或半自动化的方法，能够全面支持除系统调查外的每一个开发步骤。严格地讲，CASE 只是一种开发环境而不是一种开发方法。它主要在于帮助开发者产生出开发过程中的各类图表、程序和说明性文档。它是 20 世纪 80 年代末从计算机辅助编程工具、第四代语言（4GL）及绘图工具发展而来的。目前，CASE 仍是一个发展中的概念，各种 CASE 软件也较多，没有统一的模式和标准。采用 CASE 工具进行系统开发，必须结合一种具体的开发方法，如前文所提及的结构化系统开发方法、面向对象方法或原型化开发方法等，CASE 方法只是为具体的开发方法提供了支持每一过程的专门工具。因而，CASE 工具实际上把原先由手工完成的开发过程转变为以自动化工具和支撑环境支持的自动化开发过程。CASE 特点大致如下：

（1）解决了从客观对象到软件系统的映射问题，支持系统开发全过程；

（2）自动检测方法提高了软件质量和软件重用性；

（3）简化了软件开发的管理和维护；

（4）加速了系统开发过程，功能进一步完善；

（5）自动生成开发过程中的各种文档。

六、各种开发方法比较

本章介绍过了结构化生命周期法、原型法、面向对象法、计算机辅助软件开发法等常用的系统开发方法。需要指出的是，任何一种开发方法都不可能是万能的，在实际的开发过程中，应当根据各种方法的特征，针对用户的实际情况，扬长避短，选用一种相对合理的开发方法。

（一）选择开发方式设计的因素

开发方法选择涉及的因素很多，主要因素包括：

（1）系统应用的特点：系统需求、系统的应用类型、系统的难点和复杂性等。

（2）开发方法的特点：各种开发方法的优缺点、适用场合、应用的假设条件等。

（3）可利用的资源：①人力资源：系统开发人员的水平和情况、用户的水平和情况。②时间、资金等方面的约束条件。③CASE 工具的应用。

（二）各种开发方法的比较

以下对 4 种常用的管理信息系统开发方法做了简要的对比，按表 4-1 确定。

4 种常用开发方法简要对照表　　　　　　　　　　　表 4-1

开发方法	基本特征	优点	缺点
生命周期法	按部就班的正规开发；有完整的技术文档和严格的审批制度；用户参与程度有限	开发可控性强，适用于大型的复杂的信息系统的开发	耗时长、成本高、修改难、技术文档量大
原型法	通过原型系统导出用户需求；用户与开发人员的交流较多；快速、非正式、迭代	快速、低成本；鼓励用户参与开发；适合用户需求不定、人机界面重要且复杂的场合	不适合大型、复杂系统；可能忽视系统分析；文档与测试不严格
面向对象法	利用工具围绕对象进行开发	开发过程符合人类思维习惯，直接指向对象，节省中间环节	对软件和技术人员要求高，复杂的系统难以抽象
计算机辅助软件工程法	商业化的系统开发平台，有大量开发工具可用	减轻了系统设计、编程、安装和维护的工作量；对于通用的管理业务可以节约开发时间和成本	不能满足用户特异性需求；功能或用户终端数增加时，成本和工作量将迅速增加

综上所述，只有结构化系统开发方法与面向对象开发方法才是真正能较全面支持整个系统开发过程的方法。其他方法尽管有很多优点，但都只能作为结构化系统开发方法与面向对象开发方法在局部开发环节上的补充，暂时都还不能替代其在系统开发过程中的主导地位。这里需要强调这几种方法并不是相互独立的，对于同一个管理信息系统的开发，这几种方法是经常混合使用的。

七、案例分析

（一）案例 1："生命周期法"和"原型法"结合的案例：A 建筑公司管理信息系统

针对 A 建筑公司的业务流程、组织结构、施工形式以及用户的需求，采用结构化生命周期法和原型法相结合的开发方法。在系统规划阶段主要采用结构化生命周期法，在系统实现阶段采用原型法。

A 建筑公司管理信息系统的开发过程分为三个阶段和五个步骤，具体如图 4-6 所示。

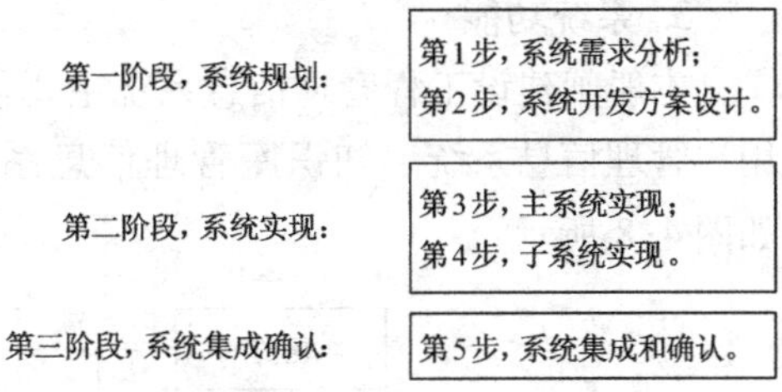

首先，对 A 建筑公司进行系统的调研，明确系统开发的主要目标，确定用户的需求定义。然后，在需求分析的基础上，对系统加以规划，确定 A 建筑公司管理信息系统的主系统以及招标投标管理系统、合同管理系统、成本管理系统、进度管理系统、质量管理系统、人力资源

第一阶段，系统规划：　第1步，系统需求分析；第2步，系统开发方案设计。

第二阶段，系统实现：　第3步，主系统实现；第4步，子系统实现。

第三阶段，系统集成确认：第5步，系统集成和确认。

图 4-6　A 建筑公司管理信息系统的开发过程

管理系统、材料管理系统、财务管理系统、网络通信管理系统等子系统，如图 4-7 所示，根据系统的方案和结构，选择系统原型并修改成公司可用的系统。最后，不断地和用户交流意见，对整个系统进行修正、测试和验收。

此外，需要强调的是在系统的设计与实施过程中，要以公司的使用为主，并注意用户界面的友好性。因为管理信息系统最终的目的是有利于公司的管理，而用户界面是用户使

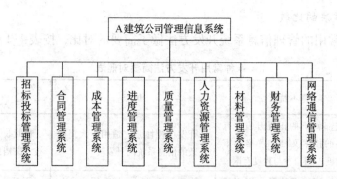

图4-7 公司管理信息系统构成

用系统时唯一可以直观感受的部分。所以系统的易用性和界面友好性是软件质量评价的重要因素。

从后期系统的使用效果来看,管理信息系统节约了部分纸质资料和人力资源,提升了材料及设备的物流水平,更重要的是提升了公司的整体运营水平和项目效益,体现了管理信息系统的应用价值。

(二)案例2:"工程管理信息系统"开发案例:江苏刘集船闸建设工程管理信息系统的开发

1. 开发背景

江苏刘集船闸是重要的水运基础设施。该船闸工程建设项目具有投资大、建设周期长、牵扯专业门类广、签订合同多,涉及数据量大。而当时市场上还没有现成可用的计算机软件系统。因此有关单位组织了工程建设管理信息系统。

2. 开发原则

通过分析船闸工程建设中的建设范围、投资、进度、质量、物资、人员、合同、工作及信息流程,决定了以原型法为主体,以周期法为指导,以 CASE 法和面向对象法为辅助开发出适合此次工程建设的管理信息系统。在建设方、监理方和施工方三者之间的关系和系统工作范围的划分上,明确以建设方为主,同时满足监理工作需要。

3. 系统功能

本船闸建设工程管理信息系统主要包括业主管理信息系统、文档管理信息系统,辅以用户管理信息系统、知识库管理信息系统、WEB 模块,并为监理管理子系统提供接口,如图4-8所示。

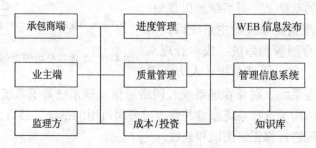

图4-8 船闸建设工程管理信息系统结构

（1）业主管理子系统：为业主提供船闸建设工程中发生的投资、进度、质量的信息查询和统计及必要的数据分析，提供决策依据。

（2）文档管理信息系统：管理在船闸建设过程中需要处理的一系列文档，包括工程简报、会议纪要、工程计划、工程信息、监理月报、合同文件、工程照片、工程质量报表等。

（3）用户管理：供系统管理员使用，以查看系统的功能结构，设置用户的组别、属性及权限等。

（4）知识库管理：根据船闸工程项目分解的特点，建立了工程框架的概念，用于维护船闸工程项目工程分解模板。

（5）WEB 信息发布：用户随时随地都能通过网络迅速查阅基本工程建设情况和相关文件，方便快捷。

4. 系统的实现

本系统以现代项目管理理论为基础，以业主、监理的集成化管理为目标，结合 C/S 和 B/S 模式，在 ORA-CLE 大型网络数据库系统平台上，用 JAVA 和 C＋＋ BUILDER 等开发工具，全面实现了船闸建设工程管理中的投资管理、进度管理、质量管理、合同管理及文档管理。

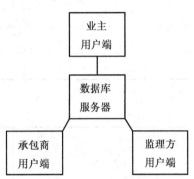

图 4-9　网络拓扑示意图

5. 系统的运行和维护

系统运行初期，由于软件需要进行调优、除错，现场环境没有完全搭建起来，进行了一段时间的单机运行阶段。开始联网运行后，除由于网络病毒干扰，网络处于瘫痪状态外，系统开始连续正常运行。现场运行网络拓扑示意如图 4-9 所示。

（三）案例 3：“面向对象法”应用案例：某水利水电工程概预算系统的开发过程

1. 系统需求分析

水利水电工程概预算系统需求分析有：（1）数据库建立：建立工程定额数据库、材料库和设备库等。（2）数据库操作：对建立的数据库进行查询、添加和修改。（3）数据初始化处理：各种计算表及汇总表的初始化。（4）表格数据计算及汇总处理：根据水利水电工程概预算编制办法和编制原则，形成各种计算表及汇总表，并能够选择打印其中规定格式的任意或多个表格。

2. 层次分析及模型建立

1）对象（类）分析

水利水电工程概预算系统中初始的部分类（对象）为：建筑工程定额库、安装工程定额库、材料库、设备库、建筑工程单价计算、安装工程单价计算、建筑工程单价汇总表、安装工程单价汇总表、材料价格计算、材料价格汇总表、设备价格计算等。

2）属性层分析

标识属性是对已识别的对象（类）作进一步说明。系统的一些对象（类）的属性及部分实例按表 4-2 确定。

3）动态关系层分析

系统内必须建立对象之间的动态关系，表示为对象所执行的命令以及对象之间传递的消息。建立动态关系时要说明所标识的各种对象是如何共同协作，使整个系统运作起来的。该系统中的部分类（对象）的服务按表4-3确定。

系统的对象（类）的属性及部分实例　　　　　　　　　　表4-2

类 属性及实例 序号	一般混凝土	材料计算	建筑工程预算表
1	材料代号	材料代号	项目名称
2	级配	材料原价	工程量
3	砂子预算量	材料运杂费	单价
4	石子预算量	材料合价	合价
5	水预算量		

系统部分类（对象）属的服务　　　　　　　　　　表4-3

类 服务 序号	建筑工程单价计算	表格打印
1	得到工程单价号	得到表格名称
2	在定额库中查找定额号	
3	从定额库中得到相关数据	

4）结构层分析

在分类结构中，组装结构表示聚合，即具有属于不同类的成员聚合而形成的新类，水利水电工程概预算系统中的组装关系如图4-10所示。

5）主体层分析

面向对象的概念模型相当大，是一个包含大量类和对象的平面图。通过对主体的识别，可以让人们比较清晰地了解大而复杂的模型。对于面向对象分析模型，主体表示此模型的整体框架。根据水利水电工程概预算系统的需求，可将该系统划分为基础数据库、表格计算和表格打印三大主体，如图4-11所示。

6）程序编写

在用以上分析方法分析了水利水电工程概预算系统之后，就可以进行具体的程序编写，开发出水利水电工程概预算系统。

7）系统验收及评价

在系统程序编写过程中及交付后，都需要开发人员和用户之间进行充分的交流，使得系统符合用户的要求，顺利验收。使用系统后，用户对系统进行合理评价，出现问题的需要开发人员进行维护和维修。

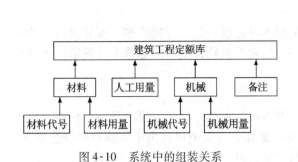

图4-10 系统中的组装关系

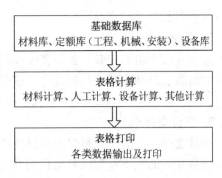

图4-11 系统主体层次划分

第三节 开发的项目管理

工程管理信息系统的开发建设是一类项目，应该用项目管理的思想来管理。项目管理的目的是进度快、质量好、成本低的有机统一。当一个项目的范围被确定下来，其管理就演变为质量、进度与成本三者关系的问题。

工程管理信息系统的建设就属于一种项目建设，因为信息系统的建设符合项目的几个特点：工程管理信息系统的建设是一次性任务，有一定的任务范围和质量要求，有时间或进度的要求，有经费或资源的限制；工程管理信息系统具有生命周期，与项目周期一致。所以，工程管理信息系统的建设也是一类项目的建设过程。

一、组织机构与分工

（一）建立组织结构的必要性

要想保证工程管理信息系统开发工作能够顺利启动，首先要建立项目的组织机构——项目组。项目组可以由负责项目管理和开发的不同方面的人员组成，由项目组长或项目经理来领导。一般来说，可以根据项目经费的多少和系统的大小来确定相应的项目组，在建立项目组时要充分利用每个成员的特长，坚持将正确的开发方法贯穿始终。

（二）组织机构的构成及分工

1. 项目经理（组长）

项目经理（组长）是整个项目的领导者，其任务是保证整个开发项目的顺利进行，负责协调开发人员之间、各级最终用户之间、开发人员和广大用户之间的关系。同时拥有资金的支配权，可以把资金作为强有力的工具来进行项目管理。对项目经理的资金运用情况可采用定期向上级汇报等方法进行合理监督。

项目经理在实施项目领导工作时，要时刻注意所开发的系统是否符合最初制定的目标、在开发工作中是否运用了预先选择的正确开发方法、哪些人适合做哪些工作等。只有目的明确、技术手段合适、用人得当，才能保证系统开发的顺利进行。

对于小型项目，项目经理可以独立进行工作，直接管理各类技术开发人员，必要时可以求得外部机构的支持；对于中型项目，应划分出各个任务的界限，由不同的人去管理，项目经理通过这些人来实施各项管理工作；对于大型项目，应有专门的管理机构进行辅助管理，项目经理应保证其思想的实施，并通过管理机构对开发技术人员的工作实施管理，同时注意对其产品的审核。

2. 管理小组

过程管理小组的任务是负责整个项目的成本及进度控制、配置管理、安装调试、技术报告的出版、培训支持等几项任务。这是一个综合性机构，用以保证整个开发项目的顺利进行。

3. 项目支持小组

项目支持小组的任务是保障后勤支持，及时提供系统开发所需要的设备、材料，负责进行项目开发的成本核算以及合同管理、安全保证等。大型项目由于其涉及的资金巨大、开发人员众多、材料消耗多，尤其要进行科学的管理。

4. 质量保证小组

质量保证小组的任务是及时发现影响系统开发的质量问题并给予解决。问题发现越早，对整个项目的影响越小，项目成功的把握就越大。

5. 系统工程小组

由于信息系统开发是一项系统工程，因此可以按照工程的一般特性，用系统的观点制定出各个阶段的任务。这是系统工程小组的工作职责，即将整个开发过程按阶段划分出若干个任务，规定好每个任务的负责人、任务的目标、检验标准、完成任务的时间等。只有明确好每一项任务的责、权、利，才能使得开发工作顺利进行。

6. 系统开发测试小组

系统开发测试小组的任务是充分利用系统开发的一些关键技术、开发模型以及一些成熟的商品软件从事各子系统的开发与集成，并对各子系统进行测试。这是整个开发项目的关键，因此要组织好测试小组的成员，并采用统一的方法和标准进行工作。

7. 系统集成与安装测试小组

系统集成是对整个信息系统进行综合的过程，该小组成员在充分注意软件和硬件产品与所开发的信息系统之间的结合、注意最大限度地保证系统可靠性及发挥系统的最高效率的前提下，完成信息系统的软件和硬件等各方面的集成，并做好整个系统的测试与安装调试工作。

二、项目管理

(一) 信息系统项目管理的必要性

1. 从系统的观点进行切合实际的全局安排，使得预期的多目标能达到最优的结果

管理信息系统是个投资较大、建设周期较长的系统工程，要重点考虑各分项目之间的关系与协调、众多资源的调配与利用。在此基础上制定出切实可行的计划，避免不必要的返工或重复劳动，也避免对能力估计不足而导致计划不能执行。

2. 为估计人力需求提供依据

在项目的计划安排中，对软件的工作量做了估计，需要什么级别的软件开发人员，系统的设计与编程的工作量是多少，对硬件的安装调试，对使用人员的配置都有详细的要求，以便对系统建设的人力的需要提出一个比较准确的数字。同时，可以通过计划的执行来考查各级人员的素质及效率。

3. 能通过计划安排来进行项目的控制

当制定了项目执行的日程表后，就可以定期检查计划的进展情况，分析拖延或超前的

原因，决定如何采取行动或措施，使其回到计划日程表上来。同时系统追踪记录各项目的运行时间及费用，并与预计的数字进行比较，以便项目管理人员为下一步行动做出决策。

4. 提供准确一致的文档数据

项目管理要求事先整理好有关基础数据，使每个项目的建设者都能使用同一文件及数据。同时，在项目进行过程中生成的各类数据又可为大家所共享，保证项目建设者之间的工作协调有序。

(二) 信息系统项目管理的主要内容

1. 任务管理

将整个开发工作划分成一个个较细的任务，并将这些任务落实到人或各个开发小组，明确工作责任，使开发工作有序、高效地进行。划分任务时，应该按统一的标准进行，包括任务内容、文档资料、计划进度、验收标准等。还要根据任务的大小、复杂程度以及所需软硬件等方面进行资金划分。在开发过程中，各开发小组、参与者之间如何协调，需要哪些服务支持和技术支持等，都应在划分任务时予以明确。

2. 计划安排

任务划分后，还要制订详尽的开发计划表，包括配置计划、软件开发计划、测试评估计划、质量保证计划、安全保证计划、安装计划、培训计划、验收计划等。这些计划表的建立应该尽可能地考虑周全，不要盲目制定不切实际的结束时间，也不要在开发过程中随意增加项目内容。

3. 经费管理

经费管理是项目管理中的一个重要因素。经费管理得好，可以促进开发工作的进展，在经费管理中，重要的是制定好经费开支计划，包括各任务所需的资金分配、系统开发时间表及相应的经费开支、各任务可能出现的超支情况及应付办法等。在执行过程中，如果经费有变动，还要及时通知相关人员。

4. 审计与控制

审计与控制可保证开发工作在预算的范围内，按照任务时间表来完成相应的开发任务。首先要制定开发的工作制度，明确开发任务，确定质量标准。其次要制订详细的审计计划，针对每个开发阶段进行审计，并分析审计结果，处理开发过程中出现的问题，修正开发过程中出现的偏差。

5. 风险管理

任何一个系统开发项目都具有风险性。在风险管理中，应注意的是：技术方面必须满足需求，尽量采用商品化技术；经费开销控制在预算范围之内；保证开发进度；在开发过程中尽量与用户沟通；充分估计可能出现的风险，注意倾听开发人员的意见。

(三) 工程管理信息系统项目的特点

工程管理信息系统的建设是一类项目，它具有项目的一般特点，同时还具有自己的特点，可以用项目管理的思想和方法来指导管理信息系统的建设。

(1) 工程管理信息系统的目标是不精确的，任务的边界是模糊的，质量要求更多是由项目团队来定义的。对于管理信息系统的开发，许多客户一开始只有一些初步的功能要求，给不出明确的想法，提不出确切的要求。管理信息系统项目的任务范围很大程度上取决于项目组所做的系统规划和需求分析。

（2）工程管理信息系统项目进行过程中，客户的需求会不断被激发，被不断地进一步明确，导致项目的进度、费用等计划不断更改。客户需求的进一步明确，系统项目相关内容就需要随之修改，而在修改的过程中又可能产生新的问题，并且这些问题很可能在过了相当长的时间以后才会发现。这样，就要求项目经理要不断监控和调整项目计划的执行情况。

（3）工程管理信息系统是智力密集、劳动密集型的项目，受人力资源影响较大，项目成员的结构、责任心、能力和稳定性对管理信息系统项目的质量以及是否成功有决定性的影响。因而在管理信息系统项目的管理过程中，也应充分重视人力资源的利用。

（四）项目管理的方法

编制管理信息系统开发项目工作计划的常用方法有甘特图和网络计划法。

（1）甘特图，也称为线条图或横道图。它是以横线来表示每项活动的起止时间。其优点是简单、明了、直观和易于编制，但各项工作之间的管理不清。它既是小型项目中常用的工具，也是大型复杂的工程项目中高层管理者了解全局、安排子项目工作进度时使用的工具。

（2）网络计划法是用网状图表安排与控制项目各项活动的方法，一般适用于工作步骤密切相关、错综复杂的工程项目的计划管理。

三、开发方式

（一）常用开发方式

工程管理信息系统的开发方式主要有委托开发、自主开发、联合开发和购买商品化软件与再开发四种方式。

1. 委托开发

通常中小企业本身不具备独立开发管理信息系统的各种条件，一般采用委托开发方式进行开发。由企业提交管理信息系统建设的目标、需求、功能和性能等方面的要求，将整个系统开发的具体工作全部交给专业软件开发商进行。开发完成后，根据委托开发合同，开发商将新系统交付企业，企业在进行全面的验收之后，投入使用。使用这种方式，是由于开发人员熟悉开发业务、经验丰富、开发进度快。但采用这种方式，要十分重视人员培训和系统交付等环节，注意减少系统维护工作的压力和难度。委托开发在过去、现在一直是，将来也必然是信息系统（IS）开发的主流方式之一。

2. 自主开发

企业依靠自己的力量独立完成系统开发。这种方式要求企业有较强的开发能力，企业本身具备从事系统开发所需的各方面的人才和技术。其优点是：有利于与用户协调，减少不确定性；项目可控性好，用户适应性好；维护容易，有利于培养自己的开发人员。其缺点是：系统性及质量较难保证，开发周期较长，易用现代信息技术加固传统管理方法，不利于推动组织变革，需较多的信息人员，开发投入不减少。

3. 联合开发

客观地说，企业拥有熟悉本企业管理业务的各种人员，而专业系统开发企业则具有进行管理信息系统开发的各类技术人员，因此，联合开发是一种较好的选择。采用这种方式，有利于充分发挥各自的优势，加快系统开发的进程，提高开发的成功率，也有利于企业培养从事管理信息系统运行管理和维护的技术人员，减少人员培训的投入，为实现新系统的顺利交接奠定基础。

4. 购买商品化软件与再开发

随着计算机和管理信息系统的各种先进技术和方法的不断发展，一些通用的可以解决企业管理中部分或大部分问题的商品化软件陆续产生。对于某些企业，如果其业务流程和管理模式相对简单，且与商品软件相吻合，则可以通过购买商品化软件方式直接完成系统开发。采用这种方式获得管理信息系统的主要优点是时间短、费用低、系统可靠性高，但不能满足组织的特殊要求、多变的需求，系统的维护也比较困难。购置商品软件后一般还要对模块、功能及参数等做适当的调整，有时还需要进行再开发，使之与本企业的实际相符。

(二) 开发方式的比较及选择

不同的开发方式有不同的优点和缺点，工程管理信息系统 4 种常见开发方式的比较按表 4-4 确定。

开发方式比较 表 4-4

比较维度＼开发方式	自行开发	委托开发	联合开发	购买软件包
分析和设计能力要求	要求高	基本不需要	要求稍低	要求稍低
编程能力要求	要求高	不需要	需要	要求低
系统维护难易	容易	困难	较容易	困难
开发费用	少	多	较少	较少
说明	开发时间长，适用性高	省事，费用较高	适用性高，需用户参与	需要适当选择，接口复杂

在实际开发中，需要根据使用单位的实际情况进行选择，也可以综合使用各种开发方式。选择开发方式是一个复杂的决策过程，不能仅从经济效益原则来考虑，应当有一个正确的决策机制，对企业的实力、信息系统的地位和应用环境等进行综合考虑。另外，不论选择何种开发方式都需要使用单位的领导和业务人员参加，并在信息系统的开发过程中培养、锻炼、壮大使用单位的信息系统开发、设计与维护队伍。

四、案例：项目管理在三门核电站施工管理信息化中的应用

三门核电站的建设分三期进行，一期工程投资约 400 亿元，已于 2009 年 4 月 19 日正式开工，三门核电项目的投资也是浙江省的单项工程上有史以来最大的。这种超大规模的建设项目，如果仅依靠传统的人力管理是绝不可能顺利完成建设任务的。因此相关单位和企业决定采取信息化管理——建立施工管理信息系统。

项目的整体目标：针对客户的需求，开发核电施工管理信息系统，为各单位、部门的相关人员提供一个良好的交流平台，提高施工管理效率和项目效益。

项目的总体原则：该项目是新型核电项目施工信息化的代表，要求高效率、高质量、高管控、实用性强、经济性好、可扩展等原则。

(一) 项目规划

为确保系统开发项目能够顺利、高效的实施，管理人员对项目进行了总体规划：

（1）成立了专门的项目实施小组：由一名总负责人、两位主要管理人员和若干专业技术人员组成。将项目组成员划分为设计组、软件开发组、数据处理组、测试联调组、质量组，如图4-12所示。

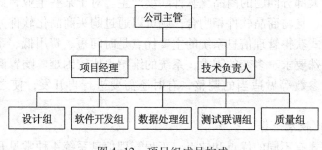

图4-12　项目组成员构成

（2）系统设计公司在与核电站施工企业沟通后，给出了施工管理信息系统的整体构架。

（二）项目实施

三门核电施工信息化项目在实施过程中运用了风险管理、成本管理、进度管理、质量管理等方法、工具，并对项目的实施结果进行分析总结。具体如下：

（1）风险管理：对识别到的风险进行评估，将风险按照影响程度排序，对影响大的优先处理。

（2）成本管理：给出合理的人力资源安排，保证人员充足的前提下，节约了劳动力成本。另外，制定一套有效的成本控制制度，避免项目计划执行的控制缺乏规范、需求缺乏控制的情况。

（3）项目进度管理：利用WBS估算工作时间，以网络计划技术手段对项目全过程进行分解，制定出项目的进度计划，并且画出对应的甘特图，然后采用一系列具体控制措施。

（4）质量控制：①对项目进行阶段性评估；②对项目组成员进行质量保证体系的指导和培训；③让用户参与到各阶段成果的测试和演示中，并提出意见。

【章后习题】

1. 简述工程管理信息系统开发方法的特点与原则、任务与策略。

2. 简述工程管理信息系统的基本开发方法，并对其进行比较。

【参考文献与延伸阅读】

[1] 王东霞，徐桂珍. 管理信息系统[M]. 西安：西北工业大学出版社，2012.

[2] 段爱玲，张德贤，张红梅. 管理信息系统[M]. 北京：机械工业出版社，2005.

[3] 周继雄，张洪. 管理信息系统[M]. 上海：上海财经大学出版社，2012.

[4] 李秀丽. 旅游管理信息系统[M]. 北京：北京理工大学出版社，2011.

第五章　工程管理信息系统总体规划

【学习目的与要求】

本章主要从工程管理信息系统总体规划的概念、意义与特点、内容与步骤、任务与原则、组织与阶段成果，工程管理信息系统总体规划方法（包括方法的演进与分类）、工程管理信息系统初步调查、新系统的目标及可行性研究等方面来阐述工程管理信息系统总体规划。

第一节　工程管理信息系统总体规划

一、总体规划的概念和意义

（一）总体规划的概念

信息系统规划（Information System Planning，ISP），是从组织的宗旨、目标和战略出发，对企业内外信息资源进行统一规划、管理和应用，从而规范组织内部管理，提高工作效率和顾客满意度，实现企业的长远发展。它从企业全局出发，为了实现企业的长远发展，规划一个基本的信息体系结构，统一规划和利用企业的信息资源，利用信息控制企业行为，帮助企业实现战略目标。从企业建模角度定义，ISP 是通过使用企业的信息模型，考虑企业目前的需要和要求，分析企业的信息和流程。ISP 也同样是一系列过程活动的集合，具体而言，它是识别基于计算机应用组合的过程。因此，ISP 的核心是规划过程，即评估企业外部环境和内部需求，识别新的应用系统，开发一套支持企业规划的 IT 资源规划。

从建筑企业角度来看，管理信息系统总体规划是对企业总的信息系统的目标、战略、开发工作进行战略性综合计划，是建立管理信息系统的先行工程，是在整个系统开发工作前进行的。它是一个决策者、管理者和开发者共同制定和遵守的长远计划，是企业总体战略计划的一部分，主要目的是保证建立的系统科学、经济、先进、适用。

广义的建筑企业管理信息系统规划包含了"IS 规划"和狭义的"IT 规划"两个部分。具体来说，"IS 规划（Information System Strategic Planning，ISSP）"筹划的是：在理解企业的发展远景、业务规划的基础上，形成企业信息系统的远景、组成结构及信息系统各部分的逻辑关系，以支撑企业业务规划（Business Strategic Planning，BSP）的目标达成。而"IT 规划（Information Technology Strategic Planning，ITSP）"是承接 IS 战略之后，对信息系统各部分的支撑硬件、支撑软件、支撑技术等进行计划与安排，简而言之，是围绕 IT 技术展开的。

建筑企业管理信息系统规划是管理与技术的有机结合，来自企业的战略、业务策略和管理体系是制定信息系统规划的根本，而各种或新或旧的技术理念只是实现企业战略的辅助手段。

（二）总体规划的意义

系统总体规划是管理信息系统生命周期的第一阶段。这一阶段的主要目标是明确系统整个生命周期内的发展方向、系统规模和开发计划。管理信息系统建设是投资大、周期长、复杂度高的社会技术系统工程。科学的规划可以减少盲目性，使系统有良好的整体性、较高的适应性，建设工作有良好的阶段性，以缩短系统开发周期，节约开发费用。系统总体规划是信息系统建设成功的关键之一，它比具体项目的开发更为重要。

制定施工总承包企业系统规划的重要性主要体现在以下几个方面：

1. 企业信息系统规划是信息系统建设的重要前提

建筑企业信息系统开发是一项投资巨大、周期很长、技术复杂并且涉及面广的庞大的系统工程。它涉及由高层到低层、由整体到局部、由决策到执行等各个层次、多个管理部门，以及企业人、财、物等各种资源的配置等，如果没有一个科学、合理的总体规划来统筹安排和协调，而盲目地进行开发，必将造成资源的浪费和开发的失败。因此，信息系统规划是建立企业信息系统的先期工程，是系统建设的重要前提。

2. 企业信息系统规划是信息系统建设的指导纲领

企业信息系统规划涉及的内容明确规定了系统建设的任务、方法、步骤，以及系统开发的原则，系统开发人员与系统管理人员共同遵守的准则和系统开发过程的管理和控制的手段等。这些都是指导系统开发和建设的纲领性文件。

3. 企业信息系统规划是信息系统建设的成功保证

企业信息系统总体规划把企业的长期建设目标和短期经营目标、外部环境和内部环境、整体效益和局部效益、自动业务和手工业务等诸多方面的关系协调起来。使系统的建设严格按计划有序地进行，同时对开发过程中出现的各种偏差进行微观调控、及时修改、完善计划，从而可以有效地防范在开发中、后期由于失误所造成的巨大损失甚至失败的后果。

4. 企业信息系统规划是信息系统验收的评价标准

企业信息系统建成后，应对系统运行的情况加以测试验收，对系统的目标、功能、特点等方面进行评价。这部分工作是以系统规划中规定的相关标准为根据的，只要切合系统规划标准的系统建设便是成功的，否则就是失败的。

（三）总体规划的特点

由于 Internet 和信息技术的飞速发展，企业的内外部环境和经营理念发生着巨大的变化，因此系统面临着诸多的不确定，包括内部的和外部的，而这就要求信息系统的要素和各环节具有随着环境变化而迅速适应变化的能力，我们称之为信息系统具有"弹性"（Flexibility）。弹性不应该仅仅是系统被迫适应环境的能力，更重要的是系统主动创新的能力。

（四）总体规划的方向

1. 构建协同办公大平台

"大平台"建设模式是近几年来全球电子政务"整合治理"的新发展趋势，就建设领域政府信息化、企业集团信息化而言，是信息化发展从单独的业务系统到以处室为单位的管理系统，再到全局的协同工作平台过程的建设目标。

"协同大平台"的建设重点是梳理行业业务，将多条行业管理主线整合起来，通过数据交换与共享，实现信息系统的一体化统筹建设。该平台基于先进的协同管理理念和设计思想，涵盖组织的各个部门和单位。在统一的业务架构和技术架构下，按照以业务需求为导向、资源共享为基础、现代服务为手段、效能提升为目标的推进思路，从业务功能、公共功能、服务功能和技术功能四个层面提出了总体构架、详细设计、分步实施的规划。其内容涉及行政办公、业务管理、行政审批、监督管理、统计报表、辅助决策、GIS 应用、视频监控、移动办公、公众服务等功能模块和建筑市场监管、工程质量监管、勘察设计监管、保障房监管、房地产市场监管、城镇化建设监管、公积金监管、建筑节能监管、行政审批监管以及行业信用监管等行业监管模块，最终形成企业库、人员库、项目库、信用库、规范标准库、政策法规库等大行业数据库及内网、外网、专网的"三网"电子政务网络架构。

"协同大平台"的构建实施将加快建设行业行政管理部门由传统的办公方式向现代办公方式的转型，全面提升建设行政管理部门和企业集团的宏观调节能力、市场服务能力、社会管理能力和公共服务能力。有利于实现集成办公高效化、决策分析数据化、建设服务跟踪智能化、业务管理规范化和建设服务优质化，对实现管理效益、社会效益的最大化具有重要的现实意义。

2. 集成行业大数据

"大数据"是指海量且类型复杂的数据，具有种类多、流量大、容量大、价值高等特点。作为现代信息技术的重要发展方向之一，实现建设行业大数据的共享和分析将带来不可估量的经济价值，同时也将对行业发展产生巨大的推动作用。这一工作主要由政府部门牵头完成。协同办公平台"集成大数据"的建设重点是整合已有的信息资源，将建筑市场监管、城乡规划、城市管理、村镇建设、住房保障、房地产市场、住房公积金、建筑能耗等分散的业务系统数据，经过整合后形成全局的数据资源，最终形成政务数据库、公共服务数据库、中心数据库三个数据库，逐步完善形成"城乡建设公共信息资源平台"，使各个行业数据相互关联，一数一源，确保数据的权威性和鲜活性，形成一个有机的整体。

推进省级建设行业大数据服务发展和大数据应用思路，主要需综合考虑以下几方面重点工作：一是通过完善省级建设行业数据标准体系建设，促进企业库、项目库、人员库等各类数据的互联互通，为"大数据"的"贯通汇集"提供坚实保障；二是研究推进行政审批、监督管理等行业统计指标体系建设，理清数据关联关系，建立行业信息资源分类目录，逐步建设完善"城乡建设公共信息资源平台"，做好成功实施大数据应用的关键步骤；三是开发经过深度加工的建筑市场、房地产管理、住房保障、住房公积金等行业专题数据库，为实现大数据的处理、管理、应用提供支撑。

大数据发展的核心将以数据为中心，为满足用户对数据差别化的分析、应用、需求而提供的大数据服务。宏观层面，大数据将使管理决策部门可以更敏锐地把握行业发展方向，制定并实施科学的行业管理政策；微观方面，大数据可以提高企业的经营决策水平和效率，推动企业创新。其成功应用也将是促进信息化发展从应用系统向管理系统转型、从数据采集向数据分析转型的重要推动力。

3. 提供全方位大服务

大数据服务是一种新的数据资源使用模式和一种新的服务经济模式，它通过将各类大数据操作进行封装，对服务消费者提供无处不在的、标准化的、所需的检索、分析与可视化服务。

"提供大服务"的目标在于面向政府提供管理和决策服务、面向行业提供应用服务、面向社会提供信息服务。首先对全局性、住建各领域的信息资源进行深入挖掘，建立综合分析系统，从各个专题的业务数据库中抽取领导关心的行业发展数据、业务监管数据，形成直观的分析应用，为管理者对各方面业务的监管、决策提供支撑，为利用大数据进行公共服务和社会管理发现新的突破和提升方向。其次是随着公众信息需求和信息消费能力的不断提升，以整合后的信息资源，建立面向社会公众的全面、统一的行业信息服务系统。以数据的差别化、定制化服务，平台的网上申报、业务查询、网上公示、信息查询等应用功能，为行业发展、社会公众提供应用指导、公共信息服务，推动信息管理向建立个人信息服务中心转化。

二、总体规划的内容与步骤

(一) 总体规划的内容

1. 企业管理信息系统的总体目标、发展战略与框架结构

企业管理信息系统的总体目标、发展战略与框架结构的制度应根据企业的战略目标和内外约束条件，确定信息系统的总体目标和框架结构，使得信息系统的战略与整个企业的战略和目标协调一致。信息系统的总体目标规定信息系统的发展方向，发展战略规划提出衡量具体工作完成的标准，框架结构则提供系统开发的框架。企业管理信息系统的总体目标要充分结合企业所最关心、要解决的重大问题，应对信息系统的作用、建设目标、建设原则、总体框架、包含的主要部分（几个分系统）进行必要的说明。这部分的重点内容是制定一个明确的、切实可行又具有指导意义的信息系统建设目标。

2. 对企业信息化基本状况的分析

对企业信息化基本状况的分析主要应当涵盖：企业的基本概况、经营范围、组织体系、岗位职能、业务流程、管理特点、存在的问题、信息化建设需求分析及企业现有网络、软硬件配置、各类相关软件的使用情况等。只有充分了解和评价以上内容，才能使得将要建设的信息系统更加符合企业自身的需要。然而，对业务流程、管理特点、存在的问题及信息化建设需求分析应当是这部分工作的核心和关键所在。

3. 企业管理信息系统的具体要求

企业管理信息系统的具体要求主要体现在管理和技术这两个层面。业务流程、内部管理层面的具体要求，必须结合各管理部门管理方式上的特点，对各子系统的使用要求及功能需求进行较为详细的说明，也即是通常意义上的企业信息系统功能规划分析。技术层面包括系统使用的安全性、可靠性、便捷程度、可扩展性、原有管理软件的接口与集成等。对企业管理信息系统的具体要求，重点应当放在管理层面上，技术不作为主要要求。而且，由于建筑行业的信息化建设仍处于起步阶段，谈不上成熟，此时如果要对系统提出非常详细、具体的技术性能指标显然是不现实的。

4. 企业资金投入、效益产出、风险的可行性研究分析

企业资金投入、效益产出、风险的可行性研究分析主要是对企业管理信息系统所需要投入的资金数额、资金来源、资金用途、经济效益、企业工作效率的提高、管理方式的改善、问题的解决程度、建设中可能遇到的困难阻力、可能造成失败的因素、防范措施以及规划方案进行可行性分析预测。

5. 企业管理信息系统的实施方案

企业管理信息系统的实施方案主要包括系统建设阶段的大致划分、建设周期的初步预测、确定总体开发顺序、开发策略、实施中重大问题的对策、可资借鉴的企业信息化建设的成功经验与失败教训以及其他建设性意见等内容。

企业管理信息系统的规划内容并没有固定不变的模式和内容，具体还要结合企业自身的实际情况，根据需要、突出重点、内容可繁可简。

（二）总体规划的步骤

1. 三阶段过程框架

Bowman 等人提出了 ISP 的三阶段过程框架模型，如图 5-1 所示。

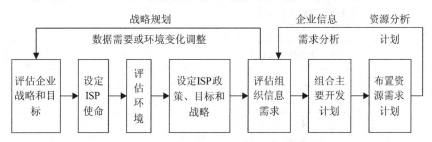

图 5-1　ISP 的三阶段过程框架模型

（1）第一阶段为战略阶段，其主要任务是使 IT 战略与企业规划战略相匹配。在此阶段，将综合考虑企业的发展方向和主要目标群，结合业务经营情况，设定 IT 的使命。同时评估企业内外部技术市场环境的变化，根据公司 IT 的优点、弱势、机遇设定 IT 的目标和战略内容。因此，这一阶段的输出包括对企业战略规划的确切理解、对现有 IT 部门的评估以及有关的战略目标作为 IT 发展的方向。

（2）第二阶段为企业的信息需求阶段，主要是评估当前或计划中的信息需求以支持企业的运营和决策的制定。不同于通常意义上的系统分析，它是高层次的信息需求分析，主要目的是为企业开发完整的信息系统架构（Information Systems Architecture，ISA），并对 ISA 中的项目进行组合，安排项目开发进度。

（3）第三阶段是资源分配计划阶段，它将提供技术获取、人事计划、资金预算的分析框架，主要包括实施信息系统架构中主要项目所需的软硬件、数据通信设备、人员安排和资金等。

2. 步骤

建筑企业管理信息系统规划从开始到结束一般分为以下几个步骤，如图 5-2 所示。

1）确定规划的基本问题

基本规划问题的确定包含信息系统规划的年限、规划的方法，明确是集中式还是分散式的规划，以及是进取还是保守的规划。确定规划的基本问题，是整个信息系统规划的第一步，如果施工总承包企业信息化能力较弱，应当在这个阶段积极引入信息化建设咨询方或者软件合作方，帮助完成企业信息系统规划。

2）企业初步调查

企业初步调查旨在从总体上了解企业概况、基本功能、信息需求及主要薄弱环节。初步调查的内容包括：企业概况、目标与任务、组织机构、企业现行业务流程、现有的问题、系统开发条件、计算机应用水平及可利用的资源。

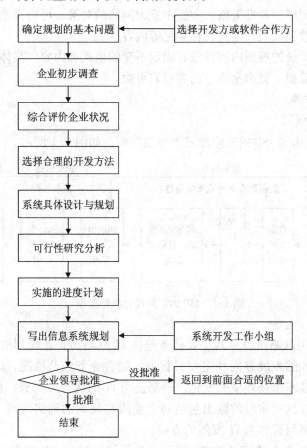

图 5-2　建筑企业管理信息系统规划步骤

3）综合评价企业状况

对调查到的企业的基本信息进行加工处理，综合分析企业管理信息系统目标、信息部门的情况、风险度和政策等；识别系统现存的设备、软件及其质量；根据企业的资金、人力、物力等方面的限制，定义企业管理信息系统的约束条件；分析企业各项条件指标，综合评价企业现行的状况。

4）选择合理的开发方法

根据企业的实际状况分析，选择符合企业信息化建设要求的开发方法。系统开发的方法有"自上而下"方法、"自下而上"方法和"综合"方法。

5）企业信息系统的具体设计与规划

主要包括信息管理组织体系规划、信息分类与编码体系规划和信息系统子系统功能规划。

6）可行性研究分析

可行性分析是在调查、分析、系统设计、规划的基础上分析系统开发的必要与可能。主要包括：必要性分析、经济上的可行性、技术上的可行性、组织管理的可行性。

7）编制信息系统建设的进度计划

企业信息系统的建设进度计划需要根据信息系统的开发顺序、成本费用和人员情况等企业实际情况进行编制，列出各个阶段的建设目标，以及实现每个阶段目标的详细时间表，不但要包括软件方面还应包括硬件方面。

8）写出企业管理信息系统规划

通过不断与企业管理人员、系统开发工作小组成员交换意见，反复的论证、研究和分析，最终将企业管理信息系统规划书写成文。

9）上报企业领导审批

将已编制好的信息系统规划上报企业相关领导审批。信息系统规划只有经过企业领导批准后才能生效，否则只能返回到前面合适的某一步骤重新进行。

三、总体规划的任务与原则

总体规划是工程管理信息系统在企业层面或者行业层面的发展纲要。本节以大型施工总承包建筑企业为例，分析总体规划的任务与原则。

（一）总体规划的任务

根据实际情况和自身集团公司、分公司、项目部3层结构特点，其工程项目综合管理信息系统可划分为领导决策支持信息子系统、公司经营管理子系统和项目管理信息子系统3部分。具体如图5-3所示。

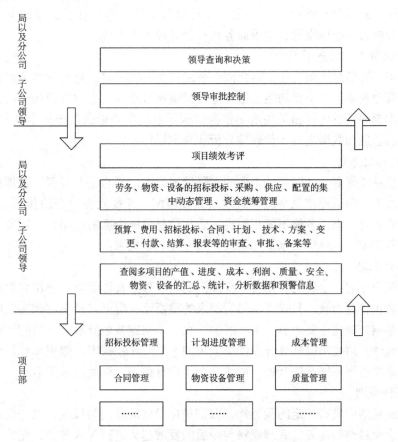

图5-3 工程项目综合管理信息系统结构图

1. 项目管理信息子系统

项目管理信息子系统主要侧重于项目的具体业务，是对各项具体业务的深入化、细致化的管理及对公司下达指标的拓展和深化，同时对一些特定的项目管理内容进行详细化的管理与控制。该子系统大体可包括计划进度管理、成本管理、合同管理、物资管理、质量管理、安全管理、竣工管理、风险管理、设备管理、工程设计、人力资源管理、知识管理、档案管理及财务接口等14个模块。

2. 公司经营管理子系统

公司经营管理子系统主要侧重于集团相关项目业务的处理以及对所属项目的指令下达、管理、监控等业务，并且对各个工程进行比较宏观的控制、审核和协调。公司经营管理子系统需要的宏观数据和报表一般更侧重于反映项目的阶段性成果和各管理内容的发展趋势，而相对于项目管理子系统来说，则需要对每个点、每个分部、分项工程进行控制。所以，该子系统的许多数据是从项目子系统的基础数据中按照一定的算法和方式提取出来的，因此该子系统应该对应包括项目管理子系统的14个模块。

除此之外，由于公司经营管理层需要对外进行招标投标、设备定制、采购等业务功能，因此还应设计招标投标、电子商务2个功能模块。在各个项目施工完成后，公司管理层为便于总结、上报情况，还要实现对人员、机构、成果进行相关的统计和管理，满足公司自身学术活动和考评的需求，因此可设计科研管理模块来实现这一要求。

综上所述，公司经营管理子系统除包含对应的项目管理信息子系统的14个模块外，还添加了综合能力、招标投标、电子商务和科研管理4个模块。

3. 领导决策支持信息子系统

领导决策支持信息子系统主要结合商业智能技术，以实时信息的取得为根基，辅助管理人员实时管理企业。其主要功能是给领导层提供项目总体信息的查询和监控；通过相关信息加工，为领导提供进行相关决策的依据。该子系统主要根据领导需求进行模块定制，完成对项目的信息和数据进行各种数理分析和查询操作。

(二) 总体规划的原则

制定信息系统规划，一定要从企业的实际情况出发，要与企业经营、管理的模式、规模、水平相匹配，即管理信息系统与管理形式相匹配，才能发挥应有的作用。考虑发展、适度超前是必要的，但两者绝不能相脱离，管理信息系统今后的应用，一定要与企业未来的管理、经营的模式、规模、水平相适应。应遵守如下规则：

1. 整体性原则

需要站在企业的、全局的高度去审视部门的、局部的具体要求，分出轻重缓急，确定一条主线。防止各自为政，只强调本部门需求的重要性。应更多地考虑相互之间的联系及相互之间的影响，抓住主要矛盾，重点解决。在分步实施各个分系统（功能）时，更应强调系统的集成性，防止不同软件开发商所采用的平台、开发技术、数据库运行环境要求的巨大差异，造成数据不能互联互通，形成一个个信息孤岛，给使用带来不便。

2. 动态性原则

信息系统规划应具有一定的预见性，以信息化发展的方向为尺度，以先进的信息技术为手段，对企业目前的业务、管理现状与今后的发展趋势进行深入分析，充分考虑到日后的企业制度、业务流程、管理模式、组织架构可能发生的变化和复杂程度。因此信息系统规划既要适度超前，又要留有余地，即有良好的开放性和扩展性。

3. 适用性原则

企业信息化建设的根本动因是企业内部管理的优化、工作方式的转变、工作效率的提高，而不是为了"达标"或者成为领导的"形象工程"。所以，在编制信息系统规划时，应将研究企业业务流程、管理现状、特点以及需求作为重中之重，通过深入分析业务、管理的关键环节、关键流程、关键因素，从而提炼出信息化管理的关键成功要素，再通过分析这些要素与信息技术特点之间的潜在关系，找出信息技术运用的驱动因素，也就是我们常说的企业对管理信息系统的基本需求，才能最终把握企业管理信息系统的主要功能需求。

同时，我们还应当防止只重视技术，轻视管理的"单纯技术观点"。片面地追求"技术先进"，很可能将企业信息化引入歧途。因为信息技术的发展是日新月异的，今天的"先进"不能代表永远的先进。企业应更关心信息化建设的实际效果，只要能满足管理上的需求，技术如何实现是软件开发商的事情。技术再先进，如果不实用，也不会给企业信息化带来任何实惠。

4. 风险防范原则

编写企业信息系统规划，要把对整个实施过程的控制作为重要的内容，特别应高度重视和客观评价信息系统实施中可能碰到的风险因素、困难和阻力，制定积极、有效的防范措施。把困难、问题想得多一些、细一些，预料在先，才能把风险和可能发生的损失降低到最低。

系统应具有多种手段防止各种形式和途径的非法入侵和企业机密信息的泄露；系统内部也应具有完备的权限管理功能，无关人员无权察看、改动数据；以有效的技术手段和管理措施防止计算机病毒对系统的侵害；合理的备份策略以利于系统受到侵害时的恢复。

5. 可扩展性原则

系统应尽可能利用企业原有的设备、系统的环境发挥其特定的功能，同时考虑到今后的发展，必须具有在系统的结构、系统的容量和处理能力等方面的扩充和升级的能力。系统应充分考虑与其他业务子系统之间的连接口以及在各个业务子系统之上构建的综合信息系统的接口，适应公司管理信息系统的整体规划和分步建设的需要。

(三) 总体规划的运行模式

1. 总部监控下的各产业分布式运行模式

公司下属根据地域结构按照分公司建立相应的分布服务系统，各产业登录各自的服务器进行数据处理，总部公司建立数据库同步服务器，总部以个人管理、监控管理为主，系统能够进行远程访问与集中分析。

2. 总部统一集中、协同管理的数据大集中模式

总部高度参与企业运营管理或高度强调总部对下属企业信息的透明性要求，所有数据都应该集中到总部，由总部统一进行系统管理，各产业以及其下属分、子公司等登录总部服务器进行数据处理。

3. 混合运行模式

分布与数据集中并存的模式。大型的分公司、子公司采用分布式模式运行，与总部数据库建立同步关系。小型的分、子公司采用直接登录总部数据库的方式运行。

四、总体规划的组织与阶段成果

（一）总体规划的组织

1. 高层领导参与

总体规划不仅要对各项规划内容做出回答，同时还要对规划中所提出的方方面面之间的相互关系做出规划。为了实现规划目标，需组织一支由高层领导的参与并支持、由负责全面规划工作的"信息资源规划者"和"规划核心小组"组成的队伍。最高层领导需要自始至终地参与全部的规划工作。经验表明，高层领导的直接参与，能够使他们真正理解规划组在做什么以及这些工作对系统的未来将产生什么影响，同时还可以负责各方面人员之间的协调工作，把握规划方向。综合考虑，有以下几方面的原因：

（1）为了避免信息资源开发上的浪费，必须有一个自顶向下的全局范围的信息结构，这种信息结构必须得到高层领导的确认。只有制定出全局的信息结构，以此为基础指导各层子系统的工作，才能保证各子系统的开发工作符合总体工作要求，减少资源浪费。

（2）总体规划需要对下一步各项子系统的开发提出优先顺序，并做出开发预算，这些内容也必须由高层领导做出最后的决策。总体规划是对下一级各子系统进行全面、详细的规划或是实施具体开发，这些子系统的开发工作不可能齐头并进地进行，必须有计划、有步骤地逐步实施。

（3）总体规划往往要进行关于系统内数据项定义的标准化工作，在数据项定义过程中经常会出一些问题，必须由高层领导负责协调解决。

2. 企业组织内总体规划的组织

企业组织内的信息总体规划工作，需要成立一个责权明确的工作班子。这个班子在企业组织的最高层领导的直接领导下，由一名负责全面规划工作的信息资源规划者和一个核心小组组成，通过一批用户分析员和广大的最终用户相联系。信息资源规划者应该是一名掌握规划技术并具有丰富的实际工作经验的人，这样的负责人最好出自高层领导，也可以是受组织最高层领导委任的高级管理人员。通常情况下，企业组织可以选出管理经验丰富、有科学头脑、有很强的组织能力又有责任心的管理干部，通过必要的培训学习，与外请顾问一起来承担这一重任。

（二）总体规划的阶段成果

1. 系统初步调查

通过调查研究，掌握建设项目管理工作中的详尽资料，从而作为系统开发可行性研究的依据。

2. 企业状况分析

整理出企业的业务流程和流程信息，找出现行管理中的问题。

3. 系统开发可行性分析

准确判断某企业某领域的管理信息系统是否能上，以及是否值得上。

4. 系统开发计划

对信息系统进行可行性研究，如果结论是可行的话，系统开发项目负责人要制定一个比较详尽的系统开发计划，以便于系统开发工作的开展和检查。

第二节 工程管理信息系统规划的阶段与方法

一、工程管理信息系统规划阶段

把计算机应用到一个单位的管理中去，一般要经历从初级到不断成熟的成长过程。诺兰模型把信息系统的成长过程划分为初始、蔓延、控制、集成、数据管理、成熟6个阶段，如图5-4所示。

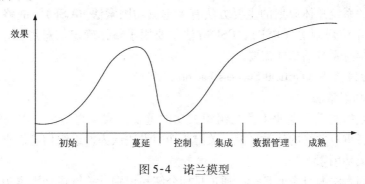

图5-4 诺兰模型

1. 初始阶段

初始阶段指单位（企业、部门）购置第一台计算机并初步开发和管理应用程序。在该阶段，计算机的作用被初步认识，个别人具有了初步使用计算机的能力。"初始"阶段大多发生在单位的财务部门。

2. 蔓延阶段

随着计算机应用初见成效，信息系统（管理应用程序）从少数部门扩散到多数部门，并开发了大量的应用程序，使单位的事务处理效率有了提高，这便是所谓的"蔓延"阶段。显然，在该阶段中，数据处理能力发展得最为迅速，但同时出现了许多有待解决的问题，如数据冗余性、不一致性、难以共享等。此阶段只有一部分计算机的应用获得了实际的效益。

3. 控制阶段

管理部门了解到计算机数量超出控制，计算机预算每年以30%～40%或更高的比例增长，而投资的回收却不理想。同时随着应用经验逐渐丰富，应用项目不断积累，客观上也要求加强组织协调，于是就出现了由企业领导和职能部门负责人参加的领导小组，对整个企业的系统建设进行统筹规划，特别是利用数据库技术解决数据共享问题。这时，严格的控制阶段便代替了蔓延阶段。诺兰认为，第三阶段将是实现从以计算机管理为主到以数据管理为主转换的关键，一般发展较慢。

4. 集成阶段

集成就是在控制的基础上，对子系统中的硬件进行重新连接，建立集中式的数据库及能够充分利用和管理各种信息的系统。由于重新装备大量设备，此阶段预算费用又一次迅速增长。

5. 数据管理阶段

诺兰认为，"集成"之后，会进入"数据管理"阶段。但20世纪80年代时，美国尚处在第四阶段，因此诺兰没能对该阶段进行详细的描述。

6. 成熟阶段

一般认为，"成熟"的信息系统可以满足单位中各管理层次（高层、中层、基层）的要求，从而真正实现信息资源的管理。

诺兰模型反映了信息系统一定的发展规律，跳跃某个或某几个阶段是不大可能的。一般认为总体规划的时机可以选择在"控制"或者"集成"阶段。

二、工程管理信息系统规划方法—企业层面

企业层面的系统总体规划的主要方法有关键成功因素法（CSF）、战略目标集转化法（SST）和企业系统规划法（BSP）。CSF 方法主要用于整体确定信息需要，SST 方法主要用于确定管理信息系统的功能需要。

（一）关键成功因素法（Critical Success Factors，CSF）

1. 关键成功因素法

关键因素是指关系到企业生存与组织成功的重要因素，它是企业需要得到的决策信息，值得管理者重点关注的活动区域。关键成功因素法认为，组织信息需求取决于少数管理者的关键性成功因素。

关键成功因素法源自企业目标，通过目标分解和识别、关键成功因素识别、性能指标识别，一直到产生数据字典。关键成功因素法就是识别联系于系统目标的主要数据类及其关系，识别关键成功因素常用的工具是因果分析图。因果分析图，又称树枝图或鱼刺图，用此方法可以对有影响的一些较重要的因素加以分析和分类，弄清因果关系。例如，某企业以提高产品竞争力为目标，可以用树枝图画出影响其目标的各种因素以及子因素，如图5-5 所示。对于习惯于高层人员个人决策的企业，主要由高层人员个人在某些关键成功因素中做出选择。习惯于群体决策的企业，可以用 Delphi 法把不同人设想的关键因素综合起来。

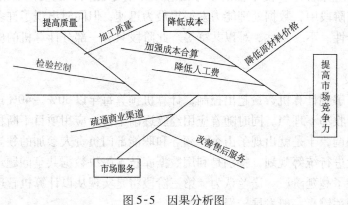

图 5-5　因果分析图

2. CSF 的步骤

（1）对企业信息系统的战略目标和企业战略进行一定程度的了解；

（2）多识别影响战略目标的所有关键性成功因素；

（3）识别性能的指标和标准；

（4）识别测量性能的数据。

步骤如图5-6所示。

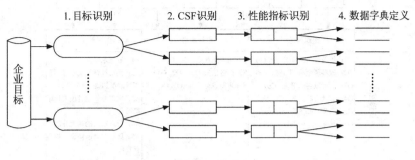

图5-6 CSF的步骤

（二）战略目标集转化法（Strategic Set Transformation，SST）

MIS的战略规划过程是把组织的战略目标转变为MIS战略目标的过程，认为组织的总战略是信息的集合，由使命、目标、战略和其他战略变量（如管理水平、环境约束）等组成。信息系统战略性规划过程，就是将企业的战略集转化为MIS的战略集的过程。

合理的战略规划更多地取决于规划人员的远见卓识，取决于他们对环境及其发展趋势的理解，并把企业的总战略目标、信息系统战略目标分别看成"信息集合"。战略规划的过程是由组织战略目标集转化成信息系统战略集的过程，如图5-7所示。战略目标集转化法的实施步骤如图5-8所示。管理信息系统战略目标集转化法的一个应用示例如图5-9所示。

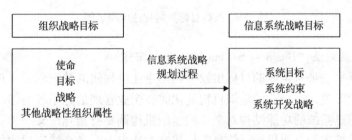

图5-7 战略规划的过程

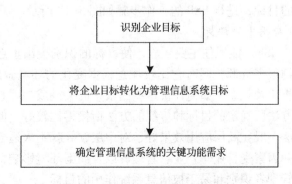

图5-8 战略目标集转化法的步骤

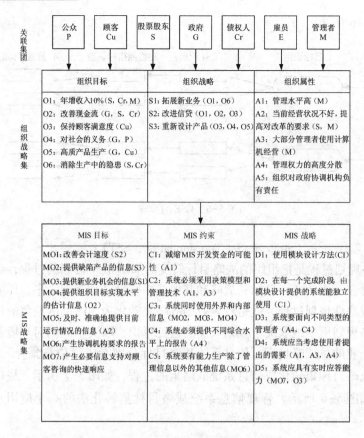

图 5-9　战略目标集转化法应用示例

（三）企业系统规划法（Business System Planning，BSP）

企业系统规划法是从企业的目标出发，利用企业过程间的数据联系来进行的，与企业现行的组织机构无关，当企业的组织机构变化时，企业管理信息系统的结构有很大的适应性，同时管理信息系统的功能结构对企业的组织机构调整有指导意义。

企业信息系统支持企业目标，信息系统战略表达出企业各个管理层次的需求，向整个企业提供一致性的信息，并且在组织机构和管理体制改变时保持工作能力。BSP 方法所支持的目标是企业层次的目标，进行 BSP 的工作步骤如图 5-10 所示。

（四）三种方法在企业应用中的评析

关键成功因素法（CSF）能抓住主要矛盾，使目标的识别突出重点，其数据量和因素利用比较少，可以节约很多资源，同时它比较注意根据变化的环境做出比较合理的判断。但它对数据和系统分析比较随意，如何评价这些因素中的关键成功因素，不同的企业有不同的标准。其次，该方法所确定的目标和传统的方法衔接得比较好，但是仅对确定管理目标有利。第三，该方法一般在高层应用效果好，对中层领导就不太适合，因为其自由度较小。最后，关键性成功因素受行业、企业、管理者以及周围环境影响，该方法被采用的前提条件是存在易于被管理者识别和易于被信息系统作用的目标。

战略目标集转化法（SST）能保证目标比较全面，疏漏较少，从另一个角度识别管理目标，反映各种人的要求，而且给出按这种要求的分层，然后转化为信息系统目标的结构化方法，但它在突出重点方面不如关键成功因素法。

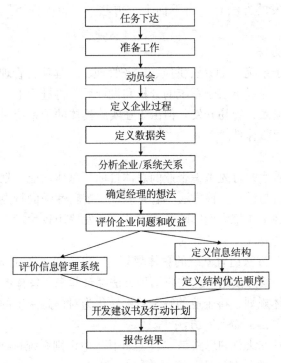

图 5-10　进行 BSP 工作步骤

企业系统规划法（BSP）能够全面展示组织状况、系统或数据应用情况以及差距，能够全面地定义管理目标，以及它的管理功能组、各种数据类、功能/数据类矩阵、信息结构等。它尤其适用于刚刚启动或产生重大变化的情况，比较适用于大型企业的信息化整体规划，能够帮助管理者和用户形成对组织有建设性的意见，帮助组织找出信息处理方面的重要方法，而面对数据处理成本高、难度大、时间长等问题，高层管理者必须富有远见。BSP 虽然强调企业目标，但没有明显地从目标中引出流程及过程。通常由管理人员准备"过程"引出系统目标，企业目标到系统目标的转换是通过组织/系统、组织/过程以及系统/过程矩阵分析得到的。

因此，关键成功因素法（CSF）在高层应用效果较好，因为高层领导经常考虑关键因素。对于中层领导不太适合，因为中层领导所面临的决策大多数是结构化，其自由度较小。战略目标集转化法（SST）的优点是保证目标全面，反映了与系统相关的各种人员的要求，给出了分层结构，然后转化为信息系统目标的结构化方法，而在突出重点方面不如关键成功因素法。企业系统规划法（BSP）是一项系统工程性工作，能够全面展示组织状况、系统或数据应用情况以及差距，能够全面地定义管理目标，但没有明显地从目标中引出流程及过程。

以上三种方法各有优缺点，将三者结合起来，在很大程度上弥补了使用单个方法的不足，但是这样会使得整个方法过程过于复杂，从而削弱了单个方法的灵活性和作用性。任何进行企业规划的企业应当根据企业的具体情况，选择合适的方法，做出适合本企业所需的信息规划。

三、工程管理信息系统规划方法—项目层面

项目层面系统开发的方法有"自下而上"方法、"自上而下"方法和"综合开发"方法。

1. "自下而上"方法

从企业各个业务子系统（如物资供应、财务管理、工程项目管理等）的日常业务处理开始进行分析和设计。完成下层子系统的分析和设计后，再进行上一层子系统的分析与设计。该方法边实施边见效，容易开发。但由于在实施具体的子系统时不能很好考虑系统的总体目标和功能，缺乏整体性。

2. "自上而下"方法

从企业高层管理着手，首先考虑企业的总体目标、总体功能，划分子系统，然后进行各个子系统的具体分析与设计。该方法具有系统性、逻辑性强的特点。缺点是对制定规模较大的系统而言，会因工作量大而影响具体细节，开发费用较大。

3. "综合开发"方法

由于"自上而下"方法适宜系统的总体规划，"自下而上"的方法适宜于系统分析、系统设计阶段，因而，实际使用时往往将两种方法综合起来，发挥各自的优点。采用"自上而下"方法进行总体规划，将企业的管理目标转化为对信息系统的具体目标，而新系统的设计和实现则采用"自下而上"方法。

建筑企业系统开发方法总的思路是"自上而下"地识别系统目标、识别企业过程、识别数据和"自下而上"地分布设计系统。

第三节　工程管理信息系统规划分类

一、政府层面顶层设计

（一）顶层设计概念

"顶层设计"本意是指自高端开始的总体构想，这一概念源于系统工程学领域的"自顶向下设计（Top-down Design）"，即运用系统论的方法，从全局的角度，对某项任务或者某个项目的各方面、各层次、各要素统筹规划，以集中有效资源，高效快捷地实现目标。"顶层设计"是指从全局视角出发，围绕着某个对象的核心目标，统筹考虑和协调对象的各方面和各要素，对对象的基本架构及要素间运作机制进行总体的、全面的规划和设计。其主要特征有三个：一是顶层决定性，顶层设计是自高端向低端展开的设计方法，核心理念与目标都源自顶层，因此顶层决定底层，高端决定低端；二是整体关联性，顶层设计强调设计对象内部要素之间围绕核心理念和顶层目标所形成的关联、匹配与有机衔接；三是实际可操作性，设计的基本要求是表述简洁明确，设计成果具备实践可行性，因此顶层设计成果应是可实施、可操作的。

政府层面建设信息化顶层设计是以全局的视野，用系统论的方法，把先进的信息技术与建设项目前期规划、计划管理、建筑市场和施工现场管理、建筑业和勘察设计企业等行业管理以及相关从业人员管理等高度融合，对信息化建设的各个方面、各个层次进行宏观的、整体的、全局的决策和设计。

政府层面顶层设计就是以服务对象为中心，从整体和全局的视角出发，利用系统规范

的科学理论和方法，对政府层面各元素及其相互间关系进行全面设计，并选择和制定相应的实施路径，从而实现各部分间的信息共享和业务协同，有效支撑政府职能的履行，向社会提供综合性、一体化的服务。目前，对于政府顶层设计的认识，在以下几个方面是较为一致的。

（1）政府顶层设计是从整体和全局的角度进行的，应该跳出行业、地域和部门的限制；

（2）政府顶层设计必须是具体、可实施的，不仅要设计蓝图，还应提出相应的实现路径；

（3）政府顶层设计的内容至少应同时包含业务和技术两个方面，而不是单纯对技术系统进行设计；

（4）政府顶层设计的直接目标在于实现信息共享和业务协同，深层次目标在于有效支撑政府职能的履行，向社会提供综合性、一体化的服务；

（5）政府顶层设计不能以职能部门为中心，而应以服务对象为中心。

（二）政府层面顶层设计内容

政府总体架构就是从政府的全局角度出发，对以业务流程和信息技术为核心的组织关键元素间的关系、以及现实状况和战略目标间的转变路径进行描述的理论、方法和工具。

政府总体架构的定位是相对传统的信息技术规划而言的，依据传统的信息化路径，信息技术规划根据组织的战略目标直接制定。由于组织战略目标的宏观抽象性，依其形成的信息技术规划往往难以直接指导建设实践，不同建设主体对规划的理解不一，造成分散建设、重复投资、信息孤岛等众多问题。EA（E-Administration）的目标则是在宏观的战略目标和具体的建设实践之间架设桥梁，通过对战略目标和业务流程的理解，描绘出未来组织中业务、信息、应用和技术互动的"蓝图"，并设计现实向"蓝图"迁移的路线图，如图5-11 所示。

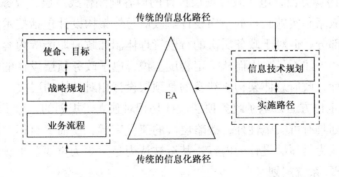

图 5-11　政府总体架构传统信息化路径

需要注意的是，电子政务顶层设计和政府总体架构并不是相对等的概念。政府总体架构重点关注业务和技术；而电子政务顶层设计所涉及的内容更加全面，问题更加深入。政府总体架构基本涵盖了顶层设计技术层和政务层中的业务部分，两者在设计目标、重点、定位和特征方面相对一致，在电子政务顶层设计缺乏理论与方法支撑，而现实又迫切需要开展电子政务顶层设计的情况下，借鉴国外相对成熟并得到成功应用的政府总体架构研究与实践成果，不失是一种行之有效的方法。两者比较见表5-1。

电子政务顶层设计与政府总体架构规划内容的比较分析　　　　　表5-1

比较项	电子政务顶层设计	政府总体架构
针对问题	体制机制不顺、统筹规划不足、公共服务效益不明显	信息系统的复杂性、系统间的互操作和集成、缺乏标准化
设计目标	实现信息共享和业务协同，向社会提供整体性、一体化的服务	实现互操作，消除冗余，实现构件重用，为公民提供无缝隙在线服务
设计内容	战略层、政务层和技术层	元素＋关系＋转变路径，受战略和制度影响
设计重点	建立电子政务各部分间的良好关系	建立政府信息系统各部分间的良好关系
功能定位	重要作用之一是弥补规划与实践之间的空隙	在战略目标和建设实践间架设桥梁
设计特征	以服务对象为中心； 整体主义战略； 强调可实施性； 更加注重科学方法，动态发展	服务于战略目标； 总体视角； 填补目标与实施之间的差距； 需要科学方法，持续改进

两者有以下不同：

（1）在所针对的问题方面，政府总体架构主要针对的是信息系统的复杂性、系统间的互操作和集成及缺乏标准化等问题，而电子政务顶层设计更多的是在我国电子政务建设体制机制不顺、统筹规划不足和公共服务效益不明显的情况下提出的。虽然政府整体架构的运用能在一定程度上解决统筹规划不足的问题，但理念、体制和机制方面的问题并不是政府总体架构的设计所能解决的。

（2）在设计内容方面，电子政务顶层设计的内容则涵盖战略层、政务层和技术层三个层次，是对宏观战略和实施路径的全面设计。政府总体架构设计包括技术层的绝大部分和政务层中的业务部分，但对于政务层次的行政管理体制和政府职能等内容，以及战略层次的内容，则涉及和关注不足。因而从一定程度上说，电子政务顶层设计的内容范围要广于政府总体架构设计，政府总体架构所涉及的是顶层设计相对具体的层次。

（3）在功能定位方面，电子政务顶层设计是相对独立于规划的，除了在规划的基础上设计蓝图，使规划具有可实施性外，战略层次的建设宗旨、使命、目标、原则、体制和机制等，通常也被认为是顶层设计的内容，甚至被认为是"更为重要"的顶层设计。

二、企业层面 BPR 系统规划

（一）BPR 方法的工作流程

1. 业务流程重组

业务流程重组（Business Process Reengineering，BPR）就是重新设计和安排企业的整个生产、服务和经营过程。通过对组织原来生产经营过程的各个方面、每个环节进行全面的调查研究和细致分析，对其中不合理、不必要的环节进行彻底的变革。在具体实施过程中，一般包括以下几个步骤：

（1）对原有流程进行全面的功能和效率分析，发现其存在问题。根据企业现行的业务流程，绘制细致、明晰的业务流程图。

（2）设计新的流程改进方案，并进行评估。在设计新的流程改进方案时，要对流程进行简化和优化。

（3）制定与业务流程改进方案相配套的组织结构、人力资源配置和业务规范等方面的改进规划，形成系统的业务流程重组方案。最后一步，组织实施与持续改善。

2. ISP 与 BPR 的关系

业务流程重组与信息系统规划相互作用、相辅相成。一方面，信息系统规划要以流程再造为前提，并且在系统规划的整个规程中以业务流程为主线。另一方面，面向流程的信息系统规划驱动企业的业务流程再造。信息系统的科学规划，使得信息的收集、存储、整理、利用和共享更为方便快捷，使得同一产品的市场调查、产品构想、工程设计、生产制造、销售服务等环节的并行成为可能。

3. 基于 BPR 的 ISP

基于 BPR 的 ISP 方法强调从企业的战略目标和运行模式出发，通过优化核心过程来分析支持过程的信息系统需求，并制定与企业战略相一致的信息系统规划，其过程框架图如图 5-12 所示。

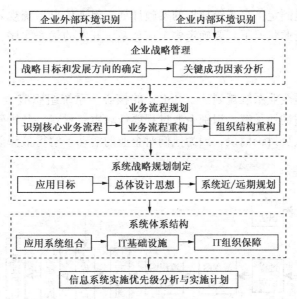

图 5-12　基于 BPR 的 ISP 过程框架图

该过程主要包括以下几个阶段：

1）企业战略分析阶段

这一阶段的主要目的是通过分析企业战略，确定关键成功因素（CSF），使信息系统规划与企业战略保持一致。同时根据企业战略和关键成功因素确定企业的核心过程，这是下一步过程分析和信息系统规划的重点。这一阶段包括分析企业发展战略、确定 CSF 和确定核心过程三个主要活动。

2）过程分析阶段

这一阶段的主要目的是全面了解核心过程现行的运营方式，对其进行必要的分析和优化，保证其运营方式符合企业战略、满足 CSF，同时确定信息系统需求。这一阶段是信息系统规划最重要的阶段，它包括分析过程现状、确定未来过程的运营模型和确定未来过程的信息系统需求三个主要活动。

3）信息系统战略形成阶段

本阶段的目的是制定合理的信息系统战略，满足上一阶段所提出的信息系统需求。制定信息系统战略的目的是合理规划信息系统，保证过程运营和优化中所产生的信息系统需求得到满足。使用一些系统划分技术（如 U/C 矩阵法），按着信息的聚集关系，将这些信息系统需求划分出合理的信息系统。

4）系统体系结构制定阶段

本阶段的目的是充分理解当前信息技术的发展状况和未来的发展趋势以确定实施这些信息系统的技术框架，建立企业的信息技术战略，信息系统要利用信息技术来实现，在企业现有的资源状况下，选用最适当的、相对稳定的信息技术来实现这些信息系统。因此，要确定各个信息系统属于哪种类型，采用什么软件来完成，需要哪些硬件支持，将这些信息技术需求综合起来，制定相应的规划，完成一个完整的信息技术基础框架。

5）实施规划阶段

本阶段的目的是制定信息系统规划的实施计划，保证信息系统规划能够顺利实施。在企业现有的有限的资源状况下，要确定各个信息系统开发的优先次序，保证那些最关键的信息系统优先开发。

（二）定义企业过程

定义企业过程是企业系统规划法（BSP）的核心。系统组织应全力以赴去识别它们，描述它们，对它们透彻地了解。识别企业过程要依靠占有材料，分析研究，但更重要的是要和有经验的管理人员讨论商议，因为他们对企业的活动了解得最深刻。定义企业过程的步骤如图 5-13 所示。

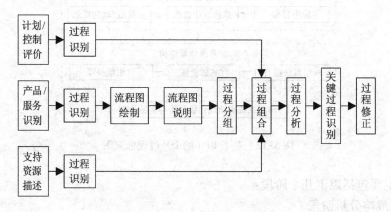

图 5-13 定义企业过程的步骤

（三）定义数据类

数据类是指支持业务过程所必需的逻辑上相关的数据，对数据进行分类是按业务过程进行的，即分别从各项业务过程的角度，将与该业务过程有关的输入数据和输出数据，按逻辑相关性整理出来归纳成数据类。识别企业数据的方法有两种：

（1）企业实体法，企业的实体有顾客、产品、材料及人员等客观存在的东西，联系于每个实体的生命周期阶段就有各种数据。

（2）企业过程法，它利用以前识别的企业过程，分析每一个过程利用什么数据，产生什么数据，或者说每一个过程的输入和输出数据是什么。

（四）设计系统总体结构与开发顺序

1. 定义系统的总体结构

定义信息系统总体结构的目的是规划未来的信息系统的框架和相应的数据类，总体结构所取的形式是一群相互有关的信息系统和需要被管理的有关数据，由总体结构出发，可以识别出每一子系统。

2. 系统的开发顺序

（1）办公自动化系统；

（2）知识图档管理系统；

（3）财务综合管理系统；

（4）人力资源管理系统；

（5）决策支持系统；

（6）物资设备管理系统；

（7）工程项目管理系统。

三、项目层面系统规划

项目层面系统规划基本结构包括系统外部处理流程、内部基本结构和处理流程三部分。外部处理流程实质上是项目生命周期在信息管理过程中的逻辑展开，内部基本结构与处理流程是项目管理职能在信息处理过程中的客观反映。

（一）系统外部处理流程的规划

正确规划工程项目管理信息系统的外部结构与功能，首先必须正确建立项目数据源的整体结构及其流程。工程项目的信息管理范围通常涵盖了业主、设计单位、政府部门、施工单位、供应商、监理单位等众多项目参与方，每个参与方既是项目信息的供应方，也是项目信息的需求方，每个项目参与方由于其在项目生命周期中所处的阶段与工作不同，相应的项目管理信息系统的结构和功能会有所不同，但是系统需求的主导应该是业主，主要包括勘察设计管理、施工管理、合同管理、采购管理等。

（二）系统内部基本结构与处理流程的规划

工程项目管理信息系统从内部功能上一般包括进度信息、造价信息、质量信息、安全信息、合同信息、财务信息、材料信息、文档信息、办公与决策信息等9部分，当处于不同项目生命周期阶段，系统的核心功能和目标会有所侧重和区别。如对于规划阶段，文档处理是系统的核心功能；对于施工阶段，进度、质量和造价三大控制信息的一体化集成处理是系统的主要目标；而对于项目监理，质量信息的实时采集与监控则是系统的着重点等。

（三）内部处理流程的规划原则

（1）进度管理、质量管理、造价管理三大信息控制系统在分部工程的项目划分与项目编码上必须严格按照标准化规范设计并一一对应。

（2）以施工图设计和概预算数据为基础，以进度计划网络图为工具，自动产生指导性的物料（原材料、设备设施）需求、人力资源需求、施工机具需求计划等项目资源计划，作为项目管理控制的基本预期目标。以实际进度、实际财务数据为依据，动态产生实际的人力、资金、物料、机具等资源支出消耗数据，并自动与指导性目标数据相比较，为后续的合同结算、成本控制提供动态、实时的信息和依据。

（3）材料需求计划的编码与采购合同的编码必须一一对应；项目财务信息的科目设置与概预算编码必须一一对应；采购合同编码、概预算编码及财务科目编码在联结点上必须一一对应。从而合同的财务支付数据可以按时间自动实现月度、季度、年度的资金需求汇总，也可以按项目进行自动汇总并与指导性的概预算资源计划目标进行动态对比分析，产生动态的资金需求与成本分析报告。

（4）质量验评项目范围与图纸档案的立卷编码和文件编码一一对应；质量管理部门的验评数据自动汇总成分段工程、分部工程、分项工程和单位工程验收文档，并与图纸档案管理实现数据共享，自动立卷归档，形成数字化项目技术档案。

（5）全面实现进度管理、质量管理、成本管理，完善设计管理、施工处理、合同管理、集中采购管理等基础业务流程是系统建设的核心任务。建立项目生命周期不同阶段之间的数据接口和流程规范是工程项目管理信息系统规划的重点，建立进度项目划分、造价项目划分和质量验评项目划分三者之间编码的统一或对应关系是系统开发的难点。

第四节　工程管理信息系统初步调查

一、系统初步调查的工作内容

对建筑业来说，系统初步调查的工作内容可从三个层面来分析，分别是政府层面、企业层面、项目层面。

（一）政府层面系统初步调查的工作内容

政府层面主要指建筑业电子政务系统的系统初步调查，其工作内容包括：

1. 现行系统的基本状况

财务管理平台是否统一、是否能实时监控所有公司的财务状况。

2. 调查在若干未来时期内的目标和任务

如实现全面预算管理，事前计划、事中控制企业运营，实现资金集中管理，提高资金使用效率，降低财务成本。

3. 项目管理集成应用平台的开发条件

调查项目管理集成应用平台的开发存在哪些必要条件或阻碍。

4. 各类人员对信息系统的态度

从部门、职位、年龄、学历等维度调查各类人员对信息系统的态度，为后续工作的顺利进行奠定基础。

（二）企业层面系统初步调查的工作内容

企业初步调查旨从总体上了解企业概括、基本功能、信息需求及主要薄弱环节。初步调查的内容如下：

1. 企业概况

如企业发展规模、经营效果、业务范围及与外界的联系等，以便确定系统边界、外部环境并对现有管理水平做出评估。

2. 目标与任务

调查企业在若干未来时期内项目经营活动的目标，而任务则是指必须完成的具体生产、施工任务。

3. 组织机构

全面了解企业组织机构设置及职能、规模、人员数量。

4. 企业现行业务流程

了解企业现行的主要业务流程，并根据地理位置不同、信息量大小初步确定合理的硬件结构规划、网络通信模式等。

5. 现有的问题

了解现行管理体系存在的主要问题，主要是弄清楚企业现行管理上的主要瓶颈环节及解决这些问题的初步方案。

6. 系统开发条件

主要包括企业及部门领导对信息系统开发的认识与决心、企业员工对系统开发的认识水平与态度、系统开发人员及技术力量、投资费用等。

7. 计算机应用水平及可利用的资源

调查现阶段计算机应用的情况、应用规模及开展水平，调查可供利用的计算机资源。

（三）项目层面系统初步调查的工作内容

项目层面的系统初步调查的工作内容主要包括：现行系统的基本情况、现行系统中项目信息的处理情况、现行系统的资源情况以及各类人员对信息系统的态度。调查的方式有多种，如座谈访问，发调查表，实地观察与参与，收集有关报表、文件、规章制度等。不同的调查方式有不同的特点，需要依据调查内容和现场环境进行选择。

二、系统初步调查的结果

（一）政府层面系统初步调查的结果

（1）明确现行系统的基本状况；

（2）明确在若干未来时期内的目标和任务；

（3）明确项目管理集成应用平台的开发条件

（4）明确各类人员对信息系统的态度。

（二）企业层面系统初步调查的结果

（1）明确企业概况；

（2）明确目标与任务；

（3）全面了解组织机构；

（4）全面了解企业现行业务流程；

（5）明确现有的问题；

（6）明确系统开发条件；

（7）明确计算机应用水平及可利用的资源。

（三）项目层面系统初步调查的结果

（1）明确现行系统的基本情况；

（2）明确现行系统中项目信息的处理情况；

（3）明确现行系统的资源情况；

（4）明确各类人员对信息系统的态度。

第五节 新系统的目标及可行性研究

一、新系统的目标

系统总体目标需满足建设工程项目三级管理模式，实现不同地区多项目间的资源协调管理及集团建设工程项目数据集中管理、全局共享；加强领导对各成员公司或以地区划分的建设工程项目的管理和监控，为其决策和建设工程项目监督管理提供所需的数据分析依据和报表；建立简捷、明快、直观的适应各级工程项目综合管理机构和不同管理层需要的项目管理浏览窗口；必须能与现有档案管理系统、物资信息系统、工程项目综合管理信息管理系统、财务管理信息系统有良好的接口，确保数据的连贯和一致。

系统开发总体目标是：保证物资供应，降低采购成本，优化库存结构；减少库存资金，加速资金周转，提高工作效率；提高企业的整体效益和核心竞争力。

系统技术性能指标是：具有良好的开放性、高可靠性、安全保密性，具有较高工作效率，人机界面友好，易于扩展和维护。

系统功能目标是：

（1）提高计划准确率和工作效率，疏通信息渠道，加速信息反馈，提高数据准确性，促使信息流与物流同步，促进管理科学化、程序化。提升公司整体运行效率，引入电子招标投标系统，实现招标投标过程无纸化，评标流程控制自动化。

（2）在保证企业经营管理正常进行的前提下，最大限度地简化日常事务，降低原材料成本和运营成本，降低库存和占用资金，增加企业的流动资金，减少财务收支差错或延误。提高材料价格信息准确性，引入网上电子商务报价模式，能实现供应商所提供产品价格的准确更新和统计分析。引入网上办公审批模式，能实现公文及审批无纸化，降低办公用品消耗费用。

（3）要让物流、资金流、数据流、控制流畅通并形成一个完整的闭环反馈系统。整个管理信息系统要以计划和控制为主线，充分体现物流、资金流、信息流、控制流有机集成的管理思想。

（4）要有丰富的监控、考核、管理功能，做到事前有计划、事中有控制、事后有核算，要求每一个业务过程都要为领导（综合管理）提供丰富的决策信息和考核数据。提升管理决策能力，引入材料结构信息动态分析，能帮助公司领导及时掌握市场行情，提供决策依据。

（5）要根据管理的目标对人工管理的业务流程进行优化，使其合理化、科学化，要超越当前的业务，抽象出业务中的管理思想和规律。建立项目管理体系，引入项目预算、计划执行管理模式，建立以项目为主导的协作模式，尽可能实现人力、物力和信息资源整合，增强核心竞争力。

二、可行性研究的定义

可行性研究就是对客观事物未来发展的预料、估计、分析、判断和推测。可行性研究是在正确理论指导下，在自觉地认识客观规律的基础上，借助科学的预测技术体系和对大量信息资料的系统分析，揭示客观过程的本质联系和必然趋势的科学预测。科学预测是依据对客观规律的认识去预测未来。

工程信息化可行性研究是指从人才队伍建设、研发核心技术、完善管理制度等方面入手，对工程建设领域利用计算机应用技术和信息技术优化设计方案、提高设计效率、缩短设计及建设周期、提高建设质量的工程信息化方案进行调研、数据分析、制定方案、选择方案，得出可行与否结论的过程。

（一）人才队伍建设

土木工程信息化人才队伍建设要坚持面向产业和企业实际需求，面向本省建设行业，以培养高层次、高水平、高素质的专业技术人才和高技能人才为重点，确立短、中、长期相结合的人才队伍建设计划，逐步构建起与土木工程信息化相适应的多层次、多渠道、多形式的人才培养体系。重视复合型人才培养，进一步推动"产学研"合作培养机制，同时坚持引进与培养相结合，力争在人才总量、结构和素质等方面更好地适应土木工程信息化的需要。

（二）研发核心技术

依据《国家中长期科学和技术发展规划纲要（2006~2020年)》的任务要求设置，国家住房和城乡建设部《2011~2015年建筑业信息化发展纲要》的总体目标是："十二五"期间，基本实现建筑企业信息系统的普及应用，加快建筑信息模型（BIM）、基于网络的协同工作等新技术在工程中的应用，推动信息化标准建设，促进具有自主知识产权软件的产业化，形成一批信息技术应用达到国际先进水平的建筑企业。土木工程的五大领域：城乡地理基础数据、设计、施工、管理、商务贸易等，它们之间的信息是相互贯通、不可割裂的。要提升土木工程信息化水平，实现住房和城乡建设部信息化发展纲要的总体目标，根本上促进我省建设行业产业升级的关键手段之一就是对信息化包括云计算技术；三位协同设计技术；建筑信息模型（BIM）技术；虚拟现实、可视化技术；综合项目管理技术；大数据技术；物联网技术；智能技术；移动办公、移动互联网及电子商务技术；3D打印及建造技术等核心技术开展研究、应用和推广。

（三）完善管理制度

建筑业信息化建设的发展关键应该是管理者要改变建筑业的传统观念，转变思想，构建全新的建筑业信息化建设框架，促进建筑业信息技术的发展，带动整个建筑业的改变。建筑业信息化技术的广泛应用将影响建设行业结构的重新调整与资源的重新整合，通过学科建设、整合社会资源，从管理制度和政府政策上为建筑业信息化建设的发展提供支持。调动建筑业各企业、建筑业各专业委员会以及政府部分等相关人员的积极性，积极地开展相关国际之间的经济技术合作，为建筑业信息化建设提供健全、强有力的推动机制。

三、可行性研究的内容

（一）必要性

必要性分析是从管理对信息系统的客观要求及现行系统的可满足性，分析信息系统开发是否必要。

（二）经济上的可行性

1. 费用估算

新系统开发、使用包括以下几方面的费用：

（1）设备费，包括计算机的硬件、软件、机房、服务器等；

(2) 人工费用，包括系统的开发费，员工的培训费及试运行等方面所需要的费用；

(3) 变动费用，指系统投入使用后需消耗的材料、水（电）费及管理人员薪酬等。

2. 效益的估算

效益的估算可从直接经济效益、间接经济效益等方面进行分析。

直接经济效益包括：

(1) 加强费用控制，节约费用比率；

(2) 加强成本分析与控制，节约成本比率；

(3) 加强物资、库存管理，使得物资、库存资金节约多少；

(4) 减少人工的工作量，工作效率提高比率。

间接经济效益包括：

(1) 提高管理工作水平；

(2) 提高企业信誉；

(3) 提供决策支持；

(4) 管理信息的采集、加工、处理、使用的及时性所带来的经济效益。

根据以上的费用、效益分析，确定系统开发的经济性，同时也考验算出整个系统的投资回收期。对企业管理信息系统的开发统计表明，信息系统的投资回收期一般为 3～5 年。

（三）技术上的可行性

设备方面，从计算机的性能，网络能力，输入、输出设备，可靠性、安全性等方面论述是否满足管理系统处理的要求，数据传送与通信能否满足要求，网络和数据库的可实现性如何等。

技术力量方面，主要考虑从事系统开发和维护工作的技术力量。管理信息系统在系统开发、使用、维护各阶段需要系统分析员、设计员、程序员、录入员及软硬件维护员等各类专门人员，这些人员能否满足要求。

（四）组织管理的可行性

(1) 企业领导、部门主管对信息系统开发是否支持，态度是否坚决；

(2) 管理人员对信息系统开发的态度如何，配合情况如何；

(3) 管理基础工作如何，目前管理方式的业务处理是否规范等；

(4) 信息系统的开发运行导致管理模式、数据处理方式及工作习惯的改变，这些工作的变动量如何，管理人员能否接受。

四、可行性研究报告

（一）可行性研究报告的内容

1. 引言

(1) 系统名称、主要内容和目标；

(2) 可行性研究小组工作人员情况；

(3) 参考资料；

(4) 专门术语的定义。

2. 技术可行性分析

(1) 系统技术方案的主要内容和分析；

(2) 关键技术的分析，解决办法和措施，实现的条件；

（3）国内外水平和发展趋势；

（4）本系统采取的方案与国内外水平的比较；

（5）实现该系统需要解决的问题。

3. 经济可行性分析

（1）现有经济条件分析；

（2）系统开发费用估算；

（3）系统运行费用估算；

（4）系统实现后经济效益及社会效益的估计；

（5）经济可行性分析。

4. 运行可行性分析

（1）系统对组织机构的影响；

（2）组织机构内部人员的适应情况；

（3）环境条件的可行性。

5. 几种方案的比较分析

从技术、经济、运行等维度对几种待选方案进行比较分析，综合评定待选方案的优劣。

6. 结论

可行性研究的结论应是下列内容之一：

（1）可按某方案着手组织系统开发；

（2）需等待某些条件成熟后再开发；

（3）需对开发目标做适当修改后才能开发；

（4）本系统不能开发；

（5）本系统不必开发。

（二）工作要点

1. 财务方面

做好前期可行性研究阶段的经济评价，实现投资决策科学化，提高投资效益，有着至关重要的意义。尤其要注意的是，风险分析应作为可行性研究报告所强调的重点内容。

2. 体制方面

（1）加强项目开发环境分析；

（2）建立科学的指标评价体系；

（3）完善项目可行性研究审批备案制度并引进社会监督机制；

（4）建立可行性研究数据库。

3. 人力资源素质方面

要做好经济评价工作，技术经济工作者应具备以下素质：

（1）强烈的责任感和事业心。

（2）较高的政策水平。

（3）扎实的基础，广博的知识。可行性研究中技术经济人员担任重要的角色，工作涉及许多相关专业，许多咨询单位还委派技术经济人员担任可研报告的编制负责人，技术经济人员没有扎实的基本功是难以胜任的。

（4）善于调查研究和进行综合分析。经济评价的大量工作主要反映在调查研究阶段，各种基础数据的调查、预测、取定，集中反映了技术经济人员的综合分析业务水平的高低。经济评价结果的准确与否，主要取决于基础数据的可靠性，取决于技术经济人员的综合分析能力。一个好的评价软件可以提高工作效率，消除简单计算的错误，但绝不是万能的。作为一名优秀的技术经济人员，自己应该具备开发、消化和修改评价软件的能力，而不是被动地去使用软件。

（三）在编制可行性研究报告中可能存在的问题

1. 技术方案研究论证深度不够

国内可行性研究工作不但达不到要求，而且可研报告与项目建议书内容趋同，很难满足投资决策对可研工作的要求。

2. 不重视多方案论证和比较，无法进行优选

许多可研报告中只有一个方案，即使有几个方案，研究深度也不够，分析对比简单，而且侧重对某一方案的论证，其他方案则一带而过，决策者无法进行最优化选择和比较。

3. 调查研究不深入，投资收益计算失真

由于人力及资金等因素的原因，资料收集不全面，在投入产出计算中，夸大产出效益，低估项目成本，造成项目投资效益失真，误导投资决策。

4. 可行性研究报告的编制缺乏独立性、公正性和客观性

可行性研究的公正性要求编制单位要独立完成，对项目进行客观公正的评价论证，而国内一些研究设计单位、咨询机构、委托单位站在自身利益上或投审批者所好，掩盖矛盾和风险，为"可行"而研究，盲目乐观、报喜不报忧，缺乏公正性、客观性。

5. 不重视风险分析

可行性研究中对风险分析重视不够，缺乏项目周期各阶段风险管理的统一筹划及策略论证。有的可研报告结论与论证过程不一致或结论过于片面，没有风险预测，只做"项目可行"的结论，千篇一律，缺乏参考价值。

第六节　案例分析

一、案例1：工程信息化可行性研究报告现状分析示例

（一）基础地理信息化现状与分析

以地理空间信息数据库、地理信息系统和计算机网络技术为主体的测绘地理信息，正向以地理空间信息综合服务为核心的信息化地图与地理信息系统，天、空、地一体化向智能化处理转变，信息服务的网络化正在成为信息时代地理信息工程学科的新特征。此为工程信息化可行的基础。

（二）勘察设计信息化现状与分析

近几年，勘察设计企业愈发重视信息化建设工作，组织机构进一步健全，信息化应用水平明显提升，在企业综合管理系统、专业数据库、协同设计等方面，取得了长足的进步，显著提升了企业的管理水平和生产效率，推动了行业的技术进步。三维（3D）技术、虚拟现实（VR）技术也已在工程设计中得到越来越广泛的应用。BIM（建筑信息模型）理念及技术的引进以及大型设计院的实践，展示了良好的应用趋势和广阔的发展前景。对此方面进行详尽的技术分析，有利于把握前期投资。

（三）工程施工信息化现状与分析

1. 土木工程施工信息化的外部环境

建筑业信息化基础建设和电子政务建设的逐步成熟和完善，将为施工企业的信息化建设提供一个较为良好的外部环境。这主要取决于建设行政主管部门是否设立了行业管理网站等管理系统，并相应地建立了建筑材料与设备信息库、工程造价信息库、施工工法信息库、建筑新技术、新工艺、新产品信息库等信息资源数据库，建立建筑市场综合监管和企业信用档案等信息资源系统。

2. 土木工程施工信息化的推行状况

目前各地区施工企业信息化的管理水平参差不齐。大中型施工企业大部分已经建立了企业内部的网络系统，能利用计算机网络技术进行项目管理工作，初步具备了企业信息化管理的能力；但多数施工企业的信息化程度还比较低，信息基础平台不健全甚至根本就没有信息平台，软件的应用范围较窄，大部分工作还依靠手工完成；有的部分施工企业领导者对信息化建设、管理没有给予充分重视，甚至有人认为企业配置了计算机等硬件设施就完成了信息化建设。在进行可行性研究期间，需考虑到以上问题，结合实际情况，分析验证。

3. 土木工程施工信息化的应用范围

从施工企业的工作领域来看，目前大多数企业的计算机应用主要集中在预算、财务、计划、统计、材料、设备管理等机械性工作范围内；所使用的软件大多是从社会上购买的商品软件，处于初级阶段的电子数据处理水平。一些大型骨干企业开始建立了自己的局域网，设想实现设备资源共享和信息资源共享、办公自动化或办公无纸化的目的，但是由于刚刚起步，对于企业内部的各部门、各环节的联系，还是有很多困难。

4. 存在的问题

（1）信息技术仍然比较落后，我国的土木工程施工信息化建设起步晚、起点低，信息技术的发展远远落后于西方发达国家。同时，缺乏对新技术的敏感，有些信息化科研项目尚未结束，所用技术就已经过时的现象常有发生。

（2）企业实力不足，对于土木工程施工企业来讲，实现企业信息化是一个耗费资金、技术、人力、物力等的一项浩大的工程。特别是目前我国企业信息化建设中，失败的例子屡见不鲜，因此也束缚了企业信息化的脚步。

（3）对施工企业信息化的认识模糊，我国的多数企业认为，企业开展信息化就是购置信息化产品；认为企业开展电子商务就是为了宣传产品、提高企业知名度的需要。只有很少的企业认为，企业信息化的真正使命是帮助企业降低生产、销售、运营的成本，是以信息技术、网络技术为手段，提高企业经营和管理能力。

（4）有些施工企业对信息化产生惧怕情绪。部分企业很早就进行了企业信息化建设的尝试，但由于在当时环境下，信息化理论的不成熟和认识上的不足，出现盲目投入，导致投入大、收效小，从而产生"惧怕"推进企业信息化系统建设的情绪。

（四）工程商务贸易信息化现状与分析

电子商务已成为建筑业发展的新趋势。电子商务贸易受到行业相关各部门的普遍关注，成为新的经济增长点。借助网络经济、发展电子商务已成为提升行业信息化管理水平、增强行业竞争力、适应未来的有效手段。

与其他行业相比，建筑行业商务贸易信息化相对落后，应用范围、深度、广度、内容、水平等偏低，建筑行业与信息化技术的融合一直较为缓慢。因此在进行可行性研究时要特别注意这一点。

二、案例2：施工总承包企业信息系统总体规划

施工总承包企业信息系统是一个一体化的、信息资源充分共享的管理平台。所需系统要符合企业发展战略，满足企业发展与管理的要求。

信息系统支持通过局域网/广域网/因特网等多种访问方式，支持多层体系架构下的B/S或C/S结构模式。系统应提供成熟稳定的平台化设计思路，在平台上可以进行软件功能模块扩展、系统集成、二次开发等应用。支持Oracle、DBZ等主流数据库，应用服务器支持Unix/Linux/Windows等主流操作系统。

信息系统应可以支持施工总承包企业大型化、多组织结构的复杂管理层级，不仅要能满足前期建设需要，同时还应能满足企业未来在此平台上逐步扩展建设的需要，要求有充分的可扩展性和前瞻性。

某施工总承包企业信息系统体系结构规划如图5-14所示。

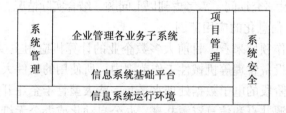

图5-14 施工总承包企业信息系统体系结构规划图

施工总承包企业信息系统主要包含：应用系统、信息系统运行环境两大方面。应用系统为在信息系统基础平台上建立的企业管理各业务子系统和项目管理系统；信息系统运行环境为信息系统运行网络、数据库、硬件基础设备等。

该施工总承包企业信息管理流程如图5-15所示。

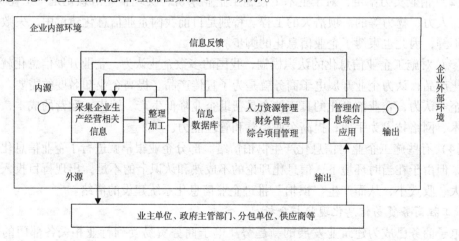

图5-15 施工总承包企业信息管理流程图

该施工总承包企业通用业务模型如图5-16所示。

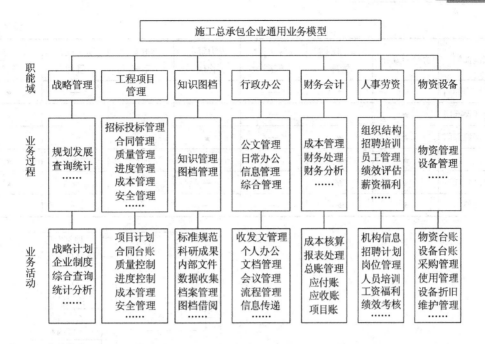

图 5-16 施工总承包企业通用业务模型

根据施工总承包企业通用业务模型，规划出企业信息系统框架，如图 5-17 所示。

该施工总承包企业应用系统划分为七个子系统，包括办公自动化系统、财务管理系统、人力资源管理系统、物资设备管理系统、工程项目管理系统、知识图档管理系统和决策支持系统。其中，工程项目管理系统是整个企业信息系统的核心子系统之一，也是最难实施和逻辑性最复杂的分系统。包括招标投标管理、合同管理、成本管理、进度计划管理、质量管理、安全管理、施工技术资料管理等方面。

施工总承包企业的项目管理一般具有两个层面的含义，其一是项目级的工程项目管理，其二是企业级的多项目管理。项目级的工程项目管理侧重于单体项目管理，具体工程项目实施组织管理，表现为过程管理、数据收集和目标控制；企业级的多项目管理侧重于职能管理和宏观控制，表现为辅助决策、数据分析和总体管理。施工总承包企业信息系统工程项目管理子系统，一般通过权限级别设置、功能模块设置来区别企业级工程项目管理和项目级工程项目管理。

结合企业信息系统框架，企业所有部门均对应办公自动化系统（OA）和知识图档管理系统，部门根据需要和权限区分进行使用，具体对应按表 5-2 确定。

职能部门	办公自动化	知识图档管理	财务综合管理	人力资源管理	决策支持系统	物资设备管理	工程项目管理
领导层	★	★	—	—	★	—	—
财务管理部门	★	★	★	—	—	—	—
经济管理部门	★	★	—	—	—	★	★
工程技术部门	★	★	—	—	—	—	★

企业职能部门的应用系统设置　　　　　表 5-2

续表

职能部门	办公自动化	知识图档管理	财务综合管理	人力资源管理	决策支持系统	物资设备管理	工程项目管理
质量管理部门	★	★	—	—	—	—	★
安全环保部门	★	★	—	—	—	—	★
人力资源部门	★	★	—	★	—	—	—
分公司	★	★	★	★	—	★	★
工程项目部	★	★	—	—	—	★	★
其他部门	★	★	—	—	—	—	—

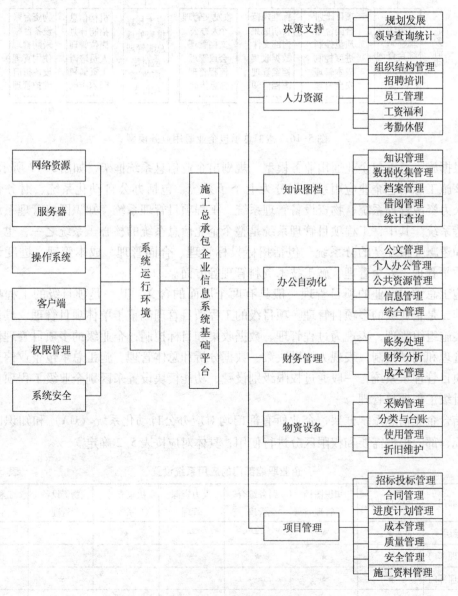

图 5-17　施工总承包企业信息系统框架图

【章后习题】
1. 简述工程管理信息系统规划的工作内容和特点。
2. 系统初步调查的内容是什么？
3. 工程管理信息系统总体规划的方法有哪些？

【参考文献与延伸阅读】

[1] 倪志宇. 建筑施工企业管理信息系统开发与实施研究[J]. 广西轻工业, 2011, 27(3): 72-73.
[2] 冯林. 网络环境下企业信息系统规划理论与方法的研究[J]. 科技情报开发与经济, 2007, 17(11): 127-128.
[3] 徐伟. 管理信息系统战略规划[J]. 中南财经政法大学学报, 2004, (1): 125-128.
[4] 胡宏炜. 施工总承包企业信息系统规划研究[D]. 武汉: 武汉理工大学硕士学位论文, 2010.
[5] 杨晓凡. 中铁大桥局工程项目管理信息系统规划探讨[J]. 企业科技与发展, 2009, (8): 18-21.
[6] 李国福, 刘道维, 李明镐. 施工企业管理信息的系统综述[J]. 黑龙江水利科技, 2007, 35(5): 129-130.
[7] 蔡中辉. 建设工程项目信息管理[M]. 北京: 中国计划出版社, 2007.
[8] 姜卫强, 刘道维, 王玉章. 水利施工企业管理信息系统开发规划方法的选择: 第十三届全国工程建设计算机应用学术会议论文集[C]. 广州: 华南理工大学出版社, 2006.
[9] 刘涛, 肖平, 黄新艳. 企业管理信息系统规划方法及相关问题初探[J]. 企业科技与发展, 2009, (8) 22-24.
[10] 郑天鹏. 电子政务顶层设计: 国际比较与中国策略[D]. 长春: 吉林大学硕士学位论文, 2014.
[11] 吴倚天. 顶层设计的当务之急——访中国电子政务示范工程专家组专家、国家行政学院教授汪玉凯[J]. 中国信息界, 2005(15): 27.
[12] 谢力民. 顶层设计——电子政务向纵深发展的标志[J]. 数码世界, 2005, (3): 5.
[13] 宁家骏. 顶层设计奏响电子政务的乐谱[J]. 中国计算机用户, 2009, (9): 47.
[14] 樊博, 孟庆国. 顶层设计视角下的政府信息资源共享研究[J]. 现代管理科学, 2009, (1): 4.
[15] 杨学山. 电子政务的顶层设计[J]. 电子政务, 2010, (8): 3.
[16] 肖能德, 李恩敬. "顶层设计"在电子政务建设中的应用[J]. 福建建材, 2010, (3): 122.
[17] 于施洋, 王璟璐, 杨道玲, 等. 电子政务顶层设计: 基本概念阐释[J]. 电子政务, 2010, (3): 6.
[18] 曹新利, 金妮, 王晔. 建设大平台 集成大数据 提供大服务——陕西省建设行业信息化发展探讨[J]. 中国建设信息, 2014, (13).
[19] MOHAMED M A, GALAL-EDEEN G H, HASSAN H A, et al. An Evaluation of Enterprise Architecture Frameworks for E-Government [C]. Seventh International Conference on Computer Engineering & Systems, 2012.
[20] JANSSEN M, HJORT-MADSENK. Analyzing Enterprise Architecture in National Governments: the Cases of Denmark and the Netherlands, IEEE, 2007.
[21] 郭东强. 现代管理信息系统[M]. 北京: 清华大学出版社, 2010.
[22] 铁沛. 地产公司采购管理信息系统的建设[D]. 成都: 西南财经大学硕士学位论文, 2007.
[23] 李红梅, 韩逢庆, 崔骅. 管理信息系统规划的主要方法及其评价[J]. 重庆工业管理学院学报, 1998, 12(4): 50-52.
[24] 黄凯. 浅论工程项目管理信息系统的规划[J]. 中国科技信息, 2005, (9).
[25] 赵平. 石化项目的可行性研究[D]. 天津: 天津大学硕士学位论文, 2010.
[26] 陈硕, 赵士怀, 曹有新, 等. 福建省土木工程信息化学科发展研究报告[J]. 海峡科学, 2015, (1): 30-39.

第六章　工程管理信息系统分析

【学习目的与要求】

本章主要从系统分析的概述、信息系统的详细调查及需求分析、信息系统业务流程分析、信息系统数据流程分析、新系统逻辑模型的构建、信息系统分析报告、工程信息系统分析实例等方面来阐述工程管理信息系统分析。

第一节　系统分析概述

系统分析的结果是系统设计和系统实施的基础，系统分析阶段的工作质量决定后面的系统设计和系统实施能否顺利进行，关系到管理信息系统开发工作的成败。系统分析是整个管理信息系统开发工作的一个重要阶段。

一、信息系统分析的任务

系统分析阶段的任务是设计出系统的逻辑模型，即根据工程管理的具体情况，规定出所设想的工程管理信息系统应该做些什么，系统应该具有怎样的功能。系统分析阶段，只要求用户提出要求，在用户提出要求时，系统分析者假想所有的要求都能实现。即从抽象处理的角度，来设计工程管理信息系统，而不必考虑系统中具体的功能将用什么样的技术手段来完成，也不考虑这些任务是用什么具体的处理方式来完成的。但系统分析需要了解现行系统的现状和存在的问题，提出系统的设计建议。

因此，系统分析阶段的主要工作，是对现行系统进行全面详细的调查，分析系统的现状和存在的问题，真正弄清楚所开发的新系统必须要"做什么"，提出新的管理信息系统的逻辑模型，为下一阶段的系统设计工作提供依据。

（一）系统分析具体内容

1. 确定系统目标

充分了解、调查、分析管理信息系统建立的目的，所要解决问题的范围、性质及相关因素。

2. 了解信息的需求

在已确定管理信息系统目标的前提下，分析项目各管理部门、各阶段信息的需求，以便提供决策和工作的需要。

3. 了解各项工作的功能需求

了解各管理部门、各阶段、各项工作对管理信息系统的要求，系统应具备的功能，就是达到系统总体目标要求，各子系统能实现的功能。

4. 了解系统的各项限制条件

在系统开发之前必须对内部、外部的限制条件，如人力、设备及技术条件等调查清楚并加以分析研究，以求最妥善地解决。

5. 系统方案分析

在调查现状、系统环境和限制条件的基础上，对提出建立的系统可行法案进行评价，选取最优方案。

（二）系统分析所应用的技术手段

在进行系统分析时可以采取画数据流图、编写数据字典、划分子系统及系统规格说明等技术手段来完成。

1. 数据流图

数据流图是形象地显示系统内数据的流向以及使用情况的图形，是系统分析的主要工具，它不仅表达了数据在系统内部的逻辑流向，而且还表达了系统的逻辑功能和数据的逻辑变换关系。

2. 数据字典

数据字典是对系统数据流图上所有数据流、数据存储和处理过程加以说明，并将它们按特定格式记录下来，以便随时查阅修改。数据字典是数据流图的补充说明。

3. 子系统划分

一个工程项目管理信息系统包括很多工作内容，在系统设计时要将其划分为子系统，以便进行开发。子系统划分的原则是：

（1）子系统对其他子系统的数据依赖应尽可能小；

（2）子系统包含的各个过程内在联系应尽可能强；

（3）子系统的划分在总体设计时可以实现。

4. 系统规格说明

系统分析师在系统分析阶段的成果是系统规格说明。在系统规格说明中，除了包括拟建系统的逻辑模型及有关图表，还要进一步用文字加以说明，系统规格说明主要包括：现行管理概况，拟建管理信息系统的原则，拟建系统的目标，信息量调查及分析，数据流图的进一步说明，输入、输出的要求，数据存储的要求，子系统与其他子系统的关系，系统的总体结构方案，计算机硬件配置，系统实施步骤。

二、系统分析的原则

1. 实用性和先进性原则

本系统以适应当前以及今后相当长一段时间工程项目管理工作需要为重点，通过合理投资，充分利用现有的一些资源，建设一个比较先进的系统。

2. 开放化和标准化原则

全面信息化建设标准或国际上通常采用的事实标准，使系统具有良好的兼容性，为以后系统的升级和与其他信息系统的数据兼容留下较大的余地。

3. 模块化原则

项目管理信息系统采用模块化设计，按照不同的业务功能划分各个功能模块。在设计中尽量减少模块间数据的传递，以减少相关性，每个功能模块完成各自要求的任务，单个模块的改动不会影响到其他模块，方便程序的设计开发并且为以后的系统维护提供便利。

4. 易管理性、安全性原则

系统设计时充分考虑易管理性原则，强调技术与业务紧密结合，注重可管理性，最大限度地满足实际工作中的需要。系统应该具有对前端用户进行身份验证与授权管理，防止非法用户进入系统及非法使用数据库，造成数据的泄露、更改和破坏，并且具有良好的稳定性，运行安全可靠，使其易操作、易维护。

三、系统分析的工作步骤

（一）宏观步骤

1. 调查建立管理信息系统的可行性

对系统的现状进行调查，项目管理有哪些部门，哪一阶段的文件、材料可以建立管理信息系统，建立的目的、要求。调查研究建立管理信息系统所需要的各种资源、资金、技术文件和时间等。论证建立管理信息系统在经济上的合理性、在技术上的可能性以及今后长远发展的要求。确定开发方案，要考虑究竟是分期、分批、分阶段开发，还是一次开发，或者只开发系统的某一部分。

2. 对现行系统进行分析

在已确定建立管理信息系统方案的前提下，调查和建立系统的信息量和信息流。信息量是信息的名称、种类、数量等，信息流是信息源、流动方向、传递渠道等。调查项目管理各部门在施工各个阶段数据处理的内容、需要保存的文件、输出和传递数据的格式，分析各用户的要求。最后确定哪些内容应纳入管理信息系统由计算机处理，哪些内容由人工处理完成。对于处理过程应详细绘制各项目管理部门、各阶段的管理信息系统的数据流程图，作为系统设计的依据。

3. 确定计算机的技术要求

初步提出对未来系统用于计算的硬、软件的规模要求，通过技术经济效果评价，对提出的若干方案进行优选。优选条件：一是对管理信息系统投入的费用和效益的分析；二是该系统能给将来数据量的扩充余地。

（二）系统分析的基本步骤

（1）现行系统的详细调查及需求分析；

（2）组织结构与业务流程分析；

（3）系统数据流程分析；

（4）建立新系统的逻辑模型；

（5）提出系统分析报告。

四、结构化系统分析的工具

（一）数据库技术

数据库是依照某种数据模型组织起来并存放二级存储器中的数据集合。这种数据集合具有如下特点：尽可能不重复；以最优方式为某个特定组织的多种应用服务；其数据结构独立于使用它的应用程序；对数据的增、删、改和检索由统一软件进行管理和控制。从发展的历史看，数据库是数据管理的高级阶段，它是由文件管理系统发展起来的。

数据库是一个单位或是一个应用领域的通用数据处理系统，它存储的是属于企业和事业部门、团体和个人的有关数据的集合。数据库中的数据是从全局观点出发建立的，它按一定的数据模型进行组织、描述和存储。其结构基于数据间的自然联系，从而可提供一切必要的存取路径，且数据不再针对某一应用，而是面向全组织，具有整体的结构化特征。

（二）数据挖掘技术

数据挖掘是从大量数据中"提取"或"挖掘"知识。从广义上来说，数据挖掘是从存放在数据库、数据仓库或其他信息库中的大量数据中挖掘有趣知识的过程。数据挖掘功能用于指定数据挖掘任务中要找的模式类型。数据挖掘任务一般可以分为两类：描述和预测。描述性挖掘任务刻画数据库中数据的一般特性；预测性挖掘任务在当前数据上进行推断，并加以预测。

数据、信息也是知识的表现形式，但是人们更把概念、规则、模式、规律和约束等看作知识。人们把数据看作是形成知识的源泉，好像从矿石中采矿或淘金一样。原始数据可以是结构化的，如关系数据库中的数据；也可以是半结构化的，如文本、图形和图像数据；甚至是分布在网络上的异构型数据。发现知识的方法可以是数学的，也可以是非数学的；可以是演绎的，也可以是归纳的。发现的知识可以被用于信息管理、查询优化、决策支持和过程控制等，还可以用于数据自身的维护。

（三）数据库工具选择

数据库开发工具有很多种，总的来说可以分为四类，即 Oracle、SQL Server、DB2 和 Sybase ASE，本文的设计采用 SQL Server 数据库。该数据库的特点是可以有效支持几乎所有的工业设计标准，能够在很多主流的系统平台上运行。

如果操作系统不能够满足系统设计的需要，开发和使用用户可以将数据库进行移植，例如可以移植到 UNIX 操作系统中运行，也就是说 SQL Server 数据库可以全力支持开发人员，能够使客户具有充分的空间来选择合适的设计方案和解决办法，并且 SQL Server 数据库能够有效提高系统设计的高伸缩性与可用性。

（四）描述处理逻辑的工具

数据流程图中比较复杂的处理逻辑，用文字描述就存在着不足之处，有必要运用一些描述处理逻辑的工具来进行更为详细、易懂的说明。常用的描述处理逻辑的工具有判断树、判断表和结构化语言等方法。

1. 判断树

判断树采用树型结构来表示处理逻辑。从图形上可以一目了然地看清用户的业务在什么条件采取什么样的处理方式，一枝树枝代表一组条件的组合和相对应的一种处理方式。

2. 判断表

在条件较多、相应的决策比较多的情况下，考虑用判断表。判断表用二维表格直观地表达具体条件、决策规则和应当采取的行动策略之间的逻辑关系。

3. 结构化语言

结构化描述语言采用很简洁的词汇来表述处理逻辑，没有严格的语法，可以用英语表达，也可以用汉语表达。结构化描述语言采用三种基本逻辑结构来描述处理逻辑，这三种基本逻辑结构是：顺序结构、循环结构和选择结构。

（1）顺序结构是按出现的先后顺序执行的一种结构。顺序结构是由一条条的祈使句构成的，每一条祈使句至少要有一个动词，表明要执行的动作，还至少应有一个名词作为宾语，表示动作的对象。

（2）循环结构是指在某种情况下，反复执行某一相同处理功能的一种结构。

（3）选择结构常常用来描述要按不同的条件状况分别执行不同的处理功能。

几种表达工具的比较：结构化语言最适用于涉及具有判断或循环动作组合顺序的问题；判断表较适用于含有 5~6 个条件的复杂组合，条件组合过于庞大则将造成不便；判断树适用于行动在 10～15 之间的一般复杂程度的决策，必要时可将判断表上的规则转换成判断树，以便于用户使用；判断表和判断树也可用于系统开发的其他阶段，并被广泛地应用于其他学科。

第二节 信息系统的详细调查及需求分析

一、信息系统的详细调查

（一）详细调查的原则

1. 真实性

详细调查的内容务必反映真实的系统情况，以配合后续工作。

2. 全面性

全面调查系统界限和运行状态、组织机构和人员分工、业务流程、各种计划、单据和报表、资源情况、约束条件、薄弱环节和用户要求。

3. 规范性

务必按照规范标准进行调查分析过程。

4. 启发性

调查内容要有一定的延伸作用。

（二）详细调查的内容

详细调查的目的是评价拟建的工程项目招标投标管理信息系统方案，它不是一个设计研究，也不是详细地对整个业务系统管理细节的收集，它主要是收集评价方案优缺点所需要的信息，以便进行可行性分析。详细调查的内容如下：

（1）系统界限和运行状态；

（2）组织机构和人员分工；

（3）业务流程；

（4）各种计划、单据和报表；

（5）资源情况；

（6）约束条件；

（7）薄弱环节和用户要求。

（三）调查的方法

1. 调查的方法

（1）重点询问方式；

（2）问卷调查方式；

（3）深入实际的调查方式；

（4）面谈；

（5）阅读；

（6）观察和参加企业业务实践。

2. 详细调查中应注意的问题

调查前做好计划和用户培训，调查中避免先入为主，调查与分析整理相结合，使用规范的、简单易懂的图表工具。系统分析人员应当具有虚心、热心、耐心和细心的态度，力求真实准确，以便在短期内对现行信息系统有全面详细的了解。

二、需求分析

(一) 需求分析过程

需求分析阶段是开发管理信息系统项目不可忽视的一个环节，需求分析的结果直接影响到系统的后期开发。需求分析可分为三个过程：

1. 可行性评估

可行性评估可以从系统开发的计划出发，论述系统开发力量的可行性。首先，根据项目所期望达到的目标，考察组织的技术基础、管理基础以及管理数据的完备性，看组织是否具备开发管理信息系统所需投入的各种资源，如人才、知识储备、时间范围、资金等；其次，分析项目开发成果能否被用户方接受，能否促使工作流程的合理化，提高工作效率，降低组织管理运行成本；再次，要对管理信息系统项目开发的经济可行性以及系统运行之后给组织带来的效益进行分析。

2. 需求评估

对工程管理信息系统开发的整体需求和期望做出分析和评估，详细考虑需求的实现方式，确定系统的各个功能模块及模块间的关系，对系统的信息标准进行统一确定，并据此明确管理信息系统项目成果的期望和目标。

3. 项目总体安排

对管理信息系统开发的时间、进度、人员、费用等做出总体安排，制定项目的总体计划。

(二) 数据库需求分析

数据库的需求分析是用户希望系统在设计约束条件和功能等方面的要求和希望。数据库需求分析的结果与用户的实际要求是否相符，会影响到后面各阶段的设计。

工程项目管理信息系统需求分析主要内容包括业务输入信息和查询信息两大业务块信息需求。

1. 业务输入信息业务需求

包括项目立项信息输入、招标信息输入、计划信息输入、合同信息输入、资金信息输入、各类过程信息输入及文档上传。

2. 查询信息业务需求

包括基本信息、审批信息、招标信息、年度计划管理、进度计划管理、合同管理、资金支付、投资统计、过程管理、变更管理、文档管理。

（1）基本信息包括：项目名称、类型、性质、总投资、计划开工、计划完工、项目单位、项目负责人、联系方式、建设地点、主要建设内容、设计单位、主要施工单位等信息。

（2）审批信息包括：项目建议书、可行性研究报告、初步设计、初步设计调整的批复时间、批复文号、批复投资及费用组成（建筑费、安装费、设备费、材料费、其他费、预备费）等信息。

（3）招标信息包括：勘察设计、施工、监理等招标具体信息，如招标方式、开标时间、开标地点、投标单位、投标金额、中标时间、中标单位、中标金额等。

（4）年度计划管理：主要是每个项目在开工建设开始，各个年度的投资计划完成情况。

（5）进度计划管理：主要包括这个项目从项目建议书、可行性研究报告、初步设计、主要工艺设备采购、施工招标、开工、实物交接、交工验收、竣工验收等计划节点与实际节点信息。

（6）合同管理：包括合同名称、合同编号、合同报批信息、合同金额、合同单位、合同结算信息、合同执行信息等。

（7）资金支付：主要包括各个合同各月的资金预算支付情况。

（8）投资统计：主要包括各个项目各个月的建安、设备、其他投资完成情况的统计信息。

（9）过程管理：主要包括各类合同执行过程奖罚情况，以及质量、进度、安全检查和评比工作的各类奖罚情况的汇总。

（10）变更管理：主要指设计变更信息，包括变更内容、涉及变更金额、审批单位、审批人、审批时间等信息。

（11）文档管理：主要包括各类奖罚书面文件扫描版、会议纪要、批复文件等的汇总、查询信息。

第三节　信息系统业务流程分析

一、业务流程图符号

业务流程图是在业务功能的基础上，利用系统调查的资料将业务处理过程用一些图形来表示。绘制业务流程图是系统分析的重要步骤，通过绘制业务流程图可以了解该业务的具体处理过程，发现和处理系统调查工作中的错误和疏漏，修改和删除原系统的不合理部分，优化现有业务处理流程。业务流程图是业务流程的描述工具，是用规定的符号及连线来表示某个具体业务处理过程。

（一）业务流程图的符号及含义

绘制业务流程图常用到一些符号，如图6-1所示。

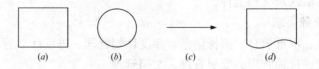

(a)　　　　*(b)*　　　　*(c)*　　　　*(d)*

图6-1　业务流程图的符号

(*a*) 外部单位；(*b*) 业务处理单位；(*c*) 信息传递；(*d*) 表单

（二）业务流程图的绘制步骤

首先确定画图对象；然后深入现场调查，了解业务处理过程；其次依据图例，绘制草图；之后与工作人员讨论，修改草图；最后绘制正式业务流程图。业务流程图的绘制步骤如图6-2所示。

二、业务流程分析

业务流程进行分析的目的是发现现行系统中存在的问题和不合理的地方，优化业务处理过程，以便在新系统建设中予以克服或改进。业务流程分析不仅要找出原有业务流程不合理的地方，还要充分考虑信息系统的建设为业务流程的优化带来的可能性，产生更为合理的业务流程。

（一）业务流程分析的主要内容

（1）对现行流程进行分析，原有的业务流程是否存在不合理的地方；

（2）对现行业务流程按计算机信息处理的要求进行优化；

（3）最后，画出新系统的业务流程图。

工程管理信息系统业务流程通过事前计划、事中控制和事后管理三个阶段完成了对工程施工状态信息的监控和调整。以项目为例，工程管理信息系统功能流程如图6-3所示。

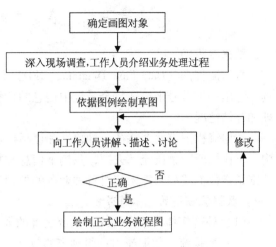

图6-2 业务流程图的绘制步骤图

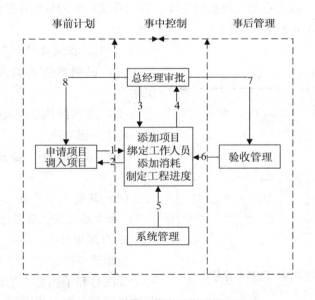

图6-3 工程管理信息系统功能流程图

（二）业务流程分析的注意事项

在绘制业务流程图的过程中，要注意收集、处理企业现有的文件和报表，主要包括企业的规章制度、工作流程、计量标准、操作规程、记录表格和统计报表，以及非正式的临时表格等。需要注意的一些问题有：

（1）表格中的数据由谁负责填写和修改；

（2）报表共一式几份，发至哪些部门的哪些人员；

（3）阅读表格的人员要从中了解哪些情况；

（4）报表一般需要保存多长时间，等等。

第四节　信息系统数据流程分析

一、数据流程图

数据流程图（Data Flow Diagram，DFD）是一种能全面地描述系统数据流程的主要工具，它用一组符号来描述整个系统中信息的全貌，综合地反映出信息在系统中的流动、处理和存储情况。

数据流程图有两个特征：抽象性和概括性。抽象性指的是数据流程图把具体的组织机构、工作场所、物质流都去掉，只剩下信息和数据存储、流动、使用以及加工情况。概括性则是指数据流程图把系统对各种业务的处理过程联系起来考虑，形成一个总体。

（一）数据流程图的基本符号

（1）外部实体。本系统或子系统之外的人和单位，都被列为外部实体。

（2）数据流。数据流由一组确定的数据组成。

（3）处理逻辑。处理逻辑表示对数据的加工处理，它把流入的数据流转换为流出的数据流。

（4）数据存储。数据存储是数据的仓库，表示系统产生的数据存放的地方。

举例说明如图6-4所示。

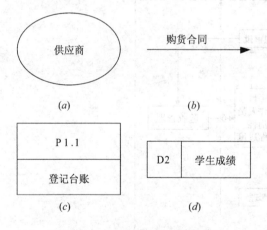

图6-4　数据流程图的基本符号
(a)外部实体；(b)数据流；
(c)处理逻辑；(d)数据存储

（二）绘制数据流程图的基本步骤

（1）识别系统的输入和输出，画出顶层图。

（2）画系统内部的数据流、加工与文件，画出一级细化图。

（3）加工的进一步分解，画出二级细化图。

（4）其他注意事项。

（三）画分层数据流程图时应注意的问题

1. 合理编号

数据流程图加工编号规则：子图中的编号为父图号和子图加工的编号组成；子图的父图号就是父图中相应加工的编号。

2. 注意子图与父图的平衡

子图与父图的数据流必须平衡，平衡指的是子图的输入、输出数据流必须与父图中对应加工的输入、输出数据流相同。

二、数据流程分析

数据是信息的载体，是系统要处理的主要对象，是建立数据库系统和设计功能模块的基础。数据流程分析即把数据在现行系统内部的流动、存储与变换的情况抽象出来，考察实际业务的信息流动模式。

（一）数据流程分析的一般步骤

1. 数据收集

数据收集工作量很大，故要求系统研制人员应耐心细致地深入实际，协同业务人员收集与系统有关的一切数据。数据收集的渠道主要有现行的组织机构；现行系统的业务流程；现行的决策方式；各种报表、报告、图示。

2. 数据分析

（1）围绕系统目标进行分析；

（2）弄清信息源周围的环境；

（3）围绕现行的业务流程进行分析；

（4）数据特征分析。

以进度计划为例，各项目部向公司总部报送详细的施工计划，经总公司审核同意后，作为施工进度计划的依据之一。各项目部按照施工计划，每周或每旬以工程形象周报或旬报的形式向公司总部报送工程实施情况；公司总部将各项目部的工程进度情况进行汇总，总体掌握本公司所有项目的实施进度，并对工程进度进行宏观调整，提出工程进度目标，并将调整目标下达至各项目部；各项目部根据本项目具体情况将宏观调整计划下达给执行层，现场执行层根据新的计划对施工组织、施工图等作相应调整后进行施工。

（二）数据流程分析的主要任务

数据流程分析可以通过分层的数据流程图来实现。它采用图示化的形式说明在一个系统或系统的局部中，输入的数据是什么，输出的数据是什么，对数据进行怎样的转化和处理，清晰地表达信息系统中的数据处理过程。

数据流程图的绘制应遵循一条原则：由外向里，自顶向下逐层分解。一套数据流程图可以由顶层、中间层和底层数据流程图组成。顶层数据流程图只有一张，它抽象地描述系统的组成情况，中间数据流程图则是对某个数据处理的分解，它的多少根据具体情况而定，底层数据流程图则由一些功能最简单、不能再分解的数据处理组成。

第五节　新系统逻辑模型的构建

一、新系统逻辑模型的建立过程

建立逻辑模型是系统分析中重要的任务之一，它是系统分析阶段的重要成果，也是下一个阶段工作的主要依据。

（一）确定系统目标

对系统目标进行再次考查，并对系统建设的环境和条件的调查修正系统目标，使系统目标适应组织的管理需求和战略目标。主要内容为：（1）系统功能目标；（2）系统技术目标；（3）系统经济目标。

（二）确定新系统的业务流程

（1）对企业的业务流程进行分析讨论，找出业务流程中仍不合理的地方；

（2）对业务流程中不合理的过程进行优化，分析优化后将带来的益处；

（3）确定新系统的业务流程。

（三）确定新系统的数据和数据流程

（1）与用户讨论数据指标体系是否全面合理，数据精度是否满足要求等有关内容，确认最终的数据指标体系和数据字典；

（2）对数据流程进行分析讨论，找出数据流程中仍不合理的地方；

（3）对数据流程中不合理的过程进行优化，分析优化后将带来的益处；

（4）确定新系统的数据流程。

（四）确定新系统的功能模型

确定新系统的功能模型就是对新系统进行子系统的划分，在确定新系统逻辑模型时，必须对其再次进行分析讨论，最后确定新系统总的功能模型。

（五）确定新系统数据资源分布

在系统功能分析和子系统划分之后，应该确定数据资源在新系统中的存放位置，即哪些数据资源存储在本系统的内部设备上，哪些是存储在网络或主机上的。

（六）确定新系统中的管理模型

根据数据流程图对每个处理过程进行认真分析，研究每个管理过程的信息处理特点，找出相适应的管理模型。

（七）系统开发的过程模型分析

信息系统开发的过程模型揭示了系统开发的阶段性特征（或过程特征），反映了人们对问题的认识以及解决问题的思维过程。目前，比较成熟的开发过程模型主要可划分为生命周期法和原型法两大类，两者的主要特点比较按表6-1确定。

生命周期法和原型法的主要特点比较

表6-1

模型 特点	生命周期法	原型法
主要优点	1. 开发立足于全局； 2. 开发阶段、开发次序划分明确； 3. 系统结构易于标准化、结构化； 4. 便于开发管理	1. 利于降低开发费用； 2. 有助于缩短开发周期； 3. 便于用户的参与合作； 4. 较好地满足用户要求
主要缺点	1. 不利于用户参与； 2. 难于适应需求变化，维护困难； 3. 系统对文档依赖性强，往往导致开发周期延长	1. 系统缺乏完整的概念； 2. 易导致对需求分析的忽视； 3. 开发文档难统一，易导致维护困难

（八）系统开发方法分析

信息系统的开发方法反映了人们解决问题的行为方式，不同的开发方法从不同的角度对要解决的系统问题进行抽象分析。目前信息系统的开发方法主要有面向功能的开发方法、面向数据的开发方法和面向对象的开发方法3大类，其主要特征分析按表6-2确定。

（九）系统开发策略分析

工程管理信息系统开发的过程模型和开发方法的选择受系统的特征（包括系统本身特征和系统运行特征）、开发环境、开发人员和系统用户等因素的影响，这些因素影响程度的不同往往决定了系统开发策略的多样性，系统开发策略影响因素如图6-5所示。工程管理信息系统开发策略的选择原则上要适应软件的性质要求、质量要求以及开发环境的变化。

系统开发方法分析表 表6-2

方法 特点	面向功能开发法	面向数据开发法	面向对象开发法
主要优点	1. 功能模型具有较好的功能结构适应性; 2. 运行效率高; 3. 易于系统结构化、标准化和开发管理; 4. 便与程序设计语言的选用	1. 数据具有较强的可靠性和独立性; 2. 数据可靠性高,冗余少; 3. 能发挥数据库功能; 4. 适合于原型法	1. 支持建立可重用、可维护、可共享的代码; 2. 系统维护简易; 3. 可降低软件开发的复杂度,提高开发效率; 4. 较适合于原型法
主要缺点	1. 易产生数据冗余,维护困难,数据可靠性下降; 2. 系统维护困难; 3. 对问题变化适应性差	1. 系统维护较困难; 2. 不易创建较复杂的功能,对功能要求高的系统会出现效率低的问题; 3. 系统的结构功能易于恶化	1. 开发控制、管理困难; 2. 易导致较低软件运行效率; 3. 要求较高水平的开发和支持工具

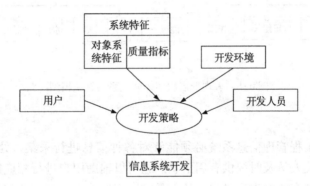

图6-5 系统开发策略影响因素

二、面向对象的建设项目管理信息系统模型构建

要建立建设项目管理信息系统,首先要对现有的业务过程进行分析,建立有关领域模型。然后,基于改进后的领域模型建立信息化系统。其中,领域模型反映领域中存在的主要实体及其相互关系,它的建立是系统开发和系统利用的基础。由于信息化系统往往覆盖领域中多个专业领域,很明显,不事先建立强壮的领域模型,就很难建立高水平的信息化系统。领域模型的一个显著特点是它的综合性,即它需要在对领域进行综合分析的基础上才能建立起来。例如,在建立建筑施工项目的信息化管理系统的领域模型时,不仅要包含生产信息、技术信息、质量信息,还应该包含材料信息、经营信息等。

(一) 建模方法

面向对象方法是近年来倍受关注的系统开发的新方法。面向对象建模是应用面向对象方法进行系统开发的基础。它以对象(对应于现实中的实体)和类(对应于现实中的抽象)作为构筑系统的基本材料,一般采取分层次建模方法。即首先建立领域的框架模型,用以表现系统中所包含的高层次实体间存在的物流和信息流。然后在该模型形成的框架中,建立表现低层次实体间关系的领域模型。其中，为表达所建立的领域模型，我们采用先进的模型图示技术 EXPRESS-G。它是国际标准化组织（International Standards Organization，ISO）发布的产品模型数据交换标准（Standard for Exchange of Product Model Data，STEP）中使用的中性数据交换语言，目前在面向对象的图形表示中得到了广泛的应用。其表示方法是，用实线方框表示类，用粗实线连线表示类之间的种属关系，用一般实线连线来表示类之间的其他关系，其中连线一端带有圆圈的类表示子类或被使用（包括"包含"关系）的类。例如，下图中用粗实线连接的"资源"和"周转资源"，表示"周转资源"是"资源"的一种；而用一般实线连接的"混凝土"和"石"，表示"混凝土"包含"石"这种"原材"（"石"与"原材"的种属关系同时体现在它们的连线中），如图6-6所示。

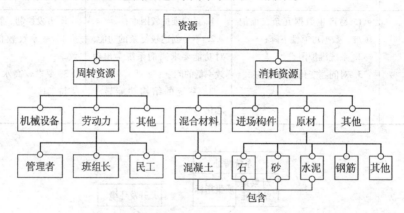

图6-6 表现低层次实体间关系的领域模型

（二）领域模型的建立

从本质上讲，工程管理信息系统必须能够对各种信息进行采集、处理、存储和传输，并在必要时能向有关人员及时提供有用信息。它可以辅助用户进行相应的决策，以便更好地规划、组织和控制有关的生产过程，从而最大限度地获得经济效益和社会效益。建筑施工管理信息化系统也不例外。

在建筑施工信息化系统中，从大的、管理的方面看，信息源可分为资源、施工活动、产品、项目管理组织及外部管理组织五种，我们可以把这些信息源称为建筑施工项目信息化管理系统的基本要素（简称"要素"）。下面给出了表现这些高层次实体及其相互之间的物质和信息流动模型，即领域的框架模型，如图6-7所示。首先，该图表明，物质流的中心是施工活动。其中由外部管理组织（主要是分供方）不断供给的资源是施工活动进行的前提条件，产品则是施工活动最直接的物质成果，合格的产品提交给外部管理组织（主要是甲方）；同时，物质的反向流动也有可能存在，即图中所示的施工活动之后的资源结余以及不合格产品的返工。图中的信息流反映了要素间的信息流动，可以想见，来自不同要素的信息内容会有所不同。其次，在建筑施工项目进行过程中，项目管理组织或外部管理组织与其他基本要素相互作用，一般表现为信息流动。同时，两者之间也存在大量的信息流动。例如针对资源，项目管理组织进行的作用有资源控制（包括对资源的计划管理和质量管理等），而资源的反作用主要表现为资源的信息反馈。

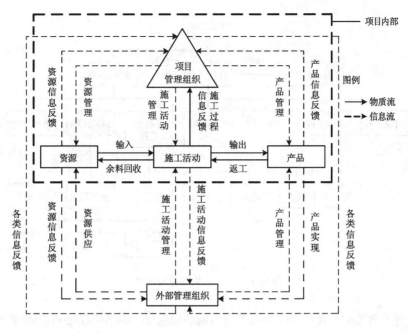

图 6-7　领域的框架模型

（三）要素的构成模型

在实际的建筑施工项目中，无论是产品、资源、还是施工活动，都是复杂多样的，其本身即为一个相对独立的子系统。对这些要素逐个分析，弄清它们的具体构成，其内部包含的类及其关系，是建立领域模型的目标。在这里，我们将反映各要素所包含的类及其之间相互关系的领域模型称为构成模型。下面按日常项目管理中最关心的主线（从资源、施工活动到产品）分别对各构成模型进行描述。

（四）资源的构成模型

上述资源构成模型反映了资源的各种层次以及层次内部的构成关系。为便于衡量建筑施工项目生产成果与生产消耗之间的定量关系，依据建筑工程定额的分类，我们将项目中用到的资源可分为周转资源和消耗资源两种。其中，消耗资源有进场构件、原材以及某些混合材料，如混凝土等；周转资源主要有机械设备和劳动力。从建筑施工项目中担任角色的角度，我们进一步将劳动力划分为管理者、班组长和民工，其中管理者可以是技术员、质量员、材料员等。

（五）施工活动的构成模型

一般地，可以将施工活动分为单位工程、分部工程以及分项工程三种。其中，单位工程包含多个分部工程，而分部工程又由多个分项工程组成。毫无疑问，对应于不同的建筑结构类型（如砖混结构、钢结构和钢筋混凝土结构），它们各自的具体构成是不同的。这里以目前广泛采用的现浇钢筋混凝土结构为例，建立起施工活动的构成模型，如图 6-8 所示。

这里，分部工程可以是主体工程、地基基础工程、装饰工程等，而分项工程可以是模板工程、钢筋工程、混凝土工程等。由于篇幅限制，这里只表示了结构专业的分项工程，对其他专业的施工活动不再一一罗列，采用"其他"这个实体来抽象表示。对于其他的建筑结构类型，可以仿此方法建立对应的模型。例如，对于砖混结构，包含的分项工程应该为砌砖、

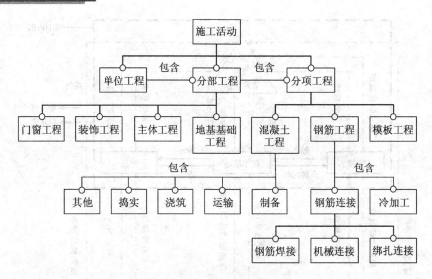

图 6-8 施工活动的构成模型

砌石等；而对于钢结构，其对应的分项工程为钢结构制作、钢结构焊接和钢结构安装等。

（六）产品的构成模型

建筑施工的最终目的，是实现施工图的设计意图，完成具有一定功能的产品。产品通常有两种：构件以及由构件组成的部件。这里的构件也有两种形式，一种是简单构件（如梁、板、柱、墙等），另一种是由简单构件组成的复杂构件（如房间、阳台等）。值得说明的是，由于建筑工程某些分部工程（如门窗工程、装饰工程等）形成的产品仅仅是一些简单的构件，我们将产品意义上的部件定义为一个完整的楼层。这里的"完整"，指的是它的形成是各有关分部工程的综合结果。例如，"主体楼层"不仅包括主体工程形成的结构层，还包括装饰工程形成的装饰层以及门窗工程形成的门、窗等。以下表示的即是产品的这种构成关系，如图 6-9 所示。

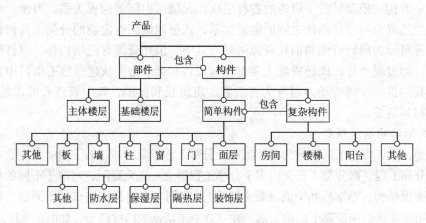

图 6-9 产品的构成模型

（七）项目管理组织和管理活动的构成模型

不同的企业，甚至不同的项目可能采取不同的管理方式，因而管理组织的构成也就有所不同。以下表达的是一个一般性的项目管理组织的构成模型。如图 6-10 所示。

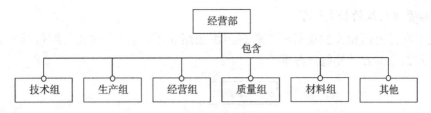

图 6-10 项目管理组织的构成模型

按面向对象的方法抽象出来的管理活动主要有三种：针对资源的管理活动、针对施工活动的管理活动和针对产品的管理活动，如图 6-11 所示。其中，针对施工活动的管理活动有两类：一是施工活动前期的管理活动，如生产准备、计划准备、技术准备和物资准备等；二是施工活动后期的管理活动，如隐检、预检、交接检和分项质检等。

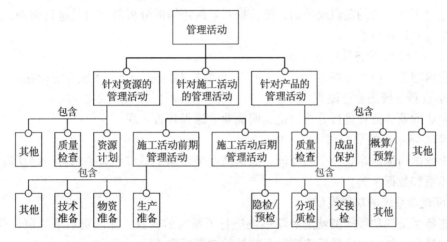

图 6-11 按面向对象的方法抽象出来的管理活动

典型的项目管理组织与管理活动之间的对应关系按表 6-3 确定，表中 "Y" 表示某职能组将进行该项管理活动。

典型的项目管理组织与管理活动之间的对应关系 表 6-3

项目内部组织 \ 管理活动	针对资源的管理活动			针对施工活动的管理活动						针对产品的管理活动		
	资源计划	质量检查	计划准备	技术准备	物资准备	生产准备	隐(预)检	分项质检	交接检	质量检查	成品保护	概算预算
技术组	—	Y	—	Y	—	—	Y	Y	—	Y	—	—
生产组	—	—	Y	—	—	Y	—	—	Y	—	Y	—
经营组	Y	—	—	—	—	—	—	—	—	—	—	Y
质量组	—	Y	—	—	—	—	Y	Y	—	Y	—	—
材料组	Y	—	—	—	Y	—	—	—	—	—	—	—

（八）外部管理组织的构成模型

与施工项目密切相关的项目外部管理组织如图6-12所示。这些组织包括甲方、设计方、监理方、分供方及外包方等等。

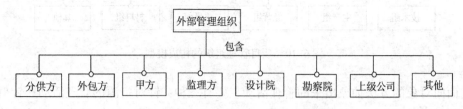

图6-12　与施工项目密切相关的项目外部管理组织图

三、新系统逻辑模型的审查

在建立了新系统的逻辑模型后，要根据对系统逻辑的分析研究对其进行审查，主要从以下几个方面进行审查：

1. 审查新系统的各种指标要求

主要内容为：（1）系统功能指标；（2）系统技术指标；（3）系统经济指标。

2. 审查新系统的业务流程

对企业的业务流程进行分析讨论，明确业务流程是否合理。

3. 审查新系统的数据和数据流程

审查数据指标体系是否全面合理，数据精度是否满足要求等有关内容，确认最终的数据指标体系和数据字典。

4. 审查新系统的功能模型

审查新系统的功能模型就是对新系统进行子系统的划分，在确定新系统逻辑模型时，必须再次进行分析讨论，最后确定新系统总的功能模型。

5. 审查新系统数据资源分布

在系统功能分析和子系统划分审查完毕之后，应该确定数据资源在新系统中的存放位置，即哪些数据资源存储在本系统的内部设备上，哪些是存储在网络或主机上的。

6. 审查新系统中的管理模型

根据数据流程图对每个处理过程进行认真分析，研究每个管理过程的信息处理特点，明确相应的管理模型是否合理。

第六节　信息系统分析报告

系统分析阶段的成果就是系统分析报告，是下一步设计与实现系统的基础，包括以下几个方面：

一、系统概述

主要对组织的基本情况进行简单介绍，包括组织的结构，组织的工作过程和性质，外部环境，与其他单位之间的物质、信息交换关系以及新系统的目标、主要功能、背景等。

二、现行系统状况

主要介绍详细调查的结果，包括以下两方面：

（1）现行系统现状调查说明：通过现行系统的组织/业务联系图、业务流程图、数据流图等图表，说明现行系统的目标、规模、主要功能、业务流程、数据存储和数据流，以及存在的薄弱环节。

（2）系统需求说明：用户要求以及现行系统主要存在的问题等。

三、新系统的逻辑设计

新系统的逻辑设计结果是系统分析报告的主体，具体包括以下几个方面：

（1）系统功能及分析：提出明确的功能目标，并与现行系统进行比较分析，重点要突出计算机处理的优越性。

（2）系统逻辑模型：各个层次的数据流图、数据字典和加工说明，在各个业务处理环节拟采用的管理模型。

（3）其他特性要求：例如，系统的输入输出格式、启动和退出等。

（4）遗留问题：根据目前条件，暂时不能满足的一些用户要求或设想，并提出今后解决的措施和途径。

四、系统实施的初步计划

这部分内容因系统而异，通常包括与新系统配套的管理制度、运行体制的建立，以及系统开发资源与时间进度估计、开发费用预算等。

在系统分析说明书中，数据流程图、数据字典和加工说明这三部分是主体，是系统分析说明书中必不可少的组成部分。而其他各部分内容，则应根据所开发目标系统的规模、性质等具体情况酌情选用，不必生搬硬套。总之，系统分析说明书必须简明扼要、抓住本质，反映出目标系统的全貌和开发人员的设想。

系统分析报告描述了目标系统的逻辑模型，是开发人员进行系统设计和实施的基础；是用户和开发人员之间的协议或合同，为双方的交流和监督提供基础；是目标系统验收和评价的依据。因此，系统分析报告是系统开发过程中的一份重要文档，必须要求该文档完整、一致、精确且简明易懂，易于维护。

第七节　工程信息系统分析实例

该案例节选自文献《A公司工程项目管理信息系统分析与设计》，文献指出结合A公司的整体经营绩效及项目管理的实际情况，针对其工程项目的信息化管理方面存在的问题，通过研究工程项目管理、管理信息系统等先进的管理思想和方法，对A公司的工程项目管理信息系统进行了系统分析、系统设计和用户接口设计，同时对实施信息化的效果从进度控制和财务评价两方面进行了后评价。

一、系统简介

A公司二期扩建工程是一个复杂、艰巨的系统工程，涉及费用、进度、质量、人员、合同、图纸文档等多方面的工作及众多的参与部门，使得传统工程项目管理过程中的信息采集沟通和协调工作量十分巨大。工程管理信息系统的建立在A公司二期扩建工程过程中的应用可以实现信息化管理，有效地利用有限的资源，用尽可能少的费用、尽可能快的速度，保证优良的工程质量，获取项目最大的社会经济效益。

二、系统调查

项目管理信息系统是对一个项目全过程进行管理的人机系统，它的成功开发和应用必须以规范的管理模式为基础。因而在系统开发之前，就必须对不规范的管理进行规范。因此，有必要对本项目系统问题进行调查研究，由于工程管理一直以来的复杂性和管理上的多变性，本项目中需要重点调查和研究数据信息部分和组织管理部分。公司建设项目管理信息系统的总体组织结构，如图6-13所示。

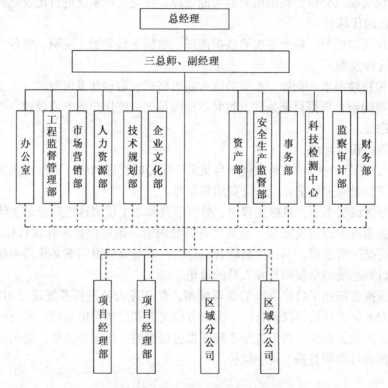

图6-13 公司建设项目管理信息系统的总体组织结构图

项目经理部施工管理组织机构图如图6-14所示。

A公司工程项目管理信息系统是为A公司工程项目管理业务服务的，其业务信息化需求具体包括：项目基本信息管理子系统、项目活动定义及计划编制管理子系统、招标投标管理子系统、合同管理子系统、项目实施监控管理子系统、系统维护管理子系统。

公司的项目管理信息化具有两个层次，项目部管理层和公司总部管理层。项目部管理层是施工现场管理层，主要负责工程进度计划的具体实施和实际的进度控制、资源加载、安全、质量、工作联系等信息的提供，并且负责向公司总部定期上报具体工程施工进度、合同履约情况、变更、索赔等重大合同事件报表，材料、劳动力及机械消耗台账统计信息表，实际进度情况表及与工程进展相关的其他信息处理结果（报表、图形），并上传至项目管理系统。公司总部管理层主要查看项目进展信息，及时掌握公司所有工程的进度、资金使用、安全、质量、成本等信息的情况，进行综合分析和决策。其信息交互过程如图6-15所示。

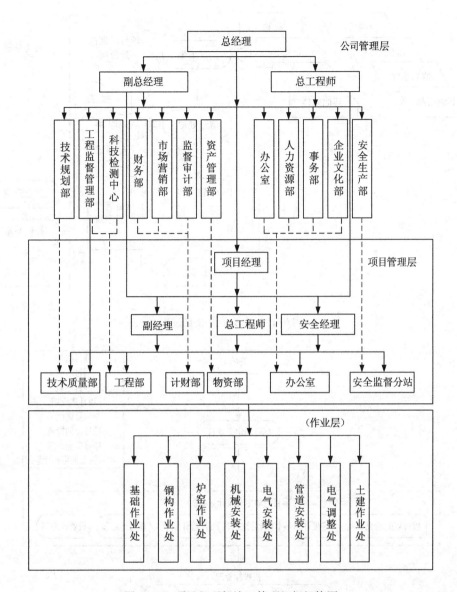

图6-14 项目经理部施工管理组织机构图

三、系统业务流程分析

(一) 工程项目管理信息系统基本流程

工程项目管理信息系统基本流程如图6-16所示。

(二) 工程项目管理信息系统具体业务流程

工程项目管理信息系统具体业务流程图如图6-17所示。

(三) 合同管理系统的操作流程

合同管理系统的操作流程是按照合同执行程序进行的从施工前期的合同基本信息的录入、施工阶段的合同控制，直至施工结束后的合同汇总，合同管理流程图如图6-18所示，模块的工作流程基本代表了在项目管理工程中信息传递的方式。

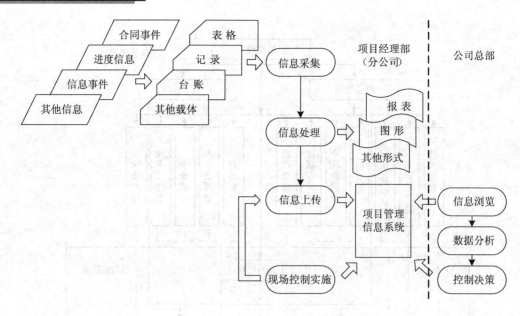

图 6-15　系统信息交互过程

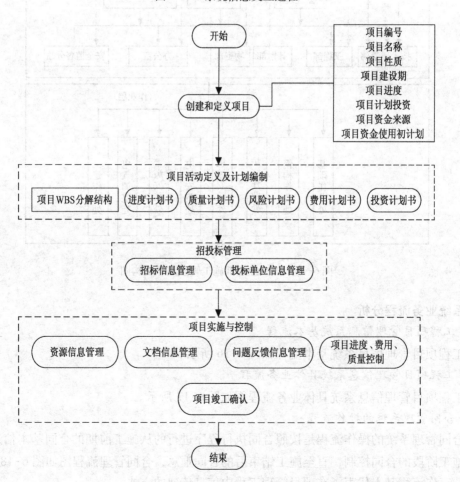

图 6-16　工程项目管理信息系统基本流程图

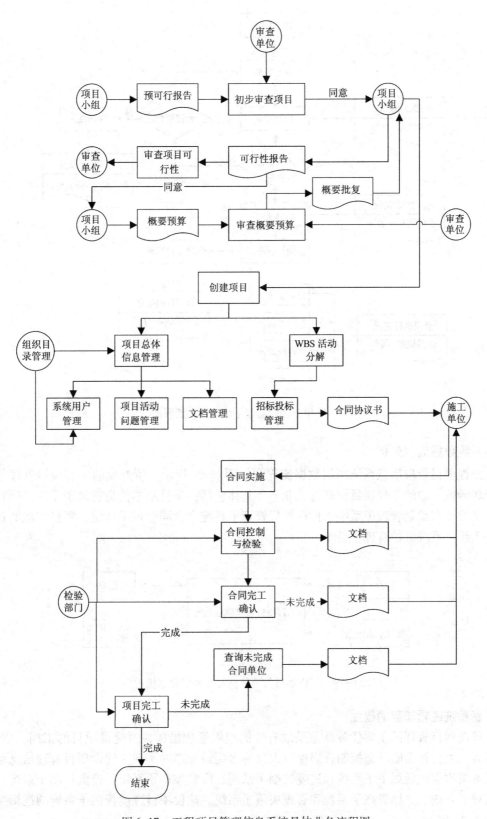

图 6-17 工程项目管理信息系统具体业务流程图

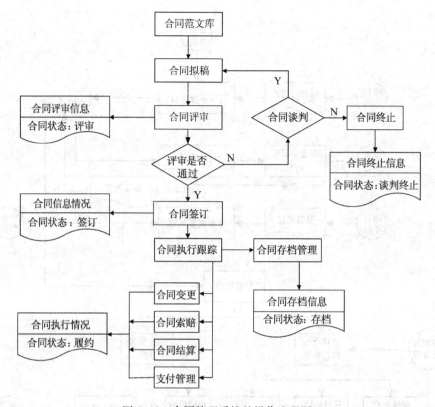

图 6-18　合同管理系统的操作流程图

四、系统数据流程分析

工程项目管理信息系统顶层数据流程图如图 6-19 所示。所开发的工程项目管理信息系统将涵盖一般的工程项目管理有关业务，具体包括：项目基本信息管理子系统、项目活动定义及计划编制管理子系统、招标投标管理子系统、合同管理子系统、项目实施监控管理子系统、系统维护管理子系统。

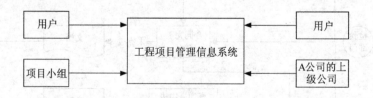

图 6-19　工程项目管理信息系统顶层数据流程图

五、新系统逻辑模型的建立

建设项目管理的主要任务就是采取有效的组织管理措施，对建设项目的工期、质量、投资等三大目标实施动态控制，确保三大目标得到最合理的实现。建设项目管理信息系统的基本结构应包括如下子系统：进度控制子系统、质量控制子系统、投资控制子系统、合同管理子系统、文档管理子系统和管理决策子系统。建设项目进度控制子系统的逻辑结构如图 6-20 所示。

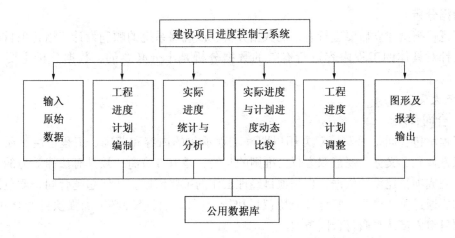

图 6-20 建设项目进度控制子系统的逻辑结构图

进度控制图形报表的输出，使之以图形和报表的形式输出建设项目进度控制过程中所产生的大量信息。根据所需输出的结果，得到图形及报表输出模块的逻辑结构如图 6-21 所示。其他模块省略，具体内容请参考延伸阅读［14］。

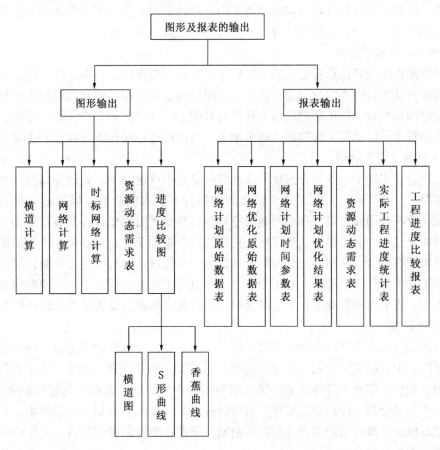

图 6-21 图形及报表输出模块的逻辑结构图

六、数据分析

新逻辑模型建立后要进行有效的数据分析，以确保系统的顺利设计。结合项目的实施阶段，针对具体的工程内容进行有效的数据分析是十分必要的。数据分析主要有以下几点：

（一）五大管理

1. 合同管理

工程承包合同是承发包双方用以明确工程承包的内容和范围、工程进度、质量、造价、双方权利、义务、规范双方行为准则的契约，是双方协商一致具有法律效力的重要文件，是完成项目建设的依据，也是项目经理工作的主要依据。任何超越合同条款范围的内容，均要通过重新谈判，签订补充协议后执行。所以项目经理必须加强项目的合同管理，领导项目组人员认真履行合同条款。

合同管理包括总承包合同管理和分包合同管理。总承包合同管理贯穿于项目建设的全过程，首先项目经理要组织学习合同文件，熟悉合同内容，以便全面掌握合同情况，认真地贯彻执行；其次根据总承包合同的内容，研究确定项目管理的内容和方式。对争端和违约的处理，首先双方要协商解决，如果协商不成时，提交合同规定的机构仲裁，要及时进行合同的补充修改和变更。分包合同管理要保证总包合同的完成，对分包合同的管理，项目经理首先要督促做好对分包合同的准备工作，然后组织研究与审定重大的分包合同，并做好争端和违约的处理，及时进行分包合同的补充、修改和变更。

2. 项目协调程序管理

项目协调程序是指在承发包合同的基础上，为完成建设任务，双方在工作上需要协商联系、审查确认的程序和内容。为了做好工程项目的建设工作，项目经理经常要与业主及分包单位协调和配合，在正确处理各方利益的基础上建立良好的合作关系，因此，抓好项目协调程序管理可以提高工作效率，减少矛盾，为创造良好的合作气氛打下基础。

3. 项目重大变更管理

在工程建设周期中，业主方的变更及内部变更是不可避免的，关键是如何处理好，既要为业主服务，让其满意，同时还要使合同的执行不受大的影响，以保证公司的经济利益。首先，要在合同或协调程序中明确规定处理各种变更的程序，使其有章可循，减少或避免矛盾和争议。同时，项目经理要尽量控制和减少重大变更，对必须要变更的情况，认真计算其对项目进度、费用、质量等综合的影响，并按规定的程序进行控制，尽量避免打乱项目的正常工作秩序。另外，对于因业主方变更所需要的合理延长工期的费用补偿应及时核算出来，以书面报告业主代表请求批准。要使业主知道，变更是要花时间和费用的。

4. 计划管理

项目的建设周期是项目合同的主要目标之一，对此，项目经理要努力实现，并消除误期赔偿风险。项目的进度计划一般分为五级，第一级是项目总进度计划；第二级是装置总进度计划、项目总体施工进度计划；第三级是组码进度计划；第四级是记账码进度计划；第五级是工作包计划。计划管理是重要管理目标之一，要注意计划的层层约束，下级计划一般应绝对保证上级计划的实现并略留有余地。要使各类计划密切配合、互相衔接、合理交叉形成完整的计划系统。

5. 信息管理

在工程项目管理中有大量的信息和数据产生，需要收集、传输和处理。项目的基础资料、设计数据、设计输入输出、文件图纸、各种记录统计都是信息。在项目管理中如果信息不准确，必然给项目实施效果带来损失，信息的准确、及时和统一，对于控制和决策是很重要的。所以信息管理是项目经理要抓好的五大管理之一。利用计算机进行综合信息处理，建立项目信息数据库，各种信息输入到处理中心，计算机就系统地高速地输出处理过的信息，并做出各种报告以供项目经理及时做出准确的决策和命令，从而使项目建设实现现代化管理。

（二）四大控制

1. 进度控制

项目经理在管理好项目计划的同时，要对计划中关键线路上的关键目标进行严格控制。为了保证总计划的按时完成，要合理调整资源配置，合理安排资金、工时、材料的投入。在进度控制上除了满足完成计划的目的外还应通过进度控制寻找综合效益。

2. 质量控制

项目的质量是业主非常重视的合同目标之一，它直接关系到项目的进度、费用和人民生命财产的安全，同时，不仅影响到业主的效益和社会效益，而且也决定着工程公司的信誉和发展。因此，项目经理必须严格执行公司的质量方针、质量手册，进行项目质量管理和质量控制，督促项目部有关人员重视质量并严格把关，尤其要对分包施工安装质量进行严格控制和管理。若工程某部分一旦返工或发生质量安全事故问题，不仅对工期、资金产生影响和损失，而且在公司信誉、施工人员情绪等诸多方面也会造成不良影响。

3. 费用控制

工程建设是一个复杂的系统工程，各方面既相互关联又互相渗透，项目中各种管理和控制的优劣最后都会全面综合地反映到费用上来，费用控制贯穿于项目的各个环节。因此，费用控制是四大控制中的重要内容，项目经理必须安排相当的精力和时间重视费用控制，尽量获得合理的、最佳的经济效益。做好费用控制，首先要审定、发表项目估算基础资料，抓好各阶段费用估算和费用分解指标，同时在施工中要不断检查计划费用执行情况，不断检查分析 BCWS、BCWP 和 ACWP 三曲线间关系。在工程项目实施中，要尽量避免窝工、停工、返工，减少浪费，降低风险。

4. 材料控制

项目材料是项目建设的物质基础，占项目建设费用的 50% ～ 60%。它直接影响工程的建设周期和质量，是项目控制的主要内容之一。项目经理主要是审查、批准控制程序和控制计划，检查、督促材料控制的实施情况，以及审查确定项目剩余材料的处理方案，必须按照施工进度计划要求，适时地组织材料供应，按照实际需要准确地组织采购数量，加强对材料的综合管理和监测，提高效率、减少损耗、降低风险，保证工程项目以最少的资源最低的成本获得最好的经济效益。

四大控制之间是互相联系互为影响的，其中某一项的变更必然影响其他各项，所以项目经理不能孤立地进行单项管理和控制，必须采用费用/进度综合控制，以追求项目的综合经济效益。项目经理在费用/进度综合控制工作中，最主要的是建立和批准执行效果测量基准，然后审查费用/进度计划的执行情况，实行费用/进度综合控制，必要的时候调整和制定新的执行效果测量基准，进行有效控制。

【章后习题】

1. 简述工程管理信息系统分析的任务和步骤。
2. 工程管理信息系统分析为什么要对组织结构进行调查和分析?

【参考文献与延伸阅读】

[1] 郭东强. 现代管理信息系统[M]. 北京:清华大学出版社,2010.

[2] 黄充. 工程项目招投标管理信息系统[D]. 成都:西南交通大学硕士学位论文,2003.

[3] 周臻. 建设项目信息化管理研究[D]. 天津:天津大学硕士学位论文,2005.

[4] 陈思宇. 学生工作管理信息系统的分析与设计[D]. 北京:北京邮电大学硕士学位论文,2009.

[5] 陆伟东. 现代建筑工程信息管理系统的设计与实现[D]. 成都:电子科技大学硕士学位论文,2011.

[6] 王骋,宋亚静. 浅析项目管理在管理信息系统开发中的应用[J]. 科学与管理,2006,26(1):69-70.

[7] 齐春妮. 建筑工程管理系统的设计研究[D]. 太原:太原科技大学硕士学位论文,2009.

[8] 张彦杰. 工程项目管理信息系统开发过程中的风险管理及其应用研究[D]. 上海:复旦大学硕士学位论文,2011.

[9] 钱进,许映秋. 面向流程企业的结构化系统分析研究[J]. 铸造设备研究,2002,(5):30-34.

[10] 马文静. 邢台建筑工程管理系统的分析与设计[D]. 济南:山东大学硕士学位论文,2009.

[11] 郑永恒. 施工项目管理信息系统的设计与实现[D]. 成都:电子科技大学硕士学位论文,2009.

[12] 成虎,韩豫. 工程管理系统思维与工程全寿命期管理[J]. 东南大学学报:哲学社会科学版,2012,(2).

[13] 王广斌. 项目管理信息系统开发目标与开发策略分析[J]. 计算机工程,2001,27(4):76-78.

[14] 余乾. A公司工程项目管理信息系统分析与设计[D]. 西安:西安理工大学硕士学位论文,2009.

第七章　工程管理信息系统设计

【学习目的与要求】

本章主要从系统设计的概述、总体设计、详细设计等方面来阐述工程管理信息系统设计。其中总体设计包括系统架构设计和软件结构设计；详细设计包括代码设计、数据库结构设计、输入/输出设计、编写系统设计说明书。

第一节　系统设计概述

系统设计的主要内容包括：结构化系统设计的方法、系统的平台设计、子系统的分解、模块化设计、代码设计、人机界面设计、数据存储设计、处理流程设计等内容。

一、系统设计的目标与任务

系统设计又称新系统的物理设计，是根据新系统的逻辑模型建立物理模型，也即根据新系统逻辑功能的要求，考虑实际条件，进行各种具体设计，解决"系统如何去干"的问题。系统设计师将根据系统分析师制定的系统规格说明书所提出的逻辑模型，结合工程项目的具体实际情况，如项目实际施工技术条件、经济条件及操作条件，在逻辑模型基础上进行系统设计，得出物理模型。

（一）管理系统设计的目标

工程管理系统设计的目的是希望通过本系统的使用，能够节省招标投标办公室和造价站的时间和方便操作，减轻各部门各层工作人员和管理人员的负担和工作量；可以加大工程招标投标管理中报名环节的透明性，使招标投标和报名等环节实现最大程度的公平、公正和公开；可以及时准确地提供最新的招标投标信息；能够提高整个管理系统的安全性。

因此，建筑工程管理系统的建设需要在通用的软件系统建设的目标上，更加突出建筑工程项目管理的特点，要对项目工程的质量进行监管，并对质量检测与监管信息进行处理，建筑工程管理系统的设计目标为：

1. 稳定性

由于建筑工程信息系统具有连续、实时的特性，要求系统具有较高的整体性能，各模块之间应具有连续稳定性。因此要求设计的网络系统具有很好的稳定性和可靠性。

2. 开放性

本系统是建筑工程信息系统的重要组成部分，数据资源应与其他系统实现共享或具有较好的逻辑接口，因此要求该建筑工程管理系统具有良好的开放性能。

3. 可扩展性

随着社会的不断发展，新形势下的新问题会不断出现，本建筑工程管理信息系统所具有的功能也将随之扩展。因此在设计时应充分考虑到各种可能的发展趋向，使设计的系统具有良好的扩展性，适应一段时间内发展的需要。

（二）系统设计的任务

系统设计阶段的具体任务可分为两个方面：首先把总任务分解成若干基本的、具体的分任务，这些分任务之间相互联系、相互配合，将它们合理地组织起来，构成了总任务。其次，对每一项具体的分任务，根据其在系统中的地位与作用，选择适当的技术手段及处理方式。简单地说，前者是正确地把总的功能加以分解，使系统结构合理，后者是为每一具体任务选择合理的方法及技术手段。

二、系统设计指标及依据

（一）系统设计指标

系统设计指标是指系统设计过程中始终要考虑和贯彻的主要性能，也是评价一个系统性能的重要指标。对信息系统而言，主要有：系统的工作效率、系统的可靠性、系统的工作质量、系统的可变性、系统的经济性五项指标。

其中，系统的经济性是指系统的收益应大于系统支出总费用。系统支出费用包括系统开发所需投资和系统运行、维护的费用之和，系统收益除有货币指标外，还有非货币指标，在系统设计时，系统经济性是确定设计方案的一个重要因素。

从系统开发和维护的角度考虑，系统的可变性是最重要的指标，可变性能使系统容易被修改以满足对其他指标的要求，从而使系统始终具有较强的生命力。对于不同的系统，由于功能系统目标的不同，对上述指标的要求会有所侧重。

（二）系统设计依据

系统设计可以从以下几个方面考虑：（1）系统分析的成果；（2）现行技术；（3）现行的信息管理和信息技术的标准、规范和有关法律制度；（4）用户需求；（5）系统运行环境。

三、系统设计的原则

管理信息系统的设计开发要遵循一定的设计原则，主要的原则有：

1. 系统性

管理信息系统涉及多个不同的部门和阶段，系统的整体性和各阶段的连贯性十分重要，因此在系统设计开发过程中要满足系统要求。

2. 规范性

这是系统设计的基础。在整个系统设计中，以工作流程作为核心，系统必须贴近实际工作程序和操作工序，遵循相关文件的规定，根据业务流程重新制订各种规范（如业务规范、安全规范）。

3. 实用性

信息化的最终目标应是改善服务质量，提高工作效率和管理水平，信息系统的建设应尽可能将各业务流程和管理要素都得到体现和落实，并以最为简洁实用的操作方式来实现。

4. 先进性

只有采用先进成熟的信息技术，在系统设计上充分考虑到系统的开放性，才能确保信息系统能够适应业务不断发展的需要和信息社会技术持续进步的要求。

5. 灵活性

灵活设计，从而使系统具有良好的兼容性，为以后系统的升级和与其他信息系统的数据兼容留下较大的余地。

198

6. 经济性

系统开发要本着节约、节能的原则，杜绝资源的滥用，合理经济地进行设计，使系统开发及后期维护的成本最低。

7. 模块化

按照不同的业务功能划分各个功能模块。每个功能模块完成各自要求的任务，单个模块的改动不会影响到其他模块。在设计中尽量减少模块间数据的传递，以减少相关性，方便程序的设计开发并且为以后的系统维护提供便利。

8. 高管理性、安全可靠性

系统设计时应充分考虑高管理性原则，强调技术与业务紧密结合，注重可管理性，最大限度地满足实际工作中的需要。在复杂的网络环境中，系统应该对前端用户进行身份验证与授权管理，防止非法用户进入系统及非法使用数据库，造成数据的泄露、更改和破坏，并且应具有良好的稳定性、安全可靠性，使其易操作、易维护。

第二节　总体设计

总体设计的任务是在逻辑模型的基础上决定系统的模块结构，主要考虑如何将系统划分成模块以及确定模块间的调用和数据的传递关系。

一、系统架构设计

（一）系统功能结构设计

系统功能结构设计包括：(1) 以项目管理为中心实现成本、进度和质量的控制；(2) 体现分层负责、分层授权；(3) 建立起为项目管理服务的部门间的矩阵关系。

系统功能结构设计的原则包括分解—协调原则、模块化原则、自顶向下的原则、抽象的原则、明确性原则。功能结构设计的方法包括结构化设计方法（Structured Design，SD）、Jackson 方法、Parnas 方法等。常使用的设计工具主要有：系统流程图、HIPO（分层和输入—处理—输出）技术、控制结构图、模块结构图等。

（二）系统功能模块设计

建筑工程信息管理是建立在网络环境的基础上的通过网络环境向外部输出信息数据。建筑工程管理系统包括了管理员、考评员，在系统总体结构中，其框架如图 7-1 所示，将建筑工程管理系统划分为用户登录、检测标准查询、工程文件查询、结论用语、工程管理、查询统计几个主要模块，通过数据层实现系统应用的交互性。

系统功能模块主要是个人信息设置的管理、下级机构管理、本级机构管理，其中个人设置是每个可以登录的用户都有的操作，如图 7-2 所示。管理主要显示每一个用户，包括系统管理员都可能用到的操作，如个人设置和系统管理员对本级部门、人员的管理和下级机构创建的操作。

用户与管理员的区别在于他们使用功能上的不同，主要体现是用户权限是管理员赋予的，当你拥有某个权限时，系统则会对该用户开放其对应权限，否则该权限不可用；管理员权限其实就是代表着本机构的权限，每一级机构的权限都是上级机构赋予的，它可以拥有其上级机构的全部权限，也可以少于上级机构的权限，最多拥有相同的权限，不能大于其上属机构的权限，这也就是说要避免跨级操作。

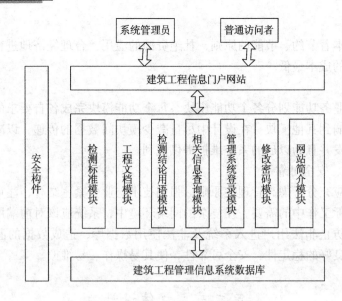

图 7-1 建筑工程管理系统模块图

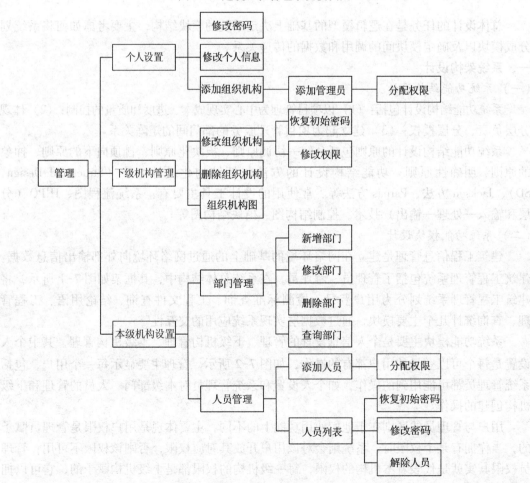

图 7-2 系统功能模块图

（三）建设项目管理信息系统的网络技术应用

建筑企业由于管理人员、施工操作人员、工程现场在经常变化，而公司的管理部门的办公地点在一个相当长的时期都不会发生变化，这决定了在建筑企业内部实行信息化管理的难度。建筑企业的职能部门之间由于办公场所的固定，可以通过局域网进行信息传递解决部门和部门之间的沟通问题，但职能部门（通常为大型建筑企业的管理机关）和具体而又分散的施工现场之间的信息沟通就不能通过局域网形式来解决了。根据建筑企业的特点，以下对目前工程现场条件下的几种可采用的网络结构方式分别进行了探讨。

1. W/S结构（Workstation/Sever 工作站/服务器结构）

工作站/服务器结构是通过文件服务器、网络工作站、联网硬件等主要部件组成的总线型或星型拓扑结构。这种工作站服务器结构通常采用基带传输，传输速度较高，误码率低，而且投资少、见效快。但这种结构对客户机和服务器的物理距离要求很严格，一般不能超过10公里，一般只适用于小型局域网，如机关、基地或部门（如财务管理）等，把这样的结构拓展到大型建筑企业的多个工程项目信息化管理中虽然也可以满足一些功能要求，但这种网络结构由于对物理距离的要求和处理能力的限制，要把它扩展到整个企业进行应用，显然还不能满足其功能要求。

2. C/S结构（Client/Sever 客户机/服务器结构）

这种网络结构具有很多优点，它支持高平台服务，支持多种关系数据库服务器和多种机型及操作系统，一般具有动态链接库、动态数据交换和支持多媒体及联机帮助等功能。这种结构能充分利用系统资源，合理分布系统负载，明显地减少网络上的数据流量，并能提高整个系统的运行性能，保证系统数据的安全性、一致性、保密性。因此对目前传统管理型的建筑企业在分散性工程现场的管理当中有很强的实用性，客户机服务器结构系统中的诸多优点表明它完全可以适应建筑业多项目管理的需要。

虽然C/S网络结构能适用于建筑企业分散项目型的信息化管理，但是C/S结构由于计算能力过于分散，常常使系统的管理费以几何级数增长。另外，服务器和客户机的软件系统都经常需要维护和管理，升级也较为复杂，如当客户端软件维护升级时，需要对每一台安装客户端软件的电脑进行维护升级，因此维护管理的费用较高，虽然实现了本文提出的管理目的，但是显然不是一种最理想的最佳方式。所以下面我们介绍一种以Web技术为中心的网络结构方式，也许这种方式在目前的工程管理条件下最具有实用价值。

3. B/S结构（Browser/Sever 浏览器/服务器结构）

B/S结构是一种以Web技术为中心的应用，客户机上只要求安装一个浏览器（Brower），如Netscape Navigator或IE即可。采用B/S结构以后，各工程施工现场与公司部门之间的联系更为方便，每一个客户机及施工现场的PC可以向URL（Uniform Resource Locator）指定的Web服务器提出服务请求，Web服务器用Http协议把所需文件资料传给客户，客户接受便显示在WWW浏览器上，客户机经过设置可以通过内部口令进入到数据库管理层，定期对数据进行更新或维护。具体地说就是定期向公司总部的职能部门或领导层汇报工程现场的工作情况。系统运行后将在很大程度上加强企业的业务流程机制、财务审查、资金监控、往来结账和信息交流，使管理和决策支持做到有机的结合，大幅度提高管理效率，从而为企业实现良好的经营利润奠定基础。

基于B/S网络结构的信息化管理，不仅可以实现公司总部、职能部门和各施工现场的信息沟通，而且，公司可以根据需要建立内部的邮件系统，利用公司注册的域名，实现内部邮件和外部邮件的统一，通过邮件分发系统建立自己的电子邮局，为每个员工提供一个固定的 E-mail 地址，内部邮件无须通过 Internet，对外的邮件或外部发来的邮件将可以通过网络系统实施自动转发和分拣，收发信均采用浏览器方式，易于操作，并能对来信自动鉴别，保证信件内容的安全，系统还可以设立 BBS，为所有的员工发送信件、公告等信息。

综上所述，对于上述在建筑企业工程项目信息化管理上应用的三种网络结构方式，相比较而言，第一种方法的可行性在很大程度上受到限制，已经没有很强的实用性。而第二、三种方法都能实现功能要求，但两种方法各有优缺点，相比较而言，就国内目前建筑企业的办公条件和管理要求，兼顾 Web 技术的可扩充性和易维护性，用 B/S 网络结构更能实现管理成本、质量、效率的统一。

二、软件结构设计

(一) 软件结构设计的依据

软件结构设计的依据是在需求分析中确定的信息系统需求结构。在软件结构设计的开始，可以直接地把信息系统需求结构作为初步软件架构，把信息系统需求结构中的需求单元作为软件架构中的子系统。然后在初步软件结构的基础上，通过对各个子系统的分解和优化，确定出最终的信息系统软件结构。

确定软件结构的过程就是从顶层子系统开始，逐层对子系统进行分解，直到分解到底层子系统为止。在软件结构中的不同位置，子系统具有不同的抽象度。顶层子系统的抽象度最高，越往下层，抽象度越低。判断是否达到底层子系统有以下几个准则：

(1) 底层子系统支持一个具体和简单的业务过程的用例。底层子系统应该支持一个具体的业务过程，如果业务还比较复杂就需要对这个业务进行分解，直到业务已经清楚、简单为止。

(2) 底层子系统支持的功能面向确定了的使用者，功能权限将是唯一的。

(3) 底层子系统应该具有较强的内聚性。如果用例之间具有泛化、关联等关系，则将这些用例尽量地放在一个子系统中。

(二) 软件结构设计过程

软件结构设计是在信息系统需求结构的基础上，考虑到软件的系统性能、拓扑结构等，经过分解和细化，确定软件结构的工作。软件的初步结构来自于需求分析阶段确定的信息系统需求结构。软件结构设计需要做以下几方面的工作：

1. 初步软件结构

首先把需求分析阶段得到的信息系统需求结构作为初步的软件结构。

2. 子系统分解和细化

初步软件结构比较粗糙，需要进行分解和细化。从顶层子系统开始，逐层对子系统进行分解，直到分解到底层子系统为止。可以按照前面介绍的子系统分解原则从上到下逐层对子系统进行分解。

3. 考虑系统逻辑

作为一个完整的信息系统的软件结构，除了考虑业务逻辑之外，还需要考虑像系统设备、备份、系统维护等系统功能逻辑，并需要在软件结构中体现出来。

4. 信息系统拓扑结构节点分布设计

信息系统根据其拓扑结构划分成不同的节点之后，软件的各子系统也需要分布到不同的节点上面。各子系统分配到各拓扑节点时，应该根据本节点的业务处理需要来分配，有些子系统可能只被分配到一个节点上，但有些子系统可能要分配到多个需要它的节点上面。

5. 系统层和中间件层的软件结构设计

在软件结构中也需要确定系统层和中间件层的软件结构。在确定系统层和中间件层软件结构时，需要考虑选择的操作系统、中间件软件和开发平台。

（三）网络开发工具

1. SQL Server

SQL Server 是微软开发和推出的一个数据库管理系统，是一种进行数据管理和数据分析的数据解决方案。SQL Server 作为一个数据平台，超越了传统意义上的数据库管理系统，已经发展成为"用于大规模联机事务处理、数据仓库和电子商务应用的数据库和数据分析平台"。

2. ASP 技术

ASP 即活动服务器网（Active Server Page），是一种 Web 服务器端的脚本编写环境，用于创建和运行动态、交互、高效的 Web 服务器应用程序；着重处理动态网页和 Web 数据库的开发，编程灵活、简洁，具有较高的性能，是目前访问 Web 数据库的最佳选择。

3. ADO. NET 技术

ASP. NET 中的数据库访问技术是通过 ADO. NET 实现的。ADO. NET 是在 . NET Frame-work 中创建分布式和数据共享应用程序的编程接口。它是一组向 . NET 程序员公开数据访问服务的类，支持多种开发需求，包括创建由应用程序、工具、语言或 Internet 浏览器使用的前端数据库客户端和中间层业务对象，拥有比 ADO 更强大的功能，为用户提供了更好的数据访问解决方案。

（四）系统的网络拓扑结构

施工项目管理信息系统采用 B/S 与 C/S 模式相结合的 Web 数据库系统。施工项目管理信息系统网络结构示意图如图 7-3 所示。图中所示企业各职能部门与服务器的连接采用 C/S 结构，项目部及各参建单位与服务器的连接采用 B/S 结构，通过路由器或远程访问服务器与 Internet 相连，工程项目参与方可以浏览、查询、下载工程信息。

施工企业将管理信息系统连到 Internet 网，让所有参建单位通过互联网共享工程建设信息。通过施工项目管理信息平台，其他工程参与方根据项目的要求各自组建局域网和应用环境。系统连接 Internet 网的方式可采用 ADSL 或其他更快的专线上网方式将服务器端连入 Internet。各参与方根据各自的网络条件选择与施工企业局域网的连接方式。施工企业建立中央数据库作为信息交换的平台，工程参与各方建立自己的数据存储中心，根据需要将数据汇总，通过计算机网络平台传送到中央数据库服务器中，有关各方可从中获得需要的信息。施工项目管理信息系统网络拓扑示意图如图 7-4 所示。

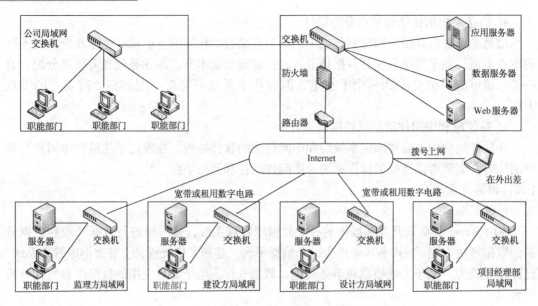

图 7-3 施工项目管理信息系统网络结构示意图

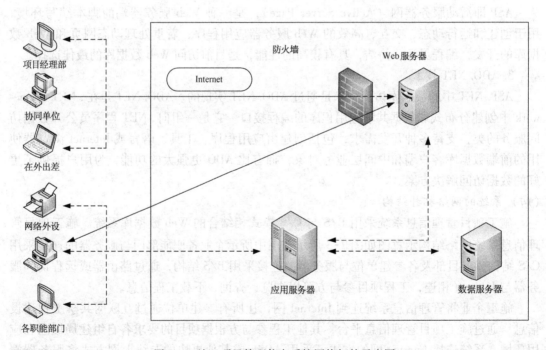

图 7-4 施工项目管理信息系统网络拓扑示意图

第三节 详细设计

一、代码设计

代码是指代表事物名称、属性、状态等的符号，它以简短的符号形式代替具体的文字说明。代码设计的任务是设计出一套供管理信息系统开发和运行所需的代码系统。

二、数据库结构设计

在工程管理信息系统中，数据是最主要的信息载体，几乎所有的管理信息都以数据或数据表格的形式出现。一般以数据库的方式存储。因此，在数据库设计时要充分考虑系统所需要的各种信息，以及数据之间的关系、数据库的层次、数据库之间的关联。

数据库设计的目标是建立一个合适的数据模型，这就要求数据模型应当既能合理地组织用户需要的所有数据，又能支持用户对数据的所有处理功能；能够在数据库管理系统中实现；具有较高的范式，表现在数据完整性好、效益高，便于理解和维护，没有数据冲突。

数据库设计可以分为概念结构设计、逻辑结构设计和物理结构设计三个阶段。

数据库设计以合同编码作为整个数据库的中枢支撑；按照合同管理中所需的数据信息方式设置表；一个数据表中尽量容纳相关合同的所有信息，以减少表的数量，降低管理和维护的难度；尽量减少数据冗余，避免不必要的资源浪费。

三、输入/输出设计

1. 输入设计

输出信息的正确性很大程度取决于输入信息的正确性和及时性。因此，必须科学地进行输入设计，使之正确地、及时地、方便地收集信息、录入信息。

2. 输出设计

输出设计的目的是如何正确、完整、美观地将系统处理后的结果输出来，输出设计首先要考虑的是人机界面的友好性，还要考虑包括屏幕显示设计、打印输出设计、音频和视频输出设计。

四、编写系统设计说明书

1. 引言

包括摘要、背景、系统环境与限制等。

2. 系统设计方案

（1）系统总体结构图（功能的划分与总体功能结构图、处理流程图）；

（2）系统设备配置方案（软硬件环境配置清单、网络拓扑结构图）；

（3）新系统的代码体系（代码结构、编码规则）；

（4）数据文件或数据库文件说明；

（5）输入、输出设计及接口设计；

（6）详细设计（层次化模块结构图、模块内部的算法设计）；

（7）安全可靠性设计；

（8）方案说明及实施计划。

第四节　案例分析

一、案例1：系统三层体系结构设计

该系统采用分布式多层体系架构模式，系统主要分为3层，3层网络模型图如图7-5所示。

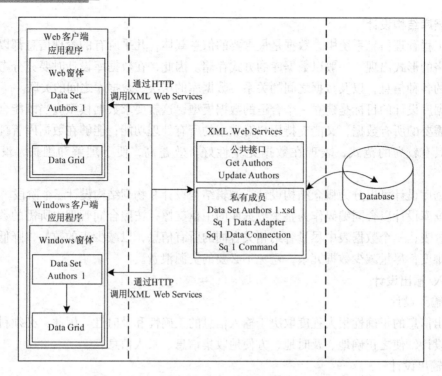

图 7-5　3 层网络模型图

（一）数据库服务层

最底层是数据库服务层，主要进行网络数据库的维护，运行在数据库服务器上，它根据业务服务器发送的操作请求，具体进行数据库的查询、统计、更新等操作，并将操作的结果发回业务服务器，满足客户端的操作需要。它主要通过各种数据库管理系统，如 Oracle、SQLServer 等来实现，同时这些数据库可驻留在任何平台上。

（二）业务服务层

中间一层是业务服务层，是在 B/S 结构中最核心的一层。业务服务层是连接用户服务和数据服务的桥梁，协调客户端与数据库服务器之间的关系。主要完成上传下达的任务，接收用户提出的服务请求，并将其传送到数据库服务器，再将数据库服务器返回的统计、查询结果反馈给用户。

（三）用户界面层

最上面一层是用户界面层，该层主要是给用户提供可视操作界面，面向广大普通用户，他们可以通过浏览器这种统一的界面很方便地访问所需要的资源，向下层传送用户的服务请求、接收下层传回的响应信息、输出运行结果等，是网络软件的人机接口部分。用户界面层不需要太多的中介驱动程序或设置，因为这些和数据库服务器连接的工作都交给了中间的业务服务器处理，客户端只需使用简单的通信协议或操作系统提供的通信功能与业务服务器通信即可。

在 .NET 平台下，由于客户端采用浏览器，业务规则和数据库都部署在业务服务层和数据库服务层，因此一旦需求变化或数据库结构需要改变时，只需改变位于服务器端的业务层和数据层两层即可，而对于客户端无需做任何维护，就使得系统的维护都集中在服务器端，解决了 C/S 系统存在的分散维护的问题。

二、案例 2：工程招标投标项目管理信息系统（C/S 架构）运行基本原理

工程招标投标项目管理信息系统（C/S 架构）运行的基本原理如图 7-6 所示。

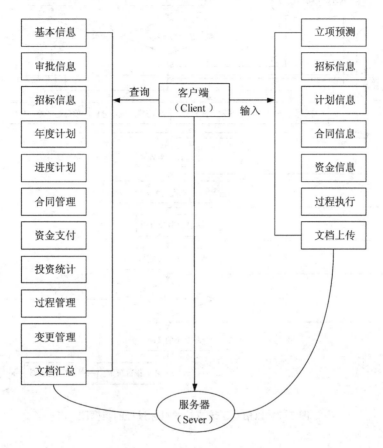

图 7-6　工程招标投标项目管理信息系统（C/S 架构）运行基本原理图

在工程项目招标投标管理信息系统的支持下，应用计算机进行系统分析是不可缺少的。这种分析处理的过程在综合的数据库支持下进行操作，综合数据库反映了招标者、投标者的竞争对手等有关对象信息，以及本企业的工程档案、优势、投标方案优势以及相应技术、经济指标等主信息。以信息系统支持的投标过程的粗框图如图 7-7 所示。在图 7-7 中，包含了国内、外市场信息模块；在定额库支持下的工程概预算模块；工程成本核算模块；竞争对手同行业成本分析模块；投标环境分析的决策咨询模块。

【章后习题】

1. 简述工程管理信息系统设计的依据与原则。

2. 简述工程管理信息系统设计的总体设计与详细设计的内容，并概述二者之间的联系。

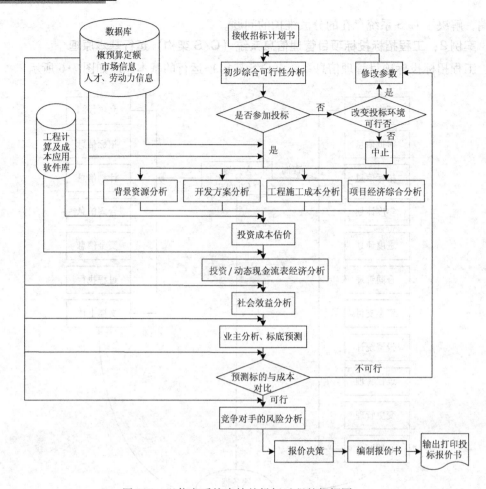

图 7-7　以信息系统支持的投标过程的粗框图

【参考文献与延伸阅读】

[1] 郭东强. 现代管理信息系统[M]. 北京：清华大学出版社，2010.

[2] 黄充. 工程项目招投标管理信息系统[D]. 成都：西南交通大学硕士学位论文，2003.

[3] 齐春妮. 建筑工程管理系统的设计研究[D]. 太原：太原科技大学硕士学位论文，2009.

[4] 张旻. 建设工程质量检测管理信息系统的开发与实现[D]. 南京：南京理工大学硕士学位论文，2006.

[5] 陆伟东. 现代建筑工程信息管理系统的设计与实现[D]. 成都：电子科技大学硕士学位论文，2011.

[6] 汪明元. 某物流配送中心管理信息系统的开发[D]. 成都：西南石油学院硕士学位论文，2004.

[7] 陈思宇. 学生工作管理信息系统的分析与设计[D]. 北京：北京邮电大学硕士学位论文，2009.

[8] 蔡中辉. 建设工程项目信息管理[M]. 北京：中国计划出版社，2007.

[9] 马文静. 邢台建筑工程管理系统的分析与设计[D]. 济南：山东大学硕士学位论文，2009.

[10] 周臻. 建设项目信息化管理研究[D]. 天津：天津大学硕士学位论文，2005.

[11] 张彦杰. 工程项目管理信息系统开发过程中的风险管理及其应用研究[D]. 上海：复旦大学硕士学位论文，2011.

[12] 王磊. 信息系统分析与设计[D]. 北京：北京邮电大学硕士学位论文，2008.

[13] 郑永恒. 施工项目管理信息系统的设计与实现[D]. 成都：电子科技大学硕士学位论文，2009.

第八章　工程管理信息系统的实施、运行与维护

【学习目的与要求】

本章主要从工程管理信息系统开发的实施步骤与内容、程序设计、系统的测试和调试、人员培训、系统切换、系统运行的内容、系统维护工作中常见问题、系统维护的内容和类型、系统维护的步骤来阐述工程管理系统的实施、运行与维护。

第一节　工程管理信息系统实施

工程管理信息系统实施是使系统设计的物理模型付诸实现的阶段。它需要投入大量人力、物力和时间进行程序设计、系统的测试和调试、人员的专业培训，顺利实现系统的有效切换，形成目标系统的运行环境。

一、工程管理信息系统的内容、任务与影响因素

（一）系统实施的具体内容

1. 程序设计

程序设计是实现新系统的最重要环节，它是根据系统设计说明书的要求，分成若干程序来完成系统的各项数据处理任务。程序设计是一项非常细致复杂的工作，其设计的好与坏，直接关系到能否有效地利用计算机圆满达到预期目的。

2. 系统的测试和调试

由于系统开发人员的主观认识不可能完全符合客观事实，所以，在管理信息系统开发周期的各个阶段都不可避免地会出现差错。在程序设计阶段也不可避免还会产生新的错误，所以，对系统进行测试和调试是必需的，是保证系统质量的关键步骤。

3. 人员培训

所有的信息系统都是人机系统，人是起决定作用的因素。在系统实施阶段，需要较多的开发人员通过培训使各类人员明确系统的目标、功能和设计方案，同时要使这些人员明确所从事工作的内容和具体要求。需要说明的是，在新、旧系统切换时的人员培训尤其重要。

4. 系统切换

系统切换是指系统开发完后新老系统之间的切换。系统切换要求尽可能平稳，使新系统安全地取代原系统，对管理业务工作不产生冲击。从旧系统向新系统的切换方式有三种：直接切换、并行切换和分段切换。

（二）系统实施的基本任务

（1）使管理业务规范化、标准化、程序化，促进业务协调运作。

（2）对基础数据进行严格的管理，要求基础数据的标准化、传递程序和方法的正确使用，保证信息的准确性、一致性。

（3）确定信息处理过程的标准化，统一数据和报表的标准格式，以便建立一个集中、统一、共享的数据库。

（4）高效低能地完成日常事务处理业务，优化分配各种资源，包括人力、物力、财力等。

（5）充分利用已有的信息资源，运用各种管理模型，对数据进行加工处理，支持管理和决策工作，以便实现组织目标。

（三）系统实施的关键影响因素

现实工作与系统能否完全磨合，这是系统能否得以生存并延续的关键，也将是实施阶段的一大难点。经调查分析得出，影响系统实施的关键因素包括 13 个方面，其模型如图8-1所示。

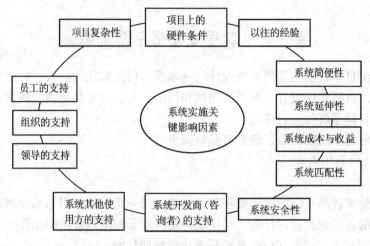

图8-1　影响系统实施的关键因素

关键因子的重要性排序按表8-1确定。

影响系统实施的关键因子排序表　　　　　　　　　　表8-1

重要性排序	关键因子	重要性排序	关键因子
1	领导的支持	8	系统延伸性
2	系统安全性	9	员工的支持
3	系统匹配性	10	系统开发商（咨询者）的支持
4	组织的支持	11	项目上的硬件支持
5	系统其他使用方的支持	12	系统成本与收益
6	以往的经验	13	项目复杂性
7	系统简便性		

（四）工程项目管理信息系统开发组织体系

工程项目管理信息系统开发一般是建筑企业与软件公司共同建立了软件开发组织体

系。该组织体系由领导小组和实施推进小组组成。领导小组主要负责工程项目管理信息系统的整体定位、总体需求框架界定、资源配备、重大问题协调等。实施推进小组主要负责工程项目管理信息系统的具体推进工作，按工作职责分工，下设需求分析、软件设计、软件开发、软件测试、功能验收、软件使用培训与推广、软件维护、综合协调 8 个业务小组，具体如图 8-2 所示。组织体系的建立和有效运行是工程项目管理信息系统开发实施的必要组织保证，也是后续风险管理内容的一个重要方面。

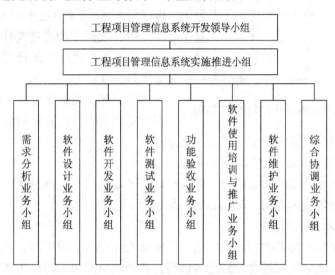

图 8-2 工程项目管理信息系统开发组织系统

二、程序设计

程序设计是实现新系统的最重要环节，是根据系统设计说明书的要求，分成若干程序来完成系统的各项数据处理任务。程序设计是一项非常细致复杂的工作，其设计的好与坏，直接关系到能否有效地利用计算机圆满达到预期目的。程序设计是考虑怎样最大化、最合理地完成系统设计阶段的各种技术要求设计、系统功能如何实现等一些具体的战术问题，或是一些具体的编码问题。

（一）基本结构

建设项目管理信息系统的基本结构包括如下子系统：进度控制子系统、质量控制子系统、投资控制子系统、合同管理子系统、文档管理子系统和管理决策子系统。各子系统之间既相互独立，各有其自身目标控制的内容和方法；又相互联系，互为其他子系统提供信息。程序设计人员需对建设项目管理信息系统的构成进行充分的研究。

1. 工程进度控制子系统

1）工程进度控制子系统功能概述

工程进度控制子系统既要辅助项目管理人员编制和优化建设项目进度计划，又要对建设项目的实际进展情况进行跟踪检查，并采取有效措施纠正偏差，调整进度计划，从而实现建设项目进度的动态控制。工程进度控制子系统的逻辑结构可以参考第六章第七节中的相关内容。

2）工程进度控制子系统的组成

（1）工程进度计划的编制

工程进度计划的编制，就是根据输入系统的原始数据，编制横道计划或网络计划（对于大型复杂的工程项目，还应编制多级网络计划系统）。然后在此基础上，根据实际需要，通过不断调整初始网络计划进行网络计划的优化，最终求得最优进度计划方案。工程进度计划编制子系统的逻辑结构如图8-3所示。

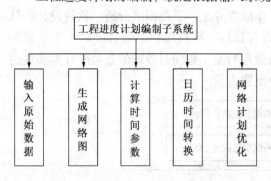

图8-3　工程进度计划编制子系统的逻辑结构图

（2）实际工程进度统计与分析

实际工程进度的统计与分析，就是在统计实际进度数据的基础上检查目前的工程项目进展情况，判断项目总工期及后续工作是否会受到影响。在分析判断总工期及后续工作是否会受到影响时，其主要根据就是原网络计划中有关工作的总时差和自由时差。

（3）实际进度与计划进度的动态比较

实际进度与计划进度的动态比较，就是将计划进度数据和实际进度数据进行比较，从而产生进度比较报告或横道图、S形曲线、香蕉曲线等进度比较图。

（4）工程进度计划的调整

通过计划进度与实际进度的动态比较，当发现实际进度有偏差时，就应在分析原因的基础上采取有效措施对工程进度计划进行调整，其调整原理与工期优化基本相同。

（5）图形及报表的输出

图形报表的输出，使之以图形和报表的形式输出建设项目进度控制过程中所产生的大量信息。图形及报表输出模块的逻辑结构可以参考第六章第七节中的相关内容。

2. 工程质量控制子系统

1）工程质量控制子系统功能概述

项目管理人员为了实施对建设项目质量的动态控制，需要工程质量控制子系统提供必要的信息支持。工程质量控制子系统的逻辑结构如图8-4所示。

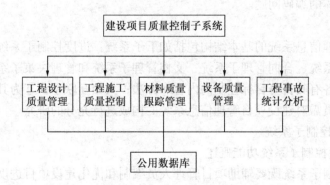

图8-4　工程质量控制子系统的逻辑结构图

2）工程质量控制子系统的组成

（1）工程设计质量管理。

（2）工程施工质量控制。

（3）材料质量跟踪管理。

（4）设备质量管理。主要是对大型设备及其安装调试进行质量管理。其逻辑结构如图
8-5 所示。

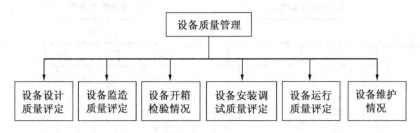

图 8-5　设备质量管理的逻辑结构图

（5）工程事故统计分析。

3. 工程投资控制子系统

1）工程投资控制子系统功能概述

工程投资控制子系统用于收集、存储和分析建设项目投资信息，在项目实施的各个阶
段制定投资计划，收集设计投资信息，并进行计划投资与实际投资的比较分析，从而实现
工程投资的动态控制。工程投资控制子系统的逻辑结构如图 8-6 所示。

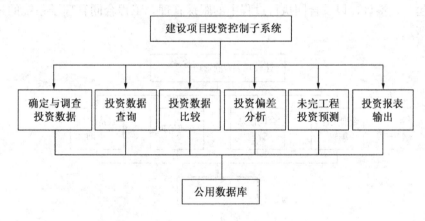

图 8-6　工程项目投资控制子系统的逻辑结构图

2）工程投资控制子系统的组成

（1）确定与调整投资计划。就是输入投资计划数据，并根据实际情况对其进行调整。
该模块的逻辑结构如图 8-7 所示。

（2）投资数据查询。

（3）投资数据比较。

（4）投资偏差分析。

（5）未完工程投资预测。

（6）投资报表输出。

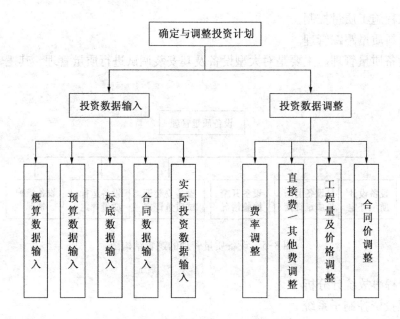

图 8-7　确定与调整投资计划的逻辑结构图

4. 工程合同管理子系统

工程合同管理子系统主要是通过公文处理及合同信息统计等方法辅助项目管理人员进行合同的起草、签订，以及合同执行过程中的跟踪管理。工程合同管理子系统的逻辑结构如图 8-8 所示。

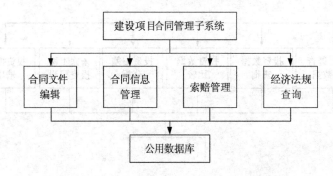

图 8-8　工程合同管理子系统的逻辑结构图

5. 工程文档管理子系统

工程文档管理子系统主要是通过信息管理部门，将建设项目实施过程中各个部门产生的全部文档统一收集、分类管理。工程文档管理的主要内容包括项目文件资料传递流程的确定，项目文件资料的登录与分类存放，以及项目文件资料的立卷归档等。

工程管理组织中的信息管理部门是专门负责建设项目信息管理工作的，其中包括项目文件资料的管理，因此，在工程建设全过程中形成的所有文件资料，都应统一传递到信息管理部门，进行集中收发和管理，如图 8-9 所示，信息管理部门是项目文件资料传递渠道的中枢。

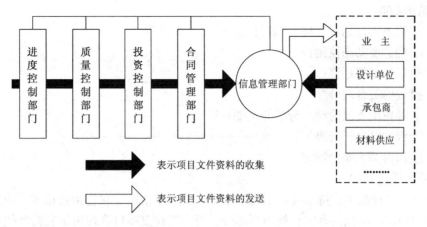

图 8-9　项目文件资料传递图

6. 工程管理决策子系统

1) 系统的特征

在工程建设的实施过程中，由于受许多因素的影响，即使是经过优化的计划，在实施过程中的变化也是不可避免的。工程管理的基本任务是确保建设项目三大目标（进度、质量、投资）的实现。而由于进度、质量、投资三大目标之间存在着项目制约关系，使得项目管理人员的任何决策都必须以三者之间的最佳匹配为目标，工程管理决策支持系统应是一个多目标的动态优化控制系统。系统结构如图 8-10 所示。

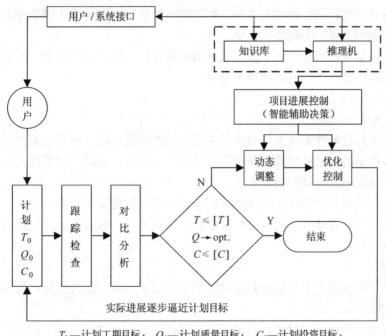

T_0—计划工期目标；　Q_0—计划质量目标；　C_0—计划投资目标；
$[T]$—合同工期；　　　opt.—最优；　　　　$[C]$—预算投资

图 8-10　工程管理决策子系统结构图

2）系统功能

（1）工程进度计划的审核与编制；

（2）工程进度动态控制；

（3）质量控制与评定；

（4）投资的最合理分配；

（5）实际费用支出的动态分析与预测；

（6）工程索赔分析与决策；

（7）组织协调策略的制定。

3）系统模块结构

建设项目管理决策支持系统的结构框架是一个三库结构，它包括数据库、模型库和知识库。其中知识库应包括事实和规则两部分。而由于建设项目管理决策支持系统中大量的事实均由数据库和模型库提供，所以在本系统中，由数据库、模型库及规则库的联合才构成一个知识库系统。

（二）系统数据层实现

1. 数据库连接设置

在 ASP. NET 技术下设计的软件系统，可以将系统的基本信息配置在 Web. Config 文件中，例如配置数据库连接字符串，这样的配置方式能够方便系统对数据的操作限制，这些参数配置的优劣将直接影响到该 Web 应用程序的效率和质量。

2. 存储过程实现

存储过程能够将复杂的或者是常用的数据操作过程，事先用 SQL 语句进行编写，并指定一个特殊的名称保存到数据库工具中，系统的前端程序在需要使用该数据操作时，只要进行存储过程调用就可以实现程序指令。

建筑工程信息管理系统设计了四个数据的存储过程，有信息的查询、信息的添加、信息的删除等操作，其中信息的查询较为复杂。

三、系统的测试和调试

（一）系统的测试

测试的目的是更好地发现至今为止尚未发现的错误及缺陷。所有的测试都应追溯到用户的需求，最严重的错误是导致程序不能满足用户的需求，所以，对系统进行测试和调试是必需的，是保证系统质量的关键步骤。

系统测试是测试整个硬件和软件系统的过程，是对被测系统的综合测试。系统测试的目的是在真实系统工作环境下检验完整软件是否能和系统正确对接，并满足软件研制任务书的功能和性能要求。

1. 功能测试

功能测试主要测试一个特性的基本功能是否和需求一致，相关的协议是否一致。

2. 性能测试

性能测试主要验证测试对象在长时间、大强度下能否正常稳定地工作。

3. 互影响测试

互影响测试主要验证系统中不同任务在相互作用的情况下，其行为是否符合需求。

4. 边界值测试

边界值测试主要从系统测试的角度验证各个应用和功能的边界值。一般来说，设计人员容易忽略这些边界值的处理，事实上也不好处理，导致大量的缺陷出在这方面。

（二）程序和系统的调试

程序调试是对程序逐个进行语法和逻辑的检查。可输入正常数据检查程序的各功能是否均能实现，核对输出数据的准确性，检查打印格式是否符合要求等。还要输入错误数据，检查对错误信息的反应。

单个程序调试之后，即已消除程序和文件中的错误。在此基础上进行系统调试，一般是按各功能模块进行分调，分调是对一组程序功能正确性进行调试。在分调基础上进行总调，即将总控制程序和功能模块连接起来调试，检查系统中相互关系的正确性。系统总调后进行实况考核。系统调试过程中应作详细记录，写出调试报告。调试经验总结如下：

1. 领导重视和正确指导是系统调试成功的关键

公司领导及有关部门应给予高度重视和大力支持，每天都听取系统调试工作情况的汇报，并对系统调试工作提出指导性意见，在系统调试期间深入调试工作的现场进行指导，检查试验项目的进展情况，要求参加系统调试的各单位和全体工作人员保证安全、高效、优质和按时完成系统调试任务。

2. 精心准备是工程调试成功的前提

系统调试的准备工作从收集与研究技术资料开始，技术人员应对以往工程系统调试的经验进行总结，对相关文献进行分析，确保系统调试项目的完善和调试大纲的正确制定。

3. 各单位密切配合是系统调试成功的组织基础

系统调试涉及多单位的配合，其间关系是环环相扣的，一环出错则整个调试过程就无法顺利进行，因此各单位的密切配合十分重要。

4. 组织管理强化及指挥得当是系统调试成功的保证

系统调试涉及工程的设计、设备制造、建设安装、调度、运行、调试和监理等10余个单位。整个系统调试工作任务繁重、时间紧，必须设立坚强有力的组织机构，统一调度指挥和安排各项试验工作。

5. 调试项目优化组合及合理安排调试计划

进行系统调试时，需要投入不同的资源，也需要不同部门人员的配合，合理的项目组合和完备全面的调试计划，可以使资源和人员及时到位，保证调试的正常进行。

6. 严格执行规程是系统调试成功的安全保证

系统调试涉及不同的建筑业单位，其中包括设备安装、施工等可能存在安全隐患的部门，因此调试过程中各部门要严格执行章程，谨防危险发生。

四、人员培训

在项目管理信息系统的实施过程中，培训是一项非常重要的工作内容。培训的首要任务是让大家理解这种改进的目的和能够带来的益处，从思想上接受这种新的管理方式，避免因为不适应产生抵触情绪，其次通过培训可以让大家掌握其操作方法。培训是一种思想灌输、沟通的主要方式，通过对不同对象的多次培训，可以尽量全面考虑各方的需求，尽量满足实施以后的长期使用过程中各种用户的期望。

工程管理信息系统管理人员应该从熟悉企业业务的，有工程技术、管理、统计、计划经验的，或有管理组织能力的技术人员中进行挑选。对他们进行专门的培训，作为操纵工程管理信息系统的骨干。人员培训阶段需注意的问题如下：

1. 项目开发范围的变更

产生范围变更的原因主要有两种：一种来自用户方，一种来自开发方本身。用户方在系统开发过程中，一般会根据自己的习惯提出一些要求，通常这些要求并不是很专业，如果采纳，对于系统建设不会有太大帮助，有时甚至还会影响整个系统的实施。遇到这种情况，需要开发方对用户方的要求做出合理分析，根据其组织结构的具体情况进行处理。另外一定要用严格的开发目标约束技术开发人员。

2. 项目开发人员的变动

项目在开发过程中，人员变动是难免的，但这有可能造成项目开发工作的脱节，尤其是关键开发人员的变动。为了保证项目开发的前后一致性，必须建立一个知识传承的机制。这就要求开发人员的设计全部文档化，可以设立专门的文档管理员，做好文档的分类、归档工作。对文档的细化程度还可以加以明确要求，如要求编程人员的程序必须有注释，并且对注释行的比例进行要求；在项目开发团队内部进行技术知识备份，即团队所使用的新技术或关键技术至少有两名项目组成员熟练掌握等等。

五、系统切换

系统切换是指系统开发完后新、老系统之间的切换。系统切换要求尽可能平稳，使新系统安全地取代原系统，对管理业务工作不产生冲击。

（一）切换方式

1. 直接切换

直接切换是在确定新系统试运行准确无误时，立刻启用新系统，终止老系统运行。考虑到新系统在测试阶段试验样本的不完全性，所以这种方式一般适用于一些处理过程不太复杂、业务数据不很重要的场合或者老系统已完全无法满足需要的情况。该方式简单，但风险大。倘若系统运行不畅，会给工作造成混乱。故只适用于系统小且不重要或时间要求不高的情况。

2. 并行切换

这种切换方式是新、老系统并行工作一段时间，对照新、老系统的输出，并经过一段时间的考验以后，新系统正式替代老系统。由于与旧系统并行工作，消除了尚未认识新系统之前的惊慌与不安。在银行、财务和一些企业的核心系统中，这是一种经常使用的切换方式。它的主要特点是安全可靠，但费用和工作量都很大，因为在相当长时间内系统要两套班子并行工作。该方式无论从工作安全上，还是从心理状态上看均较好，但缺点是费用大，存在系统太大时费用开销更大的问题。

3. 分段切换

分段切换又称逐步切换、向导切换、试点过渡法等。它是以上两种切换方式的结合。在新系统全部正式运行前，一部分一部分地替代老系统。那些在转换过程中还没有正式运行的部分，可以在一个模拟环境中继续试运行。这种方式既保证了可靠性，又不至于费用太高。但它要求子系统之间有一定的独立性，对系统的设计和实现都有一定要求，否则就无法实现这种分段转换的设想。该方式为克服并行切换缺点的混合方式，适用于较大系统，当系统较小时不如使用并行切换方便。

（二）系统切换难点

1. 与新系统的模块功能集成度成正比的复杂性

目前开发的信息系统多是分模块的集成系统。这些模块和功能之间是相互渗透和连贯的，在组织的日常运作和管理中，具有不可比拟的优点，但在系统切换时系统的模块和功能越多越复杂，系统切换的困难也就越大，而且难度成倍增加。正像两条直线相交是一个交点，三条直线相交是三个交点，四条直线相交就是六个交点一样，集成点会随着模块和功能的增加而成倍增加。而且即使使用同样的模块，不同的组织对其进行不同的配置时，其切换的流程、方式也会有所不同，因此很难得到普遍适用的规则。

2. 与旧系统的数据、流程具有割舍不断的牵连

系统切换最重要的工作之一是数据转换。旧系统的数据一般质量较低也较分散，在向新的信息系统转换时，运作所需的大部分数据需要通过加工旧系统的数据获得，因此，系统切换的难度完全取决于旧系统的质量。这里的旧系统，不单指目前组织正在使用的计算机系统，也可以是过去手工操作的业务流程。旧的流程会影响新系统的初期数据，旧流程越不规范统一，系统切换时就越麻烦。

3. 人力、物力、财力的昂贵代价

系统的切换在时间上应有严格要求，在新、旧系统切换过程中，组织或机构本身的业务活动是不能中断的，对于这段时间业务的记录是使用原来旧系统的一套方式，还是按新系统的要求来做？这是一个艰难的选择。适合选择直接切换方式的情况并不多，但选择另两种方式，在某种程度或阶段上则意味着新、旧系统会并行存在，所有相关人员的工作就会加倍，而两套数据或记录的"对接"问题更为复杂繁琐，系统的切换难度更大。

4. 人为习惯与思想阻碍

信息系统的切换不仅仅是系统项目开发组的任务，它涉及组织的许多部门和人员。一个信息系统的实施是否成功，取决于组织管理层的权威与能力，取决于部门间的责任与配合，也取决于整个公司的文化。而组织领导层的支持和理解，无疑是成功的前提条件。不幸的是，旧系统和旧流程很混乱的组织，在信息系统实施过程中项目组得到的支持往往也较少。另一方面人们内心深处都恐惧变化，尤其是这种变化的好处还未直接显现时。在信息系统切换阶段，这种变迁会使组织员工面临一些工作和心理上的负担，低落或抵触情绪会造成时间或数据质量的失控，无论哪种情况，对于系统切换而言都是致命打击。

（三）系统切换的关键要素

1. 细致的规划

系统切换是信息系统实施阶段的一个关键步骤，要有专门的班子来讨论和制定切换计划，包括切换的方式、切换的起点和期限、切换的步骤和进度控制、资源的配置和人员职责、初期数据的准备工作等。计划必须经过审定并形成文档，以备查考。

2. 领导的重视

信息系统的开发是为了配合组织实现其目标，而组织的领导者作为组织目标的决策者，应对新的信息系统的实施给予相当的重视并提供良好的系统切换条件和环境，更重要的是要学习和理解信息系统所带来的先进的管理思想和方法，布置良好的合作与分工，同时对新信息系统的实施充满信心。

3. 人员的培训

在信息系统开发的整个阶段都必须进行人员的培训,但在新、旧系统切换时人的作用非常明显。一是这个阶段属于"混乱"时期,仅仅经过试验性测试的信息系统还未进入实战状况,旧的一套系统又还没退役;二是这个阶段参与人员最多,包括新系统开发者、管理者、使用者。不进行必要的人员培训必然导致系统切换的失败。

4. 组织的重构

新信息系统的实施可能会对组织的机构提出一些要求,包括合并或新增一些机构,并且需要改变原有的管理规则与制度,改变原来的工作模式,创建面向新系统的业务流程和相关制度,包括组织文化,以减少新旧系统之间的冲突与错位。

5. 数据的完善

为了使系统能够完好运行,数据必须完整、准确、一致、及时。新系统涉及哪些数据?原有数据中需要改变、补充或完善的数据是什么?分别来源于哪些部门或功能?切换工作的延误与"瓶颈"最终都会归集于数据的整理、变换工作。

六、案例分析

(一)案例 1:中国长江三峡工程管理信息系统(TGPMS)的实施步骤

中国长江三峡工程开发总公司与加拿大合作建设的"三峡工程管理信息系统(TGPMS)"的应用采用分阶段、分步骤、按业务功能区域(子系统)分头推进的实施策略。

(1)模拟运行。发现软件设计中存在的不合理设计,磨合管理工作中各个环节的相互联系,熟悉新的工作方式,明确使用人员的职责和权力,对使用人员进行培训,消除陌生和不信任感,检查数据处理是否合理。

(2)应用培训。分布在企业各个职能部门的项目实施团队是系统运转的关键因素。通过全方位不断培训各部门业务人员,使他们熟悉系统的管理模式,并与具体的计算机应用相结合。

(3)制订 TGPMS 运行的规章制度和业务规范。体现管理模型的软件必须有配套的规章制度和工作流程,实施 TGPMS 必须建立完整的数据责任体系、数据授权等级表(QUID)、数据转换规范、系统运行维护规范。

(4)数据标准的建立及稽核、整理、录入。数据是 TGPMS 的核心,没有全面正确的数据,系统将无法运行。通过实施过程管理,建立严格的数据编码标准,用户可以顺利地将以往零散、纸面的数据,按照规范的输入、稽核过程,转换到数据库中,形成精确、及时、完整的具有管理价值的信息。通过不断的应用协调,三峡工程所有正在执行的合同已通过 TGPMS 进行管理,系统已能跟踪所有正在执行的合同、已发生的成本及概预算情况,系统已应用于大型施工项目的进度计划、设备采购管理中,已应用于施工质量控制信息,包括质量控制标准、单元划分验收评定、工序质量控制、材料试件检测等数据的管理,设计图纸的提交正由系统跟踪记录,此外,安全信息如安全事故及伤亡、措施、隐患、检查、会议等也已通过系统进行管理。

(二)案例 2:绿色建筑的系统测试与调试

随着科技的进步,实现节能减排的手段日趋多样,比如利用可再生能源、应用楼宇自动化系统以减少能源浪费,升级建筑设备系统以提高能效等。与此同时,这些创新型建筑系统的不断演进也引发了对系统质量、节能数量以及耐久度的思考。工程管理信息系统的有效调试正是一种有助于保证系统能效性能的过程和手段。调试分为 4 种类型,按表 8-2 确定。

调试类型表　　　　　　　　　　　　表 8-2

序号	调试类型	运营阶段	目　标
1	初步调试	从系统设计到试运行再到运行期间	保证新建建筑初步性能信息的广泛覆盖面
2	持续调试	初步调试或改造调试后继续进行	维持建筑管理信息系统的质量并提升前期调试时的系统性能
3	改造调试	系统运行期间非调试阶段	在调试记录完成前，从建筑全生命周期的角度，甚至返回设计阶段，帮助解决处理所发生的问题
4	再调试	初步调试或改造调试后，系统运行期间内	核实并改进不达标的系统性能

美国绿色建筑委员会（USGBC，2009b）认为调试的目的及产生的效益是"验证项目中能源相关的系统是否按照业主的项目要求、设计基础和施工文件进行安装、校正及运行。调试产生的效益包括降低能耗、减少运营成本、减少承建商翻工、更详尽的建筑记录、提升使用者的生产率并且能够确认系统按照业主项目要求运行"。

人们惯于认为绿色建筑的额外成本很高，然而诸多研究和案例已多次证明绿色建筑所带来的效益远远大于财政上的额外支出。绿色建筑的技术措施包括主动和被动两种形式，由于单一被动式绿色建筑设计并不能达到令人满意的能源利用，因此需要配合主动式措施，如可再生能源系统及一些环境友好型的建筑能源系统的应用。这些绿色建筑技术越早在设计阶段中运用和考虑，其初始成本就越低，管理信息系统的有效调试也有助于保持建筑系统的功效并降低能源支出。绿色建筑项目管理信息系统在设计前期及设计阶段、施工阶段、使用阶段的调试步骤按表 8-3～表 8-5 确定。

绿色建筑项目管理信息系统在设计前期及设计阶段的调试步骤　　表 8-3

调试依据　数据来源　调试步骤	项目阶段	调试任务	基础调试	升级调试
调试专家	要求建筑师及工程师的选拔提案	制定调试专家	业主或项目团队	业主或项目团队
业主的要求	业主的项目要求及设计基础	记录业主的项目要求；编制设计基础	业主或调试专家设计团队	业主或调试专家设计团队
	方案设计	检查业主的项目要求和设计基础	调试专家	调试专家
调试计划书	扩展设计	研制并执行调试计划	项目团队或调试专家	项目团队或调试专家
施工	施工文件	将调试要求融入施工文件中	项目团队或调试专家	项目团队或调试专家
		在误建文件之前检查调试设计	N/A	调试专家

注：N/A 意为 Not Applicable，与情况不合。

绿色建筑项目管理信息系统在施工阶段的调试步骤 表8-4

调试依据 \ 数据来源 \ 调试步骤	项目阶段	调试任务	基础调试	升级调试
执行调试	仪器采购仪器安装	检查承包商送审的调试系统材料	N/A	调试专家
	功效测试平衡性能测试	确认参加调试系统的安装及性能	调试专家	调试专家
	运营及维护	为调试系统编制手册	N/A	项目团队或调试专家
	运营及维护培训	确认培训要求的完成度	N/A	项目团队或调试专家
调试报告	实质性完工	完成调试报告总结	调试专家	调试专家

注：N/A 意为 Not Applicable，与情况不合。

绿色建筑项目管理信息系统在使用阶段的调试步骤 表8-5

调试依据 \ 数据来源 \ 调试步骤	项目阶段	调试任务	基础调试	升级调试
调试报告	系统检测	实质性完工后10个月内检查系统的运行情况	N/A	调试专家

注：N/A 意为 Not Applicable，与情况不合。

第二节 工程管理信息系统运行与维护

一、系统运行的内容

系统运行就是完成系统日常例行操作和一些临时性的信息服务，并做好系统运行情况的记录工作。系统运行情况记录是系统评价和系统改进的重要依据。其主要内容包括：系统工作量，系统工作效率，系统提供服务的质量，系统维护修改情况，系统故障的发生、原因分析及处理方法和措施等。系统运行情况的记录一定要做到及时、准确和详细。

系统运行的组织对提高信息系统的运行效率是十分重要的。在目前情况下，系统运行的组织有以下两种建立形式：

1. 分散平行式

即将计算机分散在各职能部门，使他们具有相同的机器使用权。这种方式使应用工作能较好地结合实际，但信息处理的能力和支持决策的能力较差。

2. 集中式

即将所有的计算机集中在信息中心统一管理，各职能部门只是一个服务对象。这种方式使资源得到集中管理，有利于信息共享和支持决策，但容易造成与职能部门的脱节，使应用效果降低。随着计算机网络的发展，目前已向"集中—分散"的组织形式发展，即既要有信息中心，又在各职能部门设置微机，使它们连接成网络，从而实现资源共享。

二、系统维护构架与常见问题

(一) 智能维护系统构架

系统维护首先要考虑的便是设备问题，设备故障的突然发生，不仅会增加企业的维护成本，而且会严重影响企业的信息流传递效率，使企业蒙受巨大损失。为了保持设备的稳定性，现在的企业多采用"周期性检修"的方式，该方式将使得维护活动不是做得太早就是做得太晚，给企业带来了沉重的经济负担。为此，新的观念是采用智能维护系统，对设备的性能衰退状态进行监测、评估和预测，并按需制定维护计划，在防止因故障失效的同时，最大限度地延长设备的维护周期，减少设备的维护成本。

(二) 系统维护工作中的常见问题

1. 维护工作分散化

系统维护过程中存在"系统随应用走"的问题，系统维护基本由使用该系统的应用部门完成，没有一个统一的部门对开放平台系统的维护实施规划、管理。

2. 系统维护表面化

由于系统维护工作由应用部门完成，应用开发人员同时兼任系统维护工作，面对繁重的开发任务，承担系统维护的人员没有更多精力对系统做进一步的研究，对于系统的认识只停留在表面上。在系统出现这样或那样的问题时，就显得束手无策，无法迅速定位故障点或对故障做进一步的分析，拖延了故障处理时间，对于系统的稳定运行造成了影响。

3. 系统维护外包化

有时为了克服系统维护上的不足，确保生产系统的稳定运行，通常采用将开放平台系统尤其是小型机系统的维护工作外包给第三方专业系统维护公司维护的方式，而企业每年需为此支付较大的费用。承担维护工作的公司虽然在系统维护上有一定的经验，但是可能由于他们对企业应用了解的局限性，往往在面对某些因应用导致的系统问题时，需要较长的时间寻求解决方案。同时，第三方维护公司的存在，也使企业系统维护人员产生了依赖性，失去了在系统方面继续研究的动力。

三、系统维护的任务和内容

(一) 运行维护管理的基本任务

(1) 进行信息系统的日常运行和维护管理，实时监控系统运行状态，保证系统各类运行指标符合相关规定；

(2) 迅速而准确地定位和排除各类故障，保证信息系统正常运行，确保所承载的各类应用和业务正常；

(3) 进行系统安全管理，保证信息系统的运行安全和信息的完整、准确；

(4) 在保证系统运行质量的情况下，提高维护效率、降低维护成本；

(5) 本办法的解释和修改权属于信息化办公室。

(二) 运行维护管理的主要内容

按照维护对象的不同，信息系统维护主要包括以下三个内容，按表8-6确定。

信息系统维护的主要内容　　　　　　　　　　　　　表 8-6

主要内容			具 体 说 明
硬件维护			对主机和外部等硬件设备的日常管理和维护，主要包括硬件设备故障的检修，易损部件的更换，以及硬件部件的清洗、润滑等过程
软件维护	信息维护	应用程序维护	系统发生问题或业务发生改变，会引起程序的修改和调整，需要进行应用程序维护工作
		数据维护	除对主体业务数据定期更新外，还有部分数据需不定期的更新；或者随着企业环境或业务的改变而进行的数据结构等方面的调整。另外，数据的备份、存档、整理和恢复等都属于数据维护工作
		代码维护	随着系统应用环境的变化，为适应新的需求对系统中的各种代码的增加、修改或删除，以及设置新的代码的过程
	功能维护	改正性维护	一般将诊断和改正那些明显不正确的地方和错误的过程称为改正性维护
		适应性维护	为了使系统适应环境的变化而进行的维护工作。如代码改变、数据结构变化、数据格式以及输入输出方式的变化、数据存储介质的变化等，都将直接影响系统的正常工作。因此有必要对系统进行调整，使之适应应用对象的变化，以满足用户的要求
		完善性维护	在使用软件的过程中用户往往提出增加新功能或修改已有功能的建议，还可能提出一般性的改进意见。为了满足这类要求，需要进行完善性维护
		预防性维护	为了改进未来的可维护性或可靠性而进行的第三项维护活动
		系统更新维护	为了和变化了的软件开发环境适当地配合而进行的修改软件的活动。系统的适应性维护可以适当地延长管理信息系统软件的生命周期。而且管理信息系统的最初投资也能得到一定程度的保护
机构和人员的变动			信息系统是人机系统，人工处理也占有重要地位，人的作用占主导地位。为了使信息系统的流程更加合理，有时涉及机构和人员的变动

四、系统维护的步骤

系统维护的一般步骤如下：

1. 确定维护目标，建立维护人员组织

软件维护人员的组织必须与信息系统软件的环境相适应。应递交维护申请报告，评估问题的原因、严重性，确定维护目标和维护时间。

2. 建立维护计划方案

维护工作应当是有计划、有步骤的统筹安排。维护计划应包括维护任务的范围、所需的资源、维护费用和维护进度安排等。需要注意的是维护人员必须首先理解要维护的系统。由于程序的修改涉及面较广，某处修改很可能会影响其他模块的程序，所以修改的影响范围和波及作用是建立维护方案需要考虑的重要问题。

3. 修改程序及调试

在维护过程中应特别注意维护的副作用问题。因为在改变程序的过程中，维护人员往往把注意力集中到改变部分，而忽视了系统中未改变部分。因此，产生潜在错误的可能性就会增加，因此必须加以注意。按预定方案完成修改后，还要对程序及系统的有关部分进行重新调试。

4. 修改文档

软件修改调试通过后，则可修改相应文档并结束本次维护过程。

五、维护方案

（一）突发事件管理

根据突发事件的类型等因素，将突发事件分为攻击类事件、故障类事件、灾害类事件三个类型。当系统出现突发事件时，信息化办公室维护人员应在第一时间根据事件类型，对事件进行处理并及时向上级领导和上级有关部门进行汇报。

（二）信息系统故障解决

（1）信息系统出现无法进行本地解决的，应向上级领导及上级部门进行申告故障。对无法解决的故障，应立即向软硬件最终提供商、代理商或维保服务商提出技术支持申请，督促厂商安排技术支持，必要时进行跟踪处理，与厂商一起到现场进行解决。

（2）如果故障问题比较严重并牵扯到相关部室，在解决故障期间应给相关部室进行通知，提前做好备份工作。

（3）厂商技术人员现场处理故障时，当地维护人员应全程陪同并积极协助，并在故障解决后进行书面确认。

（4）故障解决后，维护人员应对故障的产生原因、解决方案填写详细记录，对以后如果出现类似问题可以有个参考方案。

（5）对于系统隐患或暂时不能彻底解决的故障应纳入问题管理，每月应对存在的问题进行跟踪分析。

（三）信息系统变更管理

（1）信息系统变更包括硬件扩容、冗余改造、软件升级、系统升级及模块的更改和搬迁、数据维护等工作以及电子表格模板、文档模板、安全策略和部署的改变等。

（2）信息化办公室应保证在线系统软件版本及硬件设备的稳定，未经过审批通过的方案，不得自行对系统软件版本及硬件设备进行任何变更及调整。

（3）变更包括紧急变更和普通变更。紧急变更指由于故障处理等的迫切需求而引起的，目的是保持或者恢复正常工程，无法进行书面请求和审批。普通变更指非紧急变更，例如各项评分表单的更改、系统模块的更改。对于普通变更，应有执行人员根据变更影响的范围和深度通知上级领导和相关部门，经审核同意后进行变更；变更前应制定相应的执行措施，如出现错误如何回退等情况。

（4）原则上，变更必须在夜间非主要工作时间进行，维护人员可以在备用服务器上进行先期模拟变更，对变更中出现的问题，其解决方案应有备案。

（5）对于紧急变更需求，允许口头申请、审批后组织具体实施。事后，对变更后的系统及硬件设备进行一定时间的测试，确认无误后，向上级领导进行汇报，并完成相关文档资料的更新工作。

（四）维护作业计划管理

（1）信息化办公室应按工程处实际情况制订维护制度，保障工程处网络的正常使用。

（2）维护制度要求在每次维护结束后填写维护记录，对维护中发现的问题及时记录并解决。出现重大问题的时候应及时上报有关领导和上级相关部门。

（3）维护时间，原则上应在晚上或非工作时间进行。如果出现紧急情况，应对受影响的部室通知后，进行解决。

（4）数据备份、存储和管理应根据《软件与资料管理制度》制订作业实施步骤。

（五）信息化检查管理

信息化办公室每年至少一次对全工程处范围信息系统相关的机房环境、计算机硬件、配套网络、基础软件和应用软件进行一次检查。信息系统检查的具体实施内容包括：

（1）制定技术检查计划，列出检查重点、内容、要求，形成固定检查表格。

（2）收集设备运行的故障和隐患。根据年度检查的重点内容，调查设备近期运行情况，统计出各类型设备在运行过程中曾出现的故障；对反馈的问题进行分析、评估，做好相应的技术准备；对一些需要厂家解决的问题列出清单，及时与厂家沟通，制定解决方案，以供检查过程中实施、解决。

（3）检查完毕后应对本次检查填写详细记录和问题汇总。

（4）组织相关人员对信息化检查中暴露的问题进行解决，牵扯到相关部门的，应与相关部门进行沟通后再进行处理。

（六）技术档案和资料管理

（1）信息化办公室负责技术档案和资料的管理，应建立健全必要的技术资料和原始记录，包括但不限于：①信息系统相关技术资料；②机房平面图、设备布置图、IP地址分布图；③网络连接图和相关配置资料；④各类软硬件设备配置清单；⑤设备或系统使用手册、维护手册等资料；⑥上述资料的变更资料。

（2）软件资料管理应包含以下内容：①所有软件的介质、许可证、版本资料及补丁资料；②所有软件的安装手册、操作使用手册、应用开发手册等技术资料；③上述资料的变更记录。

（七）备份及日志管理

（1）原则上，对各项操作均应进行日志记录，内容应包括操作人、操作时间和操作内容等详细信息。维护人员应定时对操作日志、安全日志进行审查，对异常事件及时跟进解决，形成日志审查汇总意见并报上级维护主管部门审核。安全日志应包括但不局限于以下内容：

①对于应用系统，包括系统管理员的所有系统操作记录、所有的登录访问记录、对敏感数据或关键数据有重大影响的系统操作记录以及其他重要系统操作记录的日志；

②对于操作系统，包括系统管理员的所有操作记录、所有的登录日志。

（2）信息化办公室应针对所维护的系统，依据数据变动的频繁程度以及业务数据的重要性制定备份计划，经过上级维护主管部门批准后组织实施。

（3）备份数据应包括系统软件和数据、业务数据、操作日志。

（4）维护人员应定期对备份日志进行检查，发现问题及时整改补救。

（5）信息化办公室应按照实际维护工作的相关要求，根据业务数据的性质，确定备份数据保存期限，应根据备份介质的使用寿命，至少每年进行一次恢复性测试，并记录测试结果。

六、案例分析

（一）案例1：基于BIM的工程项目管理信息系统的运行

基于BIM模型的工程项目管理信息系统的运作，就是用户通过局域网（乃至整个互联网范围内），向系统服务器发送查询、信息变更等操作请求，由系统根据该用户所有权限的定义，按操作方式、用户权限等的差异，从系统数据库服务器中集成其所需的从项目前期至检索时间点的所有相关工程项目信息，以文字和2D或3D图纸的形式，由系统应用服务器进行界面组织，集成反馈给用户，供用户进行相关操作，如图8-11所示。

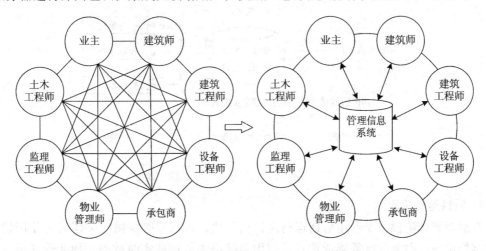

图8-11　基于BIM模型的工程项目管理信息系统运作图

基于BIM模型的信息管理系统在项目全寿命期内的具体运作如下：

1. 项目前期、策划阶段

此阶段主要利用项目前期管理模块和项目策划管理模块，可以在系统形成一个3D模型，前期参与各方可以对该三维模型进行各方面的模拟试验，进而做出可行性判断和设计方案的修正。由于数据的集成共用，最终可以得出理想的设计精准的项目3D模型、前期文档、平面设计图纸等一系列的成果。

2. 项目招标投标阶段

此阶段主要利用招标投标管理模块，进行一些基于网络的开放性操作。将项目前期形成的若干成果进行适度公布，并组织公开招标投标。招标单位可以在一定程度上，规避投标单位由于对项目理解误差造成的费用和时间的损失，还可以避免一些串谋、权力寻租等行为的发生；投标单位也可以从这些开放性的集成文件里，做出合理、准确的标案，而且各方都可以基于一个公正合理的平台进行竞标。当最终标案经过系统公示产生后，将招标投标文件输入系统，形成产生项目合同依据的有效电子文档，并以此产生项目的总承包等一系列合同文件。招标投标过程中信息流动状态改变如图8-12所示。

3. 项目施工阶段

此阶段利用质量、进度、投资控制模块，对所有系统模块（此时系统所有模块才全部参与运作）进行有效控制。在该过程中，随着项目的进展，将产生各种合同文件、物资采购及调用记录、合同及项目设计等的变更记录以及施工进度、投资分析图等一系列系统文件。在有效的系统使用范围内,项目参与各方可以随时调用权限范围内的项目集成信息,可以有效避免因为项目文件过多而造成的信息不对称的发生。

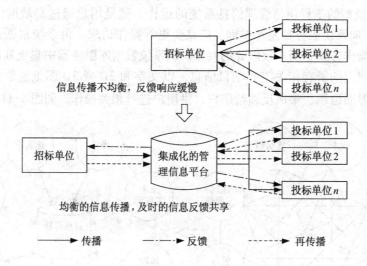

图8-12 招标投标过程中信息流动状态改变

4. 项目运营阶段

在运营管理阶段主要利用后期运行及评估模块,可以及时提供有关建筑物使用情况、入住维修记录、财务状况等集成信息。利用系统提供的这些实时数据,物业管理承包方、最终用户等还可对项目做出准确的运营决策。

(二) 案例2:建设工程质量检测管理信息系统的运行

该案例详细内容请参阅延伸阅读文献[24],本节只保留核心内容。

由原建设部制定,2005年11月1日开始施行的《建设工程质量检测管理办法》中规定了建设工程质量检测业务内容,分为专项检测类和见证取样类,建设工程质量检测基本业务流程如图8-13所示。

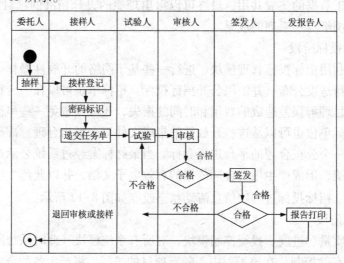

图8-13 建设工程质量检测基本业务流程图

系统的正常顺序流程如图 8-14 所示。

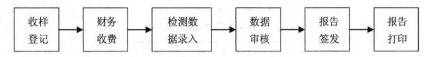

图 8-14 系统正常顺序流程

检测数据录入处理流程如图 8-15 所示。

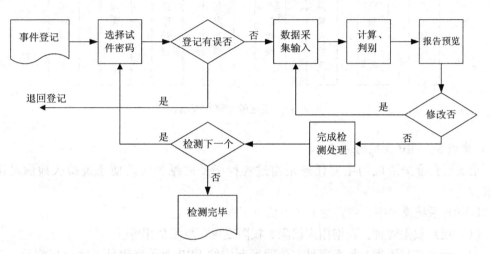

图 8-15 检测数据录入处理流程

数据审核系统主要完成对已在数据录入环节录入的检测数据及其检测结论进行复核。数据审核处理流程如图 8-16 所示。

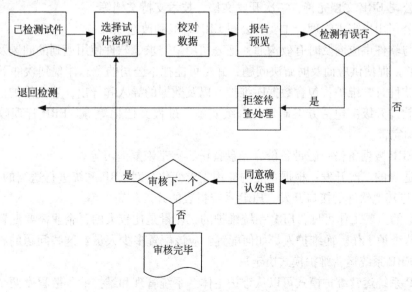

图 8-16 数据审核处理流程

系统的主要功能结构如图8-17所示。

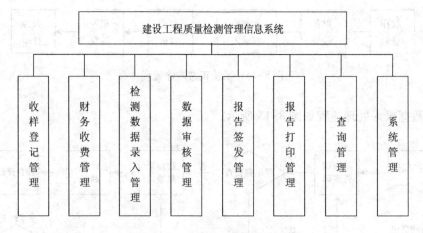

图 8-17 系统的主要功能结构

（三）案例 3：ERP 系统的运营维护

系统运营维护阶段的主要任务是通过各种必要的维护活动使系统持久地满足用户需求。

1. ERP 系统维护中，主要的工作包括以下内容：

（1）用户权限管理：新增用户权限、权限变更、权限禁用等。

（2）业务流程管理：复查项目实施时所制定的 ERP 业务流程是否适合当前的业务需要，对流程进行优化，使之更加适合企业处理日常业务的需求。如果企业的组织机构、管理制度或实际业务发生重大变化，企业应当及时与相关的 ERP 实施人员联系，根据需要对 ERP 流程进行调整，并修改用户权限。

（3）公司 ERP 文档完善：二次开发文档、技术支持文档等。

（4）公司用户需求管理：主要为公司 ERP 升级和改造做准备。

（5）与软件供应商及时有效沟通：把公司用户需求、软件使用遇到的问题及时反馈给软件供应商，促使供应商及时解决问题，并尽可能把本公司的意志体现到软件下一版本。

（6）软件日常维护：包含数据库维护，以及数据的导入和导出，建立维护记录文档。

（7）软件升级：包括方案制定、升级实施、过程文档化等等。ERP 管理政策以及流程的制定和完善。

（8）ERP 数据备份：磁带备份、光盘备份、灾难恢复演习等。

（9）适当的二次开发：根据企业的应用需求变化，对 ERP 系统进行适当的二次开发，包括 ERP 与其他软件的接口开发、ERP 系统报表的开发与完善等。

从以上的主要工作可见，ERP 系统维护的工作量是比较大的，企业需要配置专门的人员进行运营维护工作。而维护人员如何配置？应该配置多少人员？这些问题的答案将由企业采取的 ERP 系统运营维护模式决定。

2. ERP 系统运营维护模式可以从维护主体、系统管理和维护的分散程度两个角度进行比较分析：

1）从维护主体的角度分析

根据维护主体划分，企业常用的 ERP 系统维护模式主要有三种：自己维护、外包维护以及二者的结合。其比较分析按表 8-7 确定。

维护主体角度的 ERP 系统维护模式比较分析表 表 8-7

ERP 系统的维护模式	特 点
自己维护	1. 企业自己维护 ERP 系统，大部分工作由企业的 IT 部门承担，其他的职能部门也参与维护工作。通常为 ERP 系统本身的正常运行与维护由 IT 相关部门的人员进行维护，不同职能部门的人则对各自相关的系统模块运行进行维护。 2. 该模式的优点是维护人员熟悉企业的业务流程，可以更好地实现系统的深度应用。 3. 该模式适合 IT 技术力量较强的公司采用
外包维护	1. 企业将全部 ERP 维护工作外包给专业性公司完成，通常为外包给软件提供商或专业的系统维护商。 2. 该模式有助于企业整合利用其外部最优秀的 IT 专业化资源，从而集中精力发展企业的核心业务，达到降低成本、提高效率、提高企业的核心竞争力。 3. 中小企业采用该模式的比较多
自己维护和外包维护的结合	1. 由企业和软件提供商或专业的系统维护商共同承担维护工作。 2. 该模式可以充分利用企业和第三方的 IT 资源，结合双方的优势力量。 3. 通常情况企业负责自身业务流程方面的维护，第三方负责相关技术的维护。根据谁为主要维护力量，又可分为两种：自己维护为主、外包维护为辅和外包维护为主、自己维护为辅

2）从系统管理和维护的分散程度分析

根据系统管理和维护的分散程度，ERP 系统维护的方式有分散式系统维护方式和集中式系统维护方式两种。其比较分析按表 8-8 确定。

系统管理和维护的分散程度角度的 ERP 系统维护模式比较分析表 表 8-8

ERP 系统的维护模式	特 点
分散式系统维护方式	1. 分散式维护方式是指整个公司中每个利益相关的实体都有自己的 IT 部门负责该组织中 ERP 相关的资源和事宜的管理工作。它们各自有自己的系统服务器，并且可以进行 ERP 项目的开发和实施。 2. 采取分散式系统维护方式的多是集团企业。 3. 这些集团企业具有以下特点： （1）集团企业采取分散式管理模式，集团总部对分支机构的监控比较弱； （2）集团总公司的 IT 部门和其他分支机构的 IT 部门之间的联系不紧密； （3）集团中各分支机构的信息化应用水平差距不大，统一的管理和维护比较困难； （4）集团企业涉足行业范围不同，其分支机构的行业差异程度大
集中式系统维护方式	1. 集中式维护方式是指与 ERP 相关的主要资源和相关事宜都由公司统一管理。 2. 主要资源包括硬件资源、软件资源和人力资源，相关事宜主要是系统维护过程中的 ERP 项目的实施，及其管理和监控。 3. 每个分支机构只负责内部信息系统简单的日常维护，包括软件终端和 PC 的维护

系统的应用和提高是一项长期性的工作，它不仅可以巩固提高 ERP 系统在企业的应用水平，以促进企业的精细化管理，还可以为将来的系统升级和二次开发，以及新的系统选型做准备。企业应该高度重视 ERP 运营维护工作，应该根据所选 ERP 系统的成熟度和企业 IT 部门的实力、企业规模选择不同的维护方式。

（四）案例 4：建筑工程管理信息系统信息维护模块的设计和实现

系统的信息维护模块主要有信息维护、管理和备案信息管理，如图 8-18 所示。

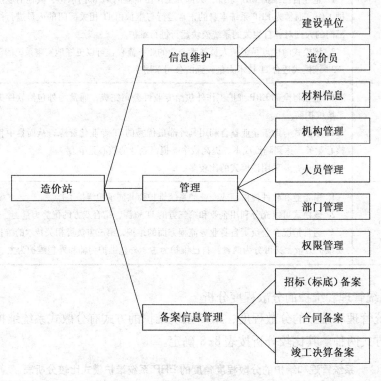

图 8-18　系统的信息维护模块

1. 信息维护

1）建设单位信息维护

用户可以根据实际情况为本机构添加新的建设单位信息，添加时需输入单位名称、单位地址、联系电话、联系人等信息。所有信息均为必填信息，建设单位名称唯一，不可重复；查询建设单位信息时，用户可以根据单位名称查询建设单位信息，也可以查看本单位下的招标或投标备案信息。

2）造价员信息维护

用户根据实际情况为机构添加相关的造价员信息，添加时需输入：姓名、性别、年龄、联系电话、证书编号、专业、级别、发证时间、注册单位等信息，所有信息均为必填信息，每个造价员的证书编号是唯一的，不可重复，注册单位为代理机构；用户根据实际情况的需要可修改相关的造价员的信息，可修改的信息有：姓名、性别、年龄、联系电话、证书编号、专业、级别、发证时间、注册单位；查询造价员信息时，用户可以根据名称、级别、专业查询造价员信息，三个条件可同时输入查询，也可以选其一查询，三个条件都不输入时查询的是本机构下的全部造价员信息。

3）材料信息维护

用户根据实际情况为机构添加相关的材料信息，添加时需输入材料编号、材料名称、规格型号、单价等信息。所有信息均为必填信息；可以对材料信息进行编辑、删除和修改。

2. 代理机构管理

用户根据实际情况为机构添加相关的代理机构信息，添加时需要输入机构名称、地址、资质等级、法人等信息，所有信息均为必填信息，机构名称不可重复；查看代理机构信息时，用户可以根据机构名称、资质等级查询代理机构的信息，两个条件可同时输入查询，也可以选其一查询，两个条件都不输入时查询的是本机构下的全部造价员信息，同时可查看本代理机构下造价员的信息。

3. 备案信息管理

1）招标投标备案信息

用户根据实际情况为机构添加相关的招标（投标）备案信息，添加时需要输入招标（投标）编号、工程项目名称、总造价、建设单位等信息，所有信息均为必填信息；同时可以对招标投标备案信息进行编辑、删除和修改。

2）合同备案

用户根据实际情况为机构添加相关的合同备案信息，添加时需要输入合同编号、工程项目名称、结构类型信息，所有信息均为必填信息；用户可以根据合同编号、工程项目名称查询合同备案信息，两个条件可同时输入查询，也可以选其一查询，两个条件都不输入时查询的是本机构下的全部合同备案信息。

3）竣工决算备案

用户根据实际情况为机构添加相关的竣工信息，添加时需要输入竣工项目编号、工程项目名称、结构类型信息，所有信息均为必填信息；用户根据实际情况的需要可修改相关的竣工决算备案信息，可修改的信息有竣工项目编号、工程项目名称、结构类型；用户可以根据竣工项目编号、工程项目名称查询合同备案信息，两个条件可同时输入查询，也可以选其一查询，两个条件都不输入时查询的是本机构下的全部竣工决算备案信息。

【章后习题】

1. 简述工程管理信息系统开发的实施步骤与内容。

2. 简述工程管理信息系统维护的内容和类型，并对各种类型进行比较分析。

【参考文献与延伸阅读】

[1] 周臻. 建设项目信息化管理研究[D]. 天津：天津大学硕士学位论文，2005.

[2] 蔡中辉. 建设工程项目信息管理[M]. 北京：中国计划出版社，2007.

[3] 金和平. 三峡工程管理系统的设计、开发与实施[J]. 水力发电，2000，(6)：52-54.

[4] 孟庆彬. 简述项目工程管理系统的实施[J]. 供水技术，2008，(4)：55-56.

[5] 刘英坚. 工程项目管理系统实施关键影响因素研究[D]. 武汉：华中科技大学硕士学位论文，2011.

[6] 张彦杰. 工程项目管理信息系统开发过程中的风险管理及其应用研究[D]. 上海：复旦大学硕士学位论文，2011.

[7] 陆伟东. 现代建筑工程信息管理系统的设计与实现[D]. 成都：电子科技大学硕士学位论文，2011.

[8] 吕波, 任继平, 吴欣, 等. 系统测试平台的设计与实现[J]. 计算机工程与应用，2001，37(15)：

168-172.

[9] 郭卫香. 手机软件系统测试方法分析与实践[D]. 北京：北京邮电大学硕士学位论文, 2007.

[10] 顾佳. 管理信息系统开发中系统测试风险因素评估研究[D]. 哈尔滨：哈尔滨工业大学硕士学位论文, 2010.

[11] 胡勤霞, 刘庆峰, 王勇利. 软件系统测试的组织与管理方法分析[J]. 科技资讯, 2007, (26).

[12] 杨万开, 印永华, 曾南超, 等. 三峡—上海直流输电工程系统调试总结[J]. 电网技术, 2007, 31(19): 9-12.

[13] 陈远, 熊霞. 新旧信息系统切换问题研究[J]. 中国图书馆学报, 2002, (5)48-50.

[14] 刘国培, 许轲, 符煌. 浅谈工程代建项目中的管理信息系统[J]. 公路交通科技：应用技术版, 2009, (S1).

[15] 邵回祖, 武俊生. 面向对象建筑工程管理系统的设计与实现[J]. 计算机工程与设计, 2007, (28): 5739-5740.

[16] 陆学丽. 管理信息系统开发的人员结构与培养[J]. 郑州工业高专学报, 1997, (1).

[17] 王骋, 宋亚静. 浅析项目管理在管理信息系统开发中的应用[J]. 科学与管理, 2006, 26(1): 69-70.

[18] 刘少瑜, 章品品, 孙小暖, 陈希, 张智栋. 绿色建筑运营阶段的"测试和调试"与"测量和验证"过程及运用[J]. 动感：生态城市与绿色建筑, 2011, (4).

[19] 周晓军. 生产系统智能维护决策及优化技术研究[D]. 上海：上海交通大学博士学位论文, 2006.

[20] 王炜. 数据集中后开放平台系统维护工作探究[J]. 中国金融电脑, 2005, (5): 45-46.

[21] 左元. 对管理信息系统维护的几点探讨[J]. 管理信息系统, 1998, (5): 51-54.

[22] 程军. 管理信息系统的维护[J]. 安徽电子信息职业技术学院学报, 2006, (5): 93-94.

[23] 丰亮, 陆惠民. 基于BIM的工程项目管理信息系统设计构想[J]. 建筑管理现代化, 2009, 23(4): 362-366.

[24] 张旻. 建设工程质量检测管理信息系统的开发与实现[D]. 南京：南京理工大学硕士学位论文, 2006.

[25] 黄艳, 张大用. ERP系统运营维护模式比较分析[J]. 商业时代, 2011, (14): 81-82.

[26] 佘春妮. 建筑工程管理系统的设计研究[D]. 太原：太原科技大学硕士学位论文, 2009.

第九章　典型应用

【学习目的与要求】

本章主要从三大块内容介绍工程管理信息系统的典型应用。第一块关于行业信息化，包括房地产管理信息化、勘察设计信息化、建筑节能与科技信息化、建筑安全监督信息化、建筑劳务管理信息化；第二块关于企业与项目信息化，包括建筑企业 ERP 应用、多项目管理信息化、工程造价信息化；第三块关于城镇信息化，包括城市规划信息化、智慧城市、数字城镇化、智慧社区、智能家居等方面。

第一部分　行业信息化应用

第一节　房地产管理信息化

一、房地产信息化概念

房地产管理信息化，是指房地产主管部门为了更加快捷、更为有效地履行管理职能，为政府管理部门、房地产开发企业及广大群众提供更加全面、及时、准确的信息支持和服务，广泛地应用数字化、网络化、智能化的信息技术建立起房地产管理信息系统的过程。

房地产企业运用现代化的信息技术，深化和开发信息资源并将其运用到企业管理中，从而使得企业的决策、经营和管理水平不断提高，同时企业的核心竞争力和经济效益也得到了很大的提高。

房地产管理信息化建设，可以建立以市为单位，通过一定的信息平台，依托房地产管理的各业务系统，将分散于房地产开发、转让、租赁、评估、抵押、拆迁、公房管理、房地产测绘、房地产交易与权属登记、档案利用以及税费征缴等管理环节的市场信息有机整合起来，同时纳入与房地产市场发展相关的土地、规划、金融等其他信息，形成全面客观地反映各地房地产市场运行状况的信息系统。

信息量也只限制在本企业内部，社会上缺乏和政府关联的、比较有权威的、能够面向广大群众的房地产信息服务系统，没有一个权威的符合标准规范的房地产信息服务平台，满足不了宏观调控，也就使房地产信息化建设搁置不前。

二、房地产信息特点

房地产信息是房地产管理信息系统的血脉，是管理的核心和对象。通过深入的调研分析可知，房地产信息具有以下几个特点：

1. 不可分割性

房地产管理信息包括信息内容和信息载体（语言、文字、数据、符号、图表等）两部分。它们构成一个相互依存、不可分割的有机整体。因此，只有以图、文、表并茂等信息载体相互结合，才能对房地产信息进行清晰地描述。

2. 时效性

房地产信息涉及产权、权属和权益等重要信息，这些信息具有时效性和经济性的双重属性。而时效性是经济性的基础，这就决定了信息占有者只有在规定的时间内，才能享受到由此带来的经济效益。

3. 客观性

如房地产分层分户图、房屋平面图等房地产数据都是人们经过测量、测绘、遥感等客观存在的社会实践得出的结果，是客观存在事物的正确反映。

4. 连续性与流动性

房地产活动始终贯穿着物质流和信息流两种过程。由于物质实体在该活动中不断地流动，这也决定着与其相关的信息流在一定的时间、空间范围内也是不断发生变化的。

5. 可分享性

房地产业务的特点要求其相关信息必须要实时共享，需要信息及时、准确地贯穿整个业务环节，以让企业员工实时共享这些数据信息。

6. 安全性和完整性

房地产信息既包含有企业的经营战略、房源的销售渠道等商业机密，又涉及客户资料、员工基本信息等敏感信息，这就对管理信息系统的安全性有着比较高的要求。因此，房地产管理信息系统必须要确保信息的安全和完整，有效防范并杜绝各种人为因素而造成的信息丢失、泄露。

三、房地产管理信息系统

（一）设计原则

房地产管理信息系统作为现代信息管理系统的一种应用，利用计算机硬件与软件、网络、通信设备及其他办公设备，通过管理人员的交互，提高管理效率和企业竞争力，其系统开发遵循的原则如下：

（1）体现整体性原则，实现系统完整性；

（2）建立规范化的、统一的信息数据库；

（3）系统采用面向对象的程序设计方法，实现系统的模块化编程；

（4）充分考虑系统的安全性和可靠性、数据备份与还原处理方案等；

（5）用户和管理人员分配操作权限与管理权限；

（6）以客户为中心，对已有功能的扩展与补充，对新功能的开发和利用。

（二）系统体系结构

从功能实现上讲，本文提出房地产管理系统的构建，其系统结构如图9-1所示。从系统结构图中可以看出，房地产管理系统通过应用服务器给管理者和工作员工提供服务，房地产管理者可以在不同的Web客户端登录到系统，在其权限的范围内对四大管理功能模块中的功能进行操作，比如管理者可以对一段时间内的某个或某几个楼盘的销售情况进行统计和分析，另外，管理者还可以对当前施工的项目进度信息进行跟踪，及时地了解项目的进度。

在图9-1所示的系统结构图中，外部数据交换接口可以用来完成对数据库中核心数据的备份和还原等操作。

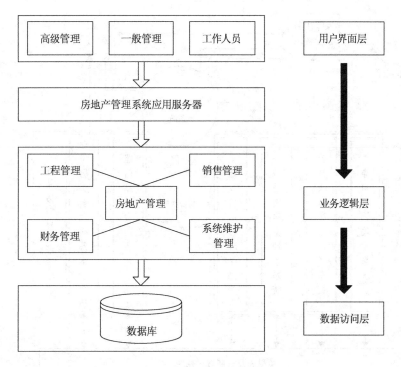

图 9-1 系统结构图

四、经典案例

随着廉租住房、公共租赁住房、共有产权住房（即经济适用住房）、动迁安置房"四位一体"住房保障政策的深化和实施，上海市分层次、多渠道、成体系的住房保障制度已基本形成。

为适应量大面广、种类繁复的保障房建设和管理要求，其信息系统的同步建设显得尤为迫切。上海市房地产信息化建设有着良好的基础，特别是房地产交易登记管理信息化，在全国范围内起步早、力度大，房屋数据基本做到了全覆盖，已经形成以测绘成果管理系统、权属登记管理系统、网上房地产交易管理系统和网站发布管理系统等为主体的、成熟的系统架构和管理体系。

保障房信息化建设的途径可归结为"同一底版、独立体系、封闭运作、按需转换、公开透明"的系统思路（如图 9-2 所示）。

按照整个住房体系"市场 + 保障"的总体架构，在保障住房系统建设时，可利用原来的商品房信息系统已建成的"地 - 楼 - 房"（地块、楼栋、房间三者物理属性数据有机结合形成的信息系统）基础数据平台，即考虑以原有的底层成果测绘管理系统为基础，以权属登记系统记载的数据为依据，在"同一底版"上建立保障性住房信息管理系统。

这样形成的系统：一是可实现全市住房业务和数据的统一管理和应用；二是能避免重复建设；三是可根据保障住房自身管理的特点，相对封闭地实施运作，从而确保全过程的公开透明，也便于实现保障房内部结构数量的转换和调整。

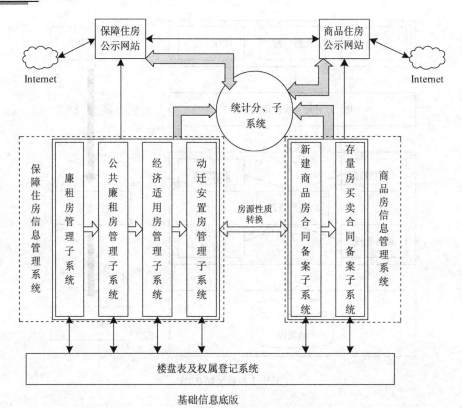

图9-2　房屋管理信息系统总体框架示意图

五、实施房地产管理信息化建设的问题与对策

（一）房地产管理信息化建设存在的问题

1. 实施过程手忙脚乱

房地产管理的信息化建设在我国还未形成成熟的技术，尚未使计算机网络在房地产行业中得到充分的利用，而房地产管理的信息化建设的完全实施是一个循序渐进的过程，每个管理部门都有不一样的管理系统，很多管理者急于求成，都用同样的管理系统，或者很快完成了一整套管理系统，但是却达不到各管理部门之间的协调运作。

2. 法制监管不足

我国政府对房地产管理的信息化建设法制监管的不足主要表现在，政府并没有专门的法律来针对商业网络信息犯罪，而且现在国家的法律和银行的支付系统以及房地产的信息化管理系统并不是十分的配套，这样很容易让人钻法律的空子，从中有利可图。比如房地产行业在全国各地都存在着地域的差异，很多地方到目前一直都是暴利的孤岛，其中很多房地产的信息都是掌握在政府的手中，没有相应的法律去监管，这里面的信息也得不到公开透明化，使房地产信息化建设的实施步履维艰。

3. 信息化建设不够规范

随着房地产信息化建设的蔓延，现在我国关于房地产的网站比比皆是，但是都只是每个企业建立的自己的信息网站，覆盖面很窄。

4. 网络基础设施配备较差

经过近几年的发展，我国信息化建设在基础硬件设施、网络条件、业务应用软件等方面有了很大进步，但总体水平仍旧不高，各地区信息化发展不平衡，制约了信息化工作的整体推进。目前，全国尚未形成一个统一的房地产信息网络，阻碍了我国信息化建设进程。

5. 信息传递手段落后

目前，我国房地产信息的传递手段较多，有邮寄、电报、电话等，但不能满足现代信息量大、信息多样化等特点，传递速度相当慢，受地域阻隔影响较大。

6. 网络安全技术落后

随着信息化产业的不断发展，网络安全问题凸显。随着网络安全技术水平的整体提升，网络攻击技术也随之发展，因此网络隐患不断增加，成为信息化建设急需解决的难题。

7. 法律、银行支付体系不配套

房地产电子商务的发展需要相应的法律、税收及银行支付体系配套。但目前我国网络犯罪及税收体系尚不完善，阻碍了房地产信息化建设的发展。

8. 缺乏专业人才队伍

我国房地产业发展历史不长，信息化技术力量仍然薄弱，人员业务素质及工作能力亟待提升；既懂计算机，又懂经济和管理的复合型专业人才缺乏，严重影响房地产信息化建设的进程。

(二) 房地产管理信息化建设存在的缺点

目前，国内各个大型房地产集团都已经认识到建立房地产管理信息系统的重要性和紧迫性，纷纷开发了满足自身业务需求的管理信息系统，初步实现了房地产管理的自动化，在一定程度上提高了企业管理的效率，但也面临着一些问题：

1. 系统功能单一

现有的系统大都只停留在房地产主营业务管理上，并没有在同一套系统里实现主营业务管理与人力资源管理、组织机构管理等非主营业务管理的统一，而是通过另一套系统来对非主营业务信息进行管理。这种非一体化的管理信息系统，不仅带来了重复建设的问题，造成了人力和物力的浪费，也给企业带来了信息流动不畅，未能真正地满足企业科学化管理的需要。

2. 业务信息统计困难

由于房地产涉及的信息种类繁多，需要用庞大的数据和元数据才能将房地产销售状态、项目开发进度等房地产相关活动信息描述清楚。然而，现有的有些管理信息系统还缺乏对合同信息、客户信息、楼盘销售状况乃至房间销售管理等关键信息进行科学安排、有效管理，由此造成系统数据冗余高的情况，导致信息查阅困难、数据统计效率低、管理效率不高。

3. 可扩展性不强

随着企业信息化进程不断加快、业务范围不断扩大，系统的功能也要随之进行拓展，如：新增添加图片上传、图形显示处理、与历史库联结等功能。但是，眼下有些系统还存在：总体设计不够灵活，没有为后续的功能拓展预留接口；模块划分不合理，子模块间的边界不够清晰；各子系统、模块接口不明显，不便模块的分拆、重用等问题。由此带来了系统维护困难、扩展代价高的难题。

4. 数据管理不够规范

现有的一些系统在数据录入前，并没有对其进行完整性校验，无法保证录入数据的准确无误和格式的相对安全，这不但使系统无法成为准确统计楼盘销售情况、有效管控房源销售状态、安全存储客户基本资料等信息化管理平台，还会带来系统维护困难、数据重复利用率低等一系列问题，无法适应科学管理的需要。

5. 系统安全系数低

由于房地产管理信息系统里包含客户资料、企业销售记录、企业销售渠道等关键信息，所以系统必须要确保关键信息的相对安全。当前有些系统或是因为系统角色设置不科学、系统权限分配不合理的问题，或是因为系统安全保护手段单一、安全防范不力的问题，致使管理信息系统不能确保系统关键信息的相对安全。

（三）房地产管理信息化建设对策

1. 加强对信息化建设的认识

我国房地产行业的高速发展同时伴随着众多问题，其中一个就是行业内相关人员对于信息化建设的认识比较片面。这就不由得使决策者们必须清醒地认识和理解到具体的细节和问题，要足够重视每个方面。信息化建设是提高企业核心竞争力的一个重要指标，对于提高产业质量和效益有着非凡的作用，它对于行业中的每个人都存在着重要的意义。因此，信息化建设要引起行业决策人员的高度重视，循序渐进地结合企业的相关模式进行信息化建设；其次，完善企业赏罚机制，培训和工作同时进行，将其两两结合，提高员工的积极性，培养员工的自觉性，使信息化建设不仅仅是一个口号，而是使其切实地实行起来。

2. 规划好实施步骤

就如同房地产相关的产业建设一样，其行政管理信息化建设也一样是需要步步为营的，是一个稳扎稳打的过程，这需要有一个稳定而切实可行的计划，无论是从内部开始还是从整体开始，都需要相关人员不断地与各个部门进行协调合作和规划。另外，对于信息化建设，自然是信息库越大越好，这也就是说最好的方式是合作，这样不但能增加信息库的信息量，还能做到信息不重复和最大程度的利用，另一方面也能节约能源、有效地管理员工。

3. 加强政府部门的法制建设

在信息化推进过程中，政府的作用是巨大的，政府部门有着改变这一措施的决定权和决定信息化的发展方向。如政府部门可以利用媒体和下发文件的方式，为信息化运转和发展创造一个良好的环境，在相关政策上也可以给予更好的政策环境，制定相关法律法规，使其拥有一定的法律保障，促进其发展。目前在房地产行政管理信息化方面，我国的法律不健全，甚至包括相关条例、政府发布的文件、相关部门制度都有着不同程度的缺失，同时没有统一的管理，没有大方向、指导性的"母法"。政府部门通过政策、法律和法规作用在信息化建设上同样也能加强对其的管理。

4. 规范信息化建设

在信息化建设的后期，作为房地产产业，服务应该是我们必不可缺少的部分。我们应该建立标准化、规范化的服务项目，如有涉及管理内容、相关程序、时限等标准，要将相关事项在第一时间发布。另外，在计算机网络的相关设计上，要设置统一的文字、表格、图标等，使查询者能够一目了然。对于这一产业来说，高效、准确的信息获取和认定是再重要不过的，因此当信息化建设完成时，也就意味着低成本、高效率的房地产管理系统在中国诞生，这样能使广大群众获得更准确的信息，避免市场盲目性，同时管理部门可有条不紊的进行调控。

5. 政府部门应加强对房地产行业信息化的指导、管理和资金的扶持

房地产信息化建设是一个长久的、繁琐的、复杂的过程，需要有长远性、建设性、专业性，更要全面设计、规划和分析，与其他主管房地产管理的部门沟通了解，与比较好的软件开发单位合作开发，这样才能全面考虑、分步实现、逐一完成。此外，房地产信息化管理系统从建设的开发到建成使用，是一个庞大的系统工程和资金项目，需要各个部门相互合作、相互沟通、专门管理、资源共享和全面分析规划，以避免信息系统的重复开发和投资建设。目前，大部分房地产管理部门都是以"以图管房"的理念来进行系统的整合和开发建设，但要实现这么大的信息系统项目，就需要分步实施、全面考虑。首先，要对基础硬件设施进行建设，为信息管理系统打下基础。其次，要在 GIS 平台的基础上对其历史图纸进行数据矢量化处理，并在此平台上进行相关的管理信息子系统的软件开发，进而实现图纸矢量化、档案数字化、信息整体化、功能简单化、操作人性化。

6. 政府部门应创造良好的信息化建设管理环境

目前虽然各个地方的政府已经制定了管理条例、政府信息发布制度、政府信息和网络安全、网络建设标准化等条例及指南。在信息化建设中，应用管理软件进行开发还要考虑数据传输上数据的安全性、保密性、稳定性和完整性。并要考虑数据库存储、备份、恢复等各个环节的重要性。还要考虑硬件服务器是否满足整个信息化系统平台的要求。

第二节 勘察设计信息化

工程勘察设计行业是技术密集型、智力密集型的生产性服务业，是国民经济基础产业的重要组成部分，在工程建设领域对落实科学发展观及实施国家产业政策方面发挥着重要的引领和主导作用，是建设资源节约型、环境友好型社会和创新型国家的重要力量。

一、勘察设计信息化的概念

狭义信息化主要指计算机在各个行业的应用，在勘察设计行业主要包括设计类软件、基础支撑平台等。在这个方面，国内同行都已经在大踏步地迈进，例如：计算机的基础应用、设计辅助类应用（CAD 应用、计算机辅助绘图、三维设计）等。各企业都在全力以赴通过实施信息化建设提升自身的生产效率。广义信息化主要指更高层次的信息化应用，例如综合管理信息化、公司整体业务管理等。

二、发展现状

我国现已初步建成大型工程勘察企业信息化集成应用系统：专业应用软件几经更新，软件正版化率不断提高，多专业协同设计一体化集成技术取得了显著进展，三维设计发展迅速，BIM 技术应用开始向实用化、深层次应用阶段发展，综合管理信息系统已进入了工程总承包领域。

（1）信息化建设投入加大、效益提升。随着勘察设计企业信息化建设的不断发展，企

业对于信息化建设需要投入大量的人力、物力和财力的认识正在逐步深入并转化为企业自觉的行为，企业也因为信息化生产力的形成而产生了显著的经济、社会效益。

（2）人才队伍建设取得进展。经过30年的发展，工程勘察设计行业信息化人才队伍建设取得了较大的进展。从起步阶段信息化人才极端匮乏的窘境，发展到今天，一支为行业信息化建设提供技术和应用服务的基本人才队伍已经初步建成，对于行业实践"信息化是新的生产力"的发展观起到了重要的支持作用。

（3）三维设计技术应用逐步扩大。当前，三维（3D）技术、虚拟现实（VR）技术也已在工程设计领域越来越广泛地应用。BIM（建筑信息模型）理念及技术的引进以及大型设计院的实践，展示了良好的应用趋势和广阔的发展前景。

三、勘察设计行业信息化的意义

信息化对勘察设计行业有重要的意义，主要表现在以下几方面：

（1）勘察设计行业信息化有助于提高工作效率。随着建筑设计越来越复杂，设计资料的数量、蕴含的信息量也在不断地增加。信息化让资料的提取和阅读变得便捷。同时，信息化的发展，让勘察设计工作实现了自动化，设计人员可以抛掉图板，从手工制图中解放出来。

（2）勘察设计行业信息化有助于加强沟通交流。基于信息化的发展，总公司和分公司之间的交流、各分公司之间的交流、公司内各部门之间的沟通交流得以从传统的、滞后的方式转变为快捷、及时的新方式。例如，运用Internet VPN技术或专网构建了总部与分支机构的信息通道，可以拉近异地分支机构与总部的逻辑距离，为勘察设计企业拓展经营区域和实施"走出去"战略提供了可能。

（3）勘察设计行业信息化有助于积累和存储信息资源。通过各种既存信息的统计、比对，从而吸取经验教训，博"古"通今是发展进步的一种方式。在如今的大数据时代，信息的收集就是不可避免的关键步骤。勘察设计行业的信息化有效地避免了以往图纸量大而不利于统计和比对的缺陷，让行业的发展进步变得更加容易。

（4）勘察设计行业信息化有助于促进企业结构变革。新的科技需要新的组织结构来配合，勘察设计企业对信息化的引入，对企业的工作方式、组织结构、管理方法都提出了新要求。企业自身通过变革，可以走上可持续发展之路。

四、存在的问题

在当前的宏观经济运行背景下，勘察设计行业存在产能过剩的问题，企业在产业结构调整中的生存风险有加大的趋势，分析和研究行业信息化建设存在的问题具有现实的必要性和迫切性。以下方面具体阐述了信息化建设在勘察设计行业的必要性：

（1）行业信息化建设工作普及率较高，但发展不平衡、参差不齐，大型设计企业软硬件配置完备、应用开发好，但多数中小型单位差距较大；企业信息资源的开发利用率应进一步提高，信息技术的潜能尚未得到充分挖掘。

（2）绝大多数单位都有信息化管理部门（占87%），但66%的中小型企业没有信息主管。

（3）中小型企业很多单位没有信息化工作预算。

（4）软件正版化工作有待进一步完善。

（5）白图代替蓝图亟待有关部门的政策出台。白图是行业信息技术进步的产物。它带来的好处在于图纸的快速传输、高效存档和出图过程中对从业人员的健康与环境的保护等方面，在工程勘察设计行业内是得到普遍欢迎的成熟技术。当前，由于现行的国家标准《建设工程文件归档整理规范》未做及时修订、施工单位仍习惯使用蓝图等缘故产生的外部环境制约，使得行业信息化建设综合效益大打折扣。

（6）三维设计成本较高，其发展受业主影响较大，业主、施工和设计等三方的利益需要权衡；同时，缺乏三维模型设计的复合人才、技术标准和应用规范。

（7）信息化专职工作人员的职称问题有待完善。

（8）信息化综合管理系统的建设缺乏行业标准和规范，因此难以做准确的评估。

（9）国家总体网络环境制约着企业信息化建设水平。企业内部局域网最终是要通过网络运营服务商提供的宽带与外界联通。企业的网络基础设施条件再好，终究受制于国家的信息高速路。

（10）一些企业的"一把手"对信息化建设的必要性、重要性认识不够到位，缺乏科学、完整的企业单位发展战略规划，固守陈旧低效的生产和管理运作方式，缺少人、财、物的持续和适宜投入，缺乏推进机制和员工培训。

（11）从行业总体看，既懂管理和专业技术又懂 IT 技术的复合型人才比较匮乏；相当数量企业单位对信息技术人才培养缺乏计划性、连续性，造成一些企业单位对信息化建设的适宜路径不甚明了，以至投入难以见效。

（12）软件系统建设中的浪费。在信息化建设发展阶段，财务系统、人力资源系统、图档管理系统、办公自动化系统等各自分散购置上线，没有系统的规划，各种系统之间没有统一的标准，为以后的系统集成造成极大的困难，甚至上马的信息系统和本单位的实际不相符，给工作人员的使用造成很大不便。

（13）硬件系统建设中的浪费。硬件系统是软件系统的支撑平台，但是由于种种原因，好多设计部门没能认清自身的应用水平，引进了过高或过低档次的硬件设备。

五、系统框架

目前信息化建设已经成为一个系统工程，必须有全面的规划，有良好的组织实施方案和有效的人力、物力、财力保证，才能真正建设出一个满足应用的系统。下面简要介绍一下勘察设计行业目前生产办公的一般流程和信息化建设中应该规划设计的模块。勘察设计行业的发展，基本上形成了三大主要工作模块：综合办公管理模块、生产管理模块（工程项目管理模块）和图档管理模块。

（一）综合办公管理模块

综合办公管理模块包括公文管理、人力资源管理、财务管理、公共资源管理、资质管理、日常办公管理等。该模块主要实现企业日常行政事务管理。

（1）公文管理。实现发文管理、收文管理、文件归档、文件目录打印、数据统计、检索查询、公文流转、提供最新标准公文格式模板、支持公文返回功能、流程自定义功能等功能。

（2）人力资源管理。人力资源基本信息管理、干部考核管理、人力资源调配、考勤、绩效、工资、职称、保险、职工教育培训、人事档案等功能。

（3）财务管理。主要为职工工资、公共财物资源查询、项目成本核算、项目信息查询及财务数据分析。

（4）公共资源管理。包括车辆管理、物资设备管理、办公场地管理等工作。

（5）资质管理。主要针对企业设计资质等所需条件的计划申报和人员培训等工作。

（二）工程项目管理模块

该模块可以归纳为经营管理和设计项目管理两部分。

（1）经营管理。经营管理是设计院前期工作的重点，包括项目招标投标管理、合同管理、外包管理、质量管理等。该模块基本上属于项目的立项计划管理，是设计项目总流程的前提。

（2）设计项目管理。设计项目管理是工程勘察设计行业企业的关键性业务，设计项目管理分系统也是集成应用系统中的核心分系统。使用该分系统可以对项目的计划、控制及质量进行有效管理，尤其是在质量管理方面应提供强大的支持功能。主要包括项目策划、设计过程控制、项目变更、质量管理等内容。

（三）图档管理

包括电子图档的归档管理、科技图书管理、纸质文档管理、标准规范管理、期刊管理等。实现档案的编目、组卷、立卷、销毁、借阅、修改案卷、删除案卷、查阅案卷、自动催退、强制归还、订购计划等功能。电子文档的借阅要有安全可靠的技术保障，要有日志记录。

（四）系统维护模块

信息系统中除了包含以上所有勘察设计部门所拥有的固定模块外，还包括信息系统本身所固有的系统维护模块。此模块包括系统的权限设置、临时授权、权限时限、安全设置等功能模块。此模块为系统管理员所掌控，是维护整个系统安全、稳定运行的保障。

六、经典案例

随着全社会进入信息社会的步伐不断加快，结合国家"全面提高信息化水平"的新要求，让信息化助力勘察设计行业使我国成为勘察设计强国是最终目标。以北京市为例，北京市规划委员会按照"规范管理、强化服务、提高效能、廉洁从政"的原则，提出以"监管、服务、引导、调控"为目标，借助信息化建设，创新管理手段，以"企业、人员、项目"三大数据库建设为抓手，建设了"一个中心"、"两个平台"。

"一个中心"即"企业库、人员库、项目库"三库合一的数据中心，是核心，是两个平台的基础，为行业监管与服务提供全面、准确、及时的数据保障。"两个平台"一个是综合业务办公平台，这是内部管理平台，具有业务审批、日常管理、综合信息查询、辅助决策的功能，实现企业资质、注册人员资格、勘察设计项目的动态、联合监管，为领导决策提供准确的参考依据；另一个是公共服务平台，也就是北京市规划委员会网站上新增的勘察设计测绘行业门户网站，网站建设以"服务行业单位和服务社会公众"为目标，突出"信息公开、公共服务、公众参与"三个重点，设置了法律法规、公示公告、行业信息、行政许可网上申报等栏目，全面系统地介绍了勘察设计测绘管理与服务的内容，是宣传公共政策、发布各类信息、引导行业发展、提供公共服务的重要窗口，为公众提供了更加全面的公开的便捷的服务。2014年上半年开通的勘测办业务咨询网上预约系统，实现了勘察设计企业证书信息的实时发布。近期，该委进行网站改版工作，计划2014年10月中旬正式上线。

第三节　建筑节能与科技信息化

建筑节能信息化就是利用检测设备和系统将建筑物的用能状况检测出来，通过能量管理找到建筑物中存在的浪费现象，并利用控制系统将浪费降下来，在获得了没有浪费能量的能量需求前提下，能量管理系统再通过使照明、中央空调设备运行在系统高效率状态下，实现节能。

实现建筑节能的全面质量管理，各管理单位的监督管理手段和方法必须与之相适应。以信息技术为支撑点，运用管理优化流程，实现监督管理的信息网络化，是从根本思路上有效改善建筑节能工程质量监督的方法。借助现代信息技术工具对节能工程监理过程从立项、设计、审图、施工到验收每个阶段的大量信息进行采集、储存和分析，提供充分、完善的信息支持。以建设单位为衔接中心，各个管理单位建立良好的信息传输和共享系统，通过系统和网络实现各单位之间的及时沟通，如在施工过程中发现图纸问题后，能及时通过建设单位和设计单位联系，避免在实体工程上的返工造成的浪费。

一、建筑节能工程特点

1. 信息量大

该系统涉及的建筑节能管理的内容包括法律法规、经济效益、技术措施、行政执行等；目标包括了质量管理、费用管理、进度管理和合同管理。所以，涉及相关的建筑管理需要信息量大、综合又有针对性的系统。

2. 变化多

系统需求变化多。涉及的管理单位包括设计、审图、施工、监理和建设等相关单位；整个系统共经历了若干阶段，存在很多的变化和要求。即使仅一个单位，以监理单位为例，要经历从施工前的选材、设备定型到最后竣工后的验收；涉及的项目众多，要求不同，对管理系统的灵活性要求高。

3. 专业广

建筑节能管理涉及的专业也很多，包括建筑设计、节能技术、工程管理、造价、监理等，如何将这些专业合理有效的使用也是建筑节能管理信息系统应考虑的。同时，在整个建筑节能工程中，管理人员对建筑节能的了解水平也有所不同，应设计相应的技术知识库，便于管理人员查询、核对、提高工作准确度。

二、国外发展现状

1. 美国

美国是当前世界上人均能源消耗最多的国家，从20世纪70年代开始，美国就开始关注建筑节能，并且颁布了多部相关法律法规。

在美国的基本大法上，节能也是放在了至关重要的位置，1977年美国总统卡特在能源咨文中的要求是，到1985年，全国现有建筑通过各种方式，达到900K以上使用保温材料的要求，从政策上的鼓励促进了美国的建筑节能。

美国"能源之星"政策制定的优惠贷款业务是鼓励居民购买具有"能源之星"认证的建筑。通过提供购房优惠贷款、返还现金、低利息等措施来促进该政策的实施进行。

2. 欧洲各国

德国在房屋运行使用阶段中，开发商为消费者提供相关能耗数据，每年为已有建筑提供节能改造资金，以减少二氧化碳排放量。德国政府免费向公众提供建筑节能咨询服务，并且长期开展宣传教育来提高公民节能意识。

荷兰政府在推进新清洁能源使用上有明确规定，凡是使用属于建筑物的保温隔热、高能效的生产设备，热电联产、余热利用设备，太阳能、风能、煤炭利用设备，或提高交通设备以及水电等相关领域设备的能源利用效率，可以享受能源税收优惠政策。

三、现有节能工程软件的情况分析

（一）国外软件分类

国外管理软件根据其功能和价格，其分类情况如图9-3所示。

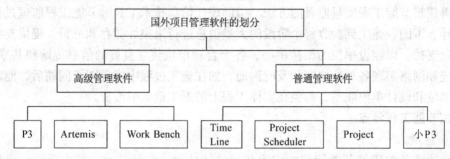

图9-3　国外项目软件分类

（二）国外建筑节能管理软件存在的问题

1. 引进系统不适合

国外建筑节能管理与我国当前工程管理制度或建设各参与方管理体制形成两张皮，管理体制与信息化配套困难，信息系统失败率高。

2. 升级不及时

由于信息技术的更新换代很快，引进产品的价格昂贵，建设企业对信息化规划不足，往往导致信息化实施的后续追加投资失控，取得的效益和投资比实际呈下降趋势。

3. 联系不充分

工程建设项目（以下有时简称项目或工程项目）涉及信息管理的领域较多，如：财务、质量控制、项目进度、项目图纸（文档）信息管理等。另外，建设企业不同时期可能零星配置了一些软件系统，这些软件系统大多专注于对单个或局部资源的管理，而缺乏有效的平台对企业的各种资源进行充分整合，造成彼此沟通困难，形成"信息孤岛"，难以满足工程建设项目集成化管理趋势的要求。

四、建筑节能管理系统框架

建筑节能管理信息系统的总体架构如图9-4所示，具体内容包括：

（1）针对国家机关办公建筑、大型公共建筑、高校建筑、北方采暖地区建筑、可再生能源示范建筑等各类建筑，进行能耗监测或能耗统计；针对耗能较低的建筑，进行绿色建筑标准评估；针对集中供热的北方建筑，进行供热系统节能改造。所有这些系统的建立，都能协助模型系统得以迅速积累海量的建筑能耗历史数据。

（2）从海量的建筑能耗历史数据中，经过数据的分类筛选，进而可逐步形成各种数据库，并直接促进模型系统的整体成型。包括：以建筑基础信息为主的基础数据库；以建筑实时耗能数据为主的业务数据库；以建筑能耗分析结果为主的服务数据库；以统计和运行模型为主的模型数据库；以绿色示范建筑为主的案例数据库。

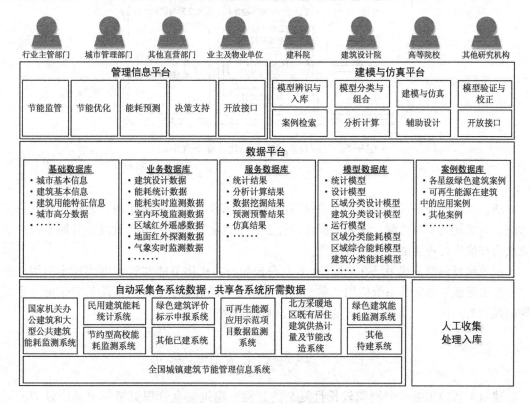

图9-4　建筑节能管理信息系统构架

（3）在各类数据库的基础上，建立针对建筑业主和城市建筑各主管部门的管理信息平台，具体用于建筑的节能监管、节能优化、能耗预测等日常管理。

（4）有了实时及历史能耗数据的积累，各数据库的分类建立，即可着手架构建模和仿真平台，具体应用于建科院和各科研院校的检索、分析、设计工作。

五、经典案例

（一）概述

校园建筑节能信息化示范工程项目充分考虑目前我国高校多校区办学、建筑体量大、功能复杂和能耗类别齐全等因素，开发适合高等学校建筑用能特征，符合高校业务规律的校园建筑节能信息化集成系统，充分应用校园互联网络，将校园能耗流与业务流有机协调起来，以系统和全局的观念对校园能耗实施实时化监测、定量化分析、智能化控制和定额化管理，以信息化手段指导、协调新建校园的规划和既有建筑的节能改造、管理优化。

（二）项目技术方案

示范项目的建设内容为三大体系六大功能集成平台。分别为能耗监测体系，关键设备能耗监控体系和能耗定额与核算体系。为完成三大体系的信息化内容分别开发六大功能平台，分别为校园能耗监测系统、校园远程节水管理系统、校园灯光智能监控系统、学生公寓生活热水热泵智能监控系统、教学大楼空调节能监控系统、高校用能核算管理系统（如图9-5所示）。

图9-5 校园建筑节能信息化系统平台组成

（三）项目成果

浙江大学作为项目示范点，以建筑节能信息化示范系统为管理手段，通过用能分析与诊断，开展能耗实时监测，实施节能自动控制，开展定额考核和收费管理，并同步推进节能改造和推广可再生能源等多种措施。

示范项目的部分成果已在全国50多家高校和公共机构节能监管中得到稳定应用。通过示范项目成果推广和系统应用，向全国高校和公共建筑展示了建筑节能信息化的技术实现途径和管理体系，取得了较好的经济效益和社会效益。

第四节 建筑安全监督信息化

建筑工程施工是一个周期较长且复杂的过程，建筑安全管理更是一项系统复杂的工作，它与安全生产措施的保障投入，安全管理人员、安全作业人员的个人素质，安全管理机构的管理机制和管理水平，以及法律法规、标准规范的完善程度和执行力度等因素有关。随着工程由小型变为复杂，工程施工工艺和技术难度也不断加大，各部门之间的沟通交流不断增加，对于沟通的时效性的要求也不断提高，传统的安全监督管理方法难以满足需求。建立建筑安全生产监管信息网络，形成信息化管理机制，提升监督管理信息化水平，可以在一定程度上提高监督机构的科学性和权威性，促进区域整体建筑安全生产水平的提升。

建筑安全信息化监管模式的核心就是充分应用物联网、云技术、大数据和移动互联网技术，通过感知层、网络层、平台层和应用层，建立一套适应新形势下全方位、多角度、全天候的智能化监管体系，以此实现信息化监管的真正落地。

在建筑工程质量监督领域，发达国家已经建立了一整套的比较完善的工程质量信息网络。对工程施工质量采用远程监控，通过信息传输到政府的工程质量监控中心，形成了一个比较实用的工程质量监督信息网络。

一、传统建筑安全监管存在的问题

（1）当前在我国的建筑行业当中，已经建立了比较完善的安全法律法规制度，并且也已经对安全检查以及技术规范制定了一系列的标准要求，同时也在不断地更新。然而，作为监管机构的管理制度并没有跟上规范的要求制度，出现了不健全的监管，同时也缺少相应的管理制度，没有完善的施工安全监管，存在差异化、细致化。

（2）工程、企业、人员、设备信息随着时间变化而变化，不能较好地实时更新；数据信息依赖性强，牵一发则动全身，更新难度非常大；传统管理方式工作量大，资料归档文件维护困难。

（3）安全监管效率低。政府安监人员按照传统方法亲临施工现场监察工程的安全状况，安监人员数量相对缺乏、安全监管效率低下。

（4）建筑工程参与各方安全监管信息无法联通。要从根本上提升我国的工程安全监管水平，必须探求更有效的管理方法，采用更先进的管理手段来解决现存的安全监管问题。

二、建筑安全监督信息化的需求

（一）促使政府安全服务质量和施政水平提高

建设项目的安全生产监管方式、手段和技术支撑与建筑业行业发展密切相关。政府安全监督机构利用信息技术提高行政执法手段和决策水平，会直接影响建设项目安全生产监管的效能，也会影响整个建筑行业的安全信息化进程。因此，需通过建设项目生命周期内的安全生产监管信息系统的研究，使政府安全监督机构做出更科学的决策，提高其办事效率和服务水平。

（二）促进建设项目安全生产监管体制改革步调和信息化进程保持一致

随着信息技术的不断创新发展，将涉及建设项目安全生产监管的方方面面，比如监管流程、监管手段等。为适应这种新的监管方式，原有的监管组织结构、业务内容需进行调整或重构，必然要对整个建设项目安全生产监管体制进行改革。所以，通过建设项目安全生产监管信息系统研究，可以从总体上把握信息化进程和建设项目安全生产监管体制改革的步调，从而促进两者的一致发展，避免因不协调而成为彼此的发展障碍。

（三）推动建设项目安全生产监管与时俱进

我国建设项目管理信息化建设已有近 30 年，信息技术在建设项目安全生产管理中取得了很大的发展，但是研究力度还不够，并没有形成健全的建设项目安全生产信息化监管体系，缺少统一的安全生产信息监管平台，使得安全生产监管效率低下。因此，基于建设寿命期管理的建设项目安全生产监管信息系统研究，深入分析影响安全生产监管信息化发展的制约因素，推动建设项目安全生产监管与时俱进很有必要。

（四）有效加强对建筑企业及相关人员的管理

由于建筑工程的特点，建筑企业、项目及项目施工管理人员往往分布点多、面广、人员流动性大，现在的计算机及网络技术的高速发展有效地解决了监管部门面临的困境，为监管部门、施工企业及项目部搭建信息共享平台，使监管部门能够有效突破空间和地域限制，及时准确掌握施工企业及其人员的信息，更精确、有效和及时地进行监管。

（五）有效加强对施工全过程的监管

信息化不但能使施工单位节省劳动力，提高工作效率，而且能对施工过程中的各种信息进行及时准确地收集、储存、传递、处理及应用，尤其是在当前建筑市场竞争日益激烈的情况下，对施工过程信息管理的好坏，直接关系到项目各项目标能否按时顺利完成。

（六）有效保障工程信息及时、全面的传递和处理

工程项目每天都会产生大量的数据信息，这些数据都需要及时的解决，有的也需要好几个部门的沟通和交流才能处理，传统的方法浪费时间并需要花费大量的人力、物力，难

以适应现在社会高速发展的要求。信息化管理能有效解决传统方法的不足，能够快速反馈信息，促进不同部门的信息交流、信息共享。

（七）有效规范建筑企业及人员的市场行为

通过信息化管理，可以进一步监督建筑企业及相关人员的市场行为，发现企业及人员有违规行为的，可以通过信息公开平台对相关企业及人员的违规行为进行社会公开，接受社会监督。

三、建筑安全监督信息系统构架

（一）架构体系

在新技术条件下，可充分考虑建筑安全监管"五要素"（即人员、机器、原料、方法、环境）、危险源和责任主体之间的复杂关系，打造一个统一平台，设立安全数据中心，构建三张基础网络，通过分层建设，达到平台能力及应用的可成长、可扩充，创造面向未来的智慧安全监管模式，其系统结构如图9-6所示。

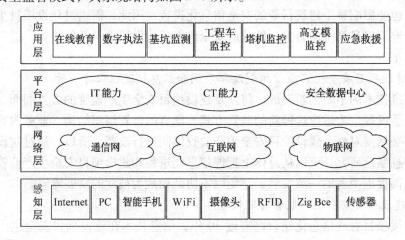

图9-6 智慧安全监管模式系统结构图

感知层的软件、硬件支撑可实现安全数据的智能采集，规避数据的失真和滞后；网络层实现数据的广域传递，打通政府主管部门、施工总承包企业、项目部以及监理单位、建设单位等各方主体的安全数据信息流，避免信息孤岛；平台层通过云技术和大数据，解决数据处理能力不足的问题。应用层将安全监管所涉及的"五要素"、危险源全面数字化，避免安全监管过分对人的依赖；通过分层建设，可以全面提升综合的安全监管应用支撑和管理能力。

（二）建筑安全监管信息化新模式具有的优势和特点

（1）进一步理清政府主管部门的安全责任。数据基本来源于工地现场或施工单位、监理单位等安全责任主体，且系统具备智能预警和控制功能，政府可以回归到真正意义上的监管主体地位，根据系统数据进行有效监管。

（2）有效解决量大面广监管不到位的问题。重大危险源数据自动采集、智能预警、实时传递。移动互联网技术还可实现智能手机办公，提升的已经不仅是效率问题。

（3）适度降低对行业从业人员素质的要求。工地现场作业时，由于系统已经将各种法律法规植入，只要发生违章作业，就会有现场声光、语音报警和控制，实时规范作业人员的不安全行为。

第五节　建筑劳务管理信息化

一、建筑劳务管理信息化的概念

建筑劳务管理信息化是指在建筑业建筑劳务管理中充分应用现代网络通信与计算机技术，整合优化信息资源配置，促进劳务信息交流与数据共享，有利于建设行政主管部门监管，提高劳务承发包企业用工管理水平，为建设行政主管部门、相关企业的管理者及时提供决策数据。建筑劳务管理信息化内涵主要包括以下几个方面：

（1）从技术手段看，建筑劳务管理信息化是对现代信息技术的广泛应用。现代信息技术的核心是微电子技术、计算机技术和网络通信技术，正是信息技术的发展和广泛应用构成了建筑劳务管理信息化的一个显著特征。

（2）从作用对象看，建筑劳务管理信息化是对建筑劳务管理信息资源的组织、开发和利用。有效开发、利用信息资源是以现代信息技术为手段和工具。

（3）从驱动机制看，建筑劳务管理信息化是以提高对建筑劳务管理和决策的效率和水平为目的，对信息技术的采用也是市场竞争和利润驱动的结果。

通过劳务信息化管理平台对劳务企业的资质进行统一管理，杜绝造假现象，有效阻止不合格竞争者进入建筑市场，还可以把不符合企业要求的、资质证照不全的不合格的队伍直接挡在门外。

二、战略重点

（一）推进信息技术发展和应用，发挥企业主体作用

推进信息化基础建设，加强网络结构优化，从业务、网络和终端等层面推进"三网融合"，加快综合基础信息平台的建设。推动人才密集、信息化基础好的地区进行经济结构战略性调整，促进信息技术产业发展。加快公共网络建设，采用多种接入手段，提高农村网络普及率，大力推动互联网的应用普及。

（二）提高电子政务服务水平

加快转变政府职能，通过信息化手段提高行政服务水平，促进电子商务业务规范化发展。政府部门通过加快"一站式"、"一网式"行政审批系统建设，不仅规范了政府办事流程，减轻人工操作的繁杂性，同时也提高了办事效率，节约了政府财政支出，提升了行政能力，并能够减少腐败现象的发生，真正践行"执政为民"的理念。

对于重复政务信息，要加强整合，规范政务基础信息的采集标准，加强政务信息资源目录体系、交换体系和基础数据库的建设，推动政府政务信息公开。发挥建设行政主管部门对建设市场进行监管，社会管理和公共服务职能，完善电子政务建设相关法律法规建设，加强电子政务建设资金投入的审计和监督。

三、建筑劳务管理信息化建设原则

建筑劳务管理信息化的建设应注重统一规划，以能解决传统管理方式问题为出发点，注重实效，不搞政绩工程而浪费人力、物力却没能起到作用。

（1）充分发挥政府调控作用和市场的调节作用，调动社会各方的积极性，建立全国劳务分包企业基本信息库，营造良好的有形建筑劳务分包市场诚信环境，规范建筑劳务分包市场，推进建设市场监管司的管理水平。

（2）坚持规划统一、标准统一、资源共享的方针。依据相关业务规范和工作要求，规范流程、优化组织架构，进行整体规划建设。以地市或省一级统一数据中心为基础，建立集中式数据库，统一管理各类劳务分包企业的基本信息，并实现相关部门业务系统间信息协同联动和数据交换共享。

（3）先进性与实用性相结合，并兼顾未来扩充发展的需求。项目建设以"安全、好用、节约"为评判标准，满足涉及劳务业务的需求和信息技术发展要求。确保现有业务管理系统的平稳运行，又能扩充系统以适应长远发展需要，增强未来业务协同拓展的适应性。

（4）把开放性和安全性相结合，在促进沟通交流便利的同时，也要注重信息的安全。与外部网络互联、信息交换要采取可靠的防护措施，抵御黑客入侵、病毒感染，系统还必须具有一定的容灾备份能力，保证数据安全。

四、建筑劳务管理信息化建设方案

当前我国建筑劳务管理信息化的建设水平还比较低，仍旧需要加大政府的引导，减少建设投入的盲目性。必须要以政府为主导，发挥政府的宏观调控、规划职能，并以市场需求为动力，整体规划信息资源的开发和建筑劳务管理数据库的建设。

将各级城市的建筑数据中心、信息网络、业务应用软件、劳务分包企业信息系统、协同应用管理软件及其相关硬件设备作为建筑劳务管理信息化建设的主要任务，具体如图9-7所示。

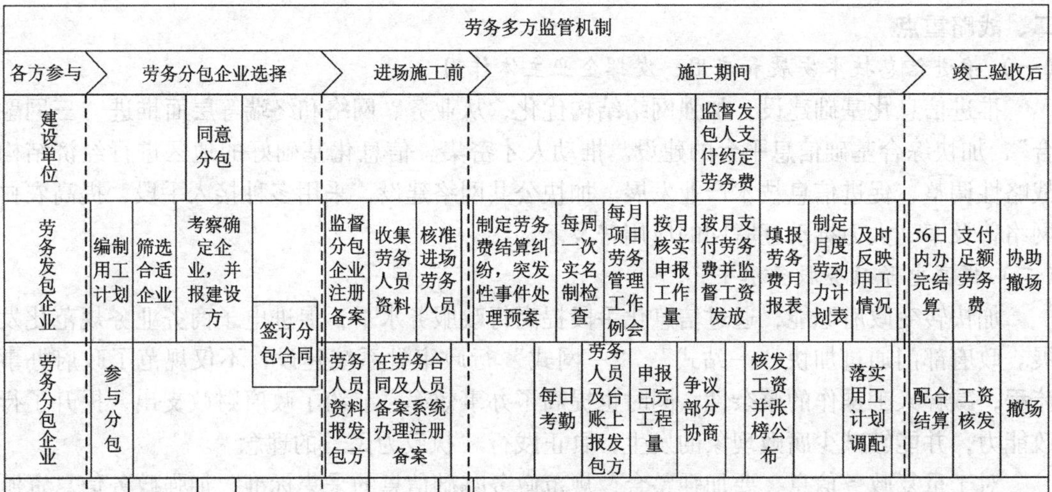

劳务多方监管机制																
各方参与	劳务分包企业选择			进场施工前			施工期间							竣工验收后		
建设单位		同意分包									监督发包人支付约定劳务费					
劳务发包企业	编制用工计划	筛选合适企业	考察确定企业，并报建设方		监督分包企业注册备案	收集劳务人员资料	核准进场劳务人员	制定劳务费结算纠纷、突发性事件处理预案	每周一次实名制检查	每月项目劳务管理工作例会	按月核实申报工作量	按月支付劳务费并监督工资发放	填报劳务费月报表	制定月度劳动力计划表	及时反映劳动力情况	56日内办结算	支付足额劳务费	协助撤场
劳务分包企业	参与分包		签订分包合同		劳务人员资料报发包方	在劳务合同及人员备案系统办理注册备案			每日考勤	劳务人员及台账上报发包方	申报已完工程量	争议部分协商	核发工资并张榜公布	落实用工计划调配	配合结算	工资核发	撤场
本地建设主管部门		建筑企业诚信信息管理	使用劳务分包合同信息管理系统进行合同管理		劳务人员备案			抽检、巡检、联合检查等方式监督检查实名制管理的落实情况；工程项目劳务管理保障体系的建立情况；劳务分包合同履约情况；劳务作业人员个人档案建立情况；劳动力管理员的配备情况；劳务费"月结月清"制度的执行情况以及劳务分包企业支付劳务作业人员工资情况，劳动争议调解								

监理审查分包单位资质，实行三控两管一协调

图9-7　劳务协同管理机制

五、系统构架

（1）系统架构设计主要由三个模块系统支撑：信息管理系统、工程项目管理系统和安

全管理系统。安全管理系统主要是提供系统维护设置，如图 9-8 所示。其过程按照 B/S 结构进行设计，客户端通过浏览器发出请求，Web 服务器启动数据请求过程。客户机经过安全认证获取分配的口令登录系统平台，根据权限进入相关模块，进行数据库相关操作。

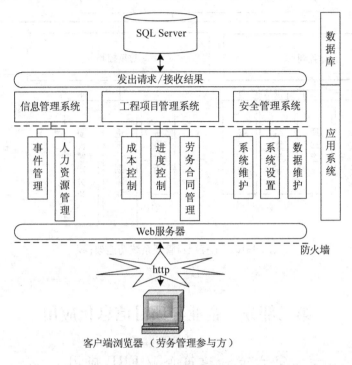

图 9-8　系统结构

（2）B/S 结构的特点对服务器提供方要求较高，提供数据库的存取操作。但劳务管理参与方只需通过网络设备就可以在客户端登录劳务信息管理系统平台，根据权限访问系统平台，访问业务应用管理系统。

（3）劳务信息管理系统结合功能实现目标，设置的信息管理系统模块结构如图 9-9 所示。

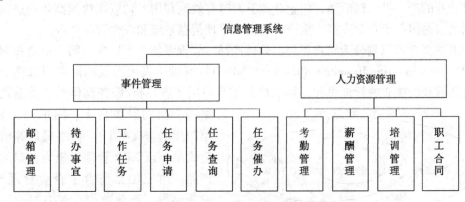

图 9-9　信息管理系统功能架构

（4）工程项目管理系统中的进度控制和成本控制功能架构如图9-10所示。

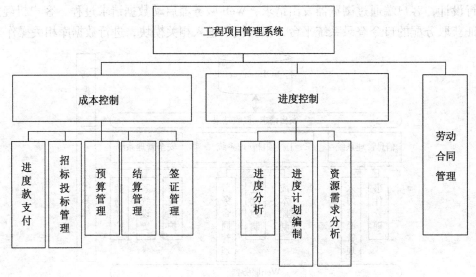

图9-10 工程项目管理系统功能架构

第二部分 企业与项目信息化应用

第六节 建筑企业 ERP 应用

一、建筑业 ERP 系统的概念

企业资源计划（Enterprise Resource Plan，ERP）管理软件是由美国加特纳公司提出的，是结合现代先进的信息技术和系统化的管理理念，基于面向供应链（Supply Chain）的管理思想，把企业经营生产过程中的有关各方和各个环节纳入一个紧密的供需体系中，对供应链中的信息流、物流、资金流、工作流和增值流进行设计、规划和控制，合理有效地安排企业的产、供、销活动，使企业能够及时有效地利用一切资源快速高效地进行生产经营活动，是服务于企业决策、生产、运营的管理信息系统和综合管理平台。

ERP 的概念可以划分为管理思想、软件产品、管理系统 3 个层次：第一层是在制造资源计划（Manufacturing Resources Planning，MRPII）基础上发展形成的以实现对整个供应链的有效管理为核心的管理思想；第二层是综合应用了客户机/服务器体系、关系数据库结构、面向对象技术、图形用户界面、第四代语言（4GL）、网络通信等信息产业成果，以 ERP 管理思想为灵魂的软件产品；第三层是整合了企业管理理念、业务流程、基础数据、人力物力、计算机硬件和软件于一体的企业资源综合管理系统。其概念层次如图9-11所示。

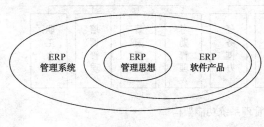

图9-11 ERP 概念层次图

二、国内外建筑业应用 ERP 现状

(一) ERP 在国外建设行业的应用

目前，ERP 技术在美国企业中应用十分普遍。据 Younqtech 副总裁 David Wang 估计，美国年产值在五亿美元以上的企业 100% 都应用了 ERP 技术，年产值 5 亿美元以下的企业，应用 ERP 技术的约有 40%。据 Hill International 公司的信息管理人员推测，美国的建筑企业基本上不同程度地都用了 ERP 系统。在美国建筑企业中应用得最多的 ERP 软件系统是 Primavera 公司开发的三个软件系统（Expedition、P3c/c 和 Prime Contract）和 Meridian 公司开发的三个软件系统（Prolog Manager、Prolog Executive、Prolog Website）及 Construct Ware 软件系统。

(二) ERP 在国内建设行业的应用

据不完全统计，我国目前已有700家企业购买或使用了这种先进的 ERP 管理软件，有不少的企业，特别是一些大型企业，通过实施 ERP 收到了良好的成效，提高了管理水平，改善了业务流程，增强了企业竞争力。但这些企业主要集中在以机械工业、电子工业为代表的制造业中，行业的大面积推广应用很少，在建筑、银行、证券、能源、交通等重要行业的 ERP 应用更是才刚刚开始，从总体上来说我国 ERP 应用还处在起步阶段。

我国的建筑业具有分散性、一过性和流动性等性质，因而整体表现为竞争动力不足，信息化建设相对落后。从 ERP 系统应用的规模来看，已经实施 ERP 的企业占企业总数的比例仍然很低。在建筑施工企业中，ERP 运用形式主要是把建筑产品、设计、生产和销售过程的有关各方如原材料供应商、设计单位、投资业主、施工部门、监理单位等纳入一个综合的供应链中，而其更深层次的功能应用仍需进一步发展。

三、建筑企业 ERP 系统

(一) 建筑企业 ERP 的核心思想

1. 建筑企业内部资源的整合

ERP 系统首先要实现对建筑企业内部资源的整合，包括对物资、固定资产、人力等资源的整合，由于建筑企业的这些资源主要分布在各个工程项目部，所以，如何实现各项目部之间以及项目部与总公司的信息交互与共享是 ERP 系统必须考虑的问题，只有解决好这个问题才能实现建筑企业对各种资源的有效整合，也才能实现总公司对各项目部的有效管理。

2. 建筑企业供应链的管理

现代企业竞争不是单一企业与单一企业间的竞争，而是一个企业供应体系与另一个企业供应体系之间的竞争。ERP 系统实现了对整个企业供应链的管理，适应了企业在信息时代市场竞争的需要。建筑企业 ERP 最基本的作用就是帮助企业实现供应链管理，它将建筑企业的业务流程视为建立在企业价值链上的供应链，将建筑企业内部划分成多个相互协同作业的子系统，如：市场研究、工程管理、财务管理、营销、质量控制、人力资源等方面。ERP 可对建筑企业供应链上所有环节如：市场信息搜集、经营决策、材料采购、工程管理、质量控制、客户服务、财务、人事等进行有效管理，更强调实时地分析企业动态成本和利润，掌握即时信息，对企业实施及时的动态控制。

3. 建筑企业的精益生产和敏捷制造

建筑市场需求具有鲜明的个性化特点，不同客户对建筑产品的各方面要求差别很大。

当建筑企业面临不同顾客的不同需求时，企业原有合作伙伴不一定能满足特定产品的生产要求。这时，建筑企业会组织一个由特定的供应商群组成的短期或一次性的供应链，形成"动态联盟"，把供应商、分包方看成是企业的一个组成部分，运用同步工程的方式，用最短的时间使新产品满足顾客需求，这就是精益生产。ERP系统支持对混合型生产方式的管理，其管理思想表现在两个方面：

（1）精益生产LP（Lean Production），即企业按大批量生产方式组织生产时，把客户、供应商、协作单位纳入统一的生产体系，企业同其客户和供应商的关系，已不再简单地是业务往来关系，而是利益共享的合作伙伴关系，这种合作伙伴关系组成了一个企业的供应链，这即是精益生产的核心思想。

（2）敏捷制造（Agile Manufacturing）的思想，是指当市场发生变化，企业遇到有特定的市场和产品需求时，企业的基本合作伙伴不一定能满足新产品开发生产的要求，这时，企业会组织一个由特定的供应商和销售渠道组成的短期或一次性供应链，形成"虚拟工厂"，把供应和协作单位看成是企业的一个组成部分，运用同步工程组织生产，用最短的时间进行产品生产，保持产品的高质量、多样化和灵活性。

4. 建筑企业管理的事先计划与事中控制

建筑产品价值大、生产周期长及不可逆性等特点要求建筑产品的生产必须特别重视事先计划与事中控制。ERP系统中的计划体系主要包括：主生产计划、物料需求计划、能力计划、采购计划、销售执行计划、利润计划、财务预算和人力资源计划等，而且这些计划功能与价值控制功能已完全集成到整个供应链系统中。ERP系统通过定义与事务处理（Transaction）相关的会计核算科目与成本核算方式，在事务处理发生的同时自动生成会计核算分录，保证了资金流与物流的同步记录和数据的一致性。从而实现了根据财务资金现状，追溯资金的来龙去脉，并进一步追溯所发生的相关业务活动，改变了资金信息滞后于物料信息的状况，便于实现事中控制和实时做出决策。

（二）建筑企业ERP系统的功能模块

在系统核心思想的指导下，建筑企业ERP系统是依据建筑企业管理模式、组织结构、业务流程特点，在对生产性系统和支持性系统进行组合的基础上形成的，ERP系统的主要功能模块组成按表9-1确定。

建筑企业 ERP 系统功能模块组成　　　　　　　　　　　　表 9-1

模块名称	模块内容
财务会计模块	总分类账
	应收账款
	应付账款
	财务控制
	金融投资
	法定合并
	资金管理

续表

模 块 名 称	模 块 内 容
管理会计模块	成本中心会计
	基于业务活动的成本核算
	订单和项目会计
	产品成本核算
	获利能力分析
	利润中心会计
	公司管理
人力资源管理模块	招聘管理
	人事管理
	人力资源规划的辅助决策
	时间管理
	工资核算管理
项目管理模块	建立项目结构
	进度计划
	资源计划
	实际过程确认和时间记录
	成本控制
	收入和获利控制
物资管理模块	基础数据设置
	计划管理
	采购管理
	仓储管理
	查询和报表打印功能
业务数据管理模块	业务伙伴管理
	合同管理
	时间管理
	呼叫中心

（三）建筑企业 ERP 系统的网络结构

　　ERP 系统的网络结构，采用较先进的 Intranet/Internet 技术，本着经济、实用的原则来构建。

（1）在局域网下的网络结构图如图 9-12 所示，这种模式投资小、功能强，既可进行数据的共享处理，又可进行数据的单独处理。局域网内将大多数计算机通过超 5 类双绞线、100M 交换机连接，使网络的传输容量可以达到 100M；同时，ERP 的各模块都可以通过该局域网互联，实现信息的共享；网络可以传递的信息多样，使用 Windows 操作系统，便于管理、便于实现多媒体信息处理。

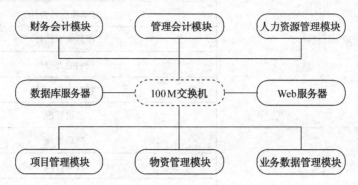

图 9-12　ERP 系统在局域网下的网络拓扑结构

（2）各工程项目部、专业子公司与总公司的信息交互要借助于 Internet 技术。各工程项目部、专业子公司通过拨号或其他形式连入 Internet，可以将相关业务数据以两种方式导入到总公司的中央数据库中，一种是以电子邮件的方式将数据传到总公司的数据库服务器上，通过在服务器上执行有关模块的导入功能将相关数据导入；另一种是如果总公司申请了固定的 IP 地址，则可以将相关数据直接导入。

（3）供应链上相关企业与总公司的信息交互，同样依赖于 Internet，如图 9-13 所示。

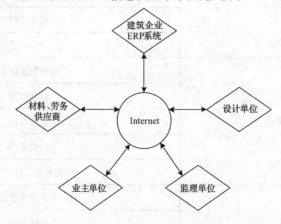

图 9-13　供应链上的相关企业的信息交互

四、建筑施工企业 ERP 步骤

针对建设行业的特点，结合部分已实施 ERP 的建设行业现状，建设行业实现 ERP 信息化的步骤如下述。

（1）建立内部信息管理系统，包括网络基础设施建设。

（2）实现业务管理的信息化及工程项目信息化，集成各个不同部门或分支机构的重要信息，提高信息的利用率和有效率。

（3）实现企业内部信息的交互和整个 ERP 系统的网络化管理。

（4）电子商务与协同商务，将企业内部与外部信息资源有机地集成管理，如图 9-14 所示。

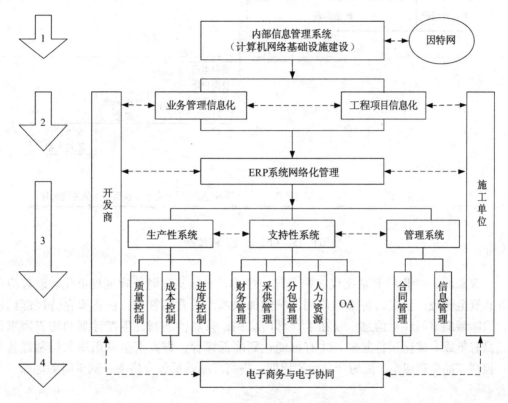

图 9-14　企业电子商务与协同商务

五、ERP 系统实施过程

ERP 系统独立稳定运行一个季度或半年后，企业和软件公司应组织好对项目的验收。验收的主要角色可由诊断培训商来担当，检查运行 BRP 和 ERP 后，企业的战略、流程、员工是否对市场的响应更快更好，对顾客的服务是否更加及时周到，对各种资源的配置是否更加卓有成效。和其他管理信息系统相同，一个典型的 ERP 系统实施过程主要包括以下几个阶段：前期工作、实施准备、模拟运行及用户化、切换运行和新系统运行，如图 9-15 所示。

六、ERP 系统成功的标志

ERP 的应用是否成功，原则上讲，可以从以下四个方面加以衡量：

1. 系统运行集成化

ERP 系统是对企业物流、资金流、信息流进行一体化管理的软件系统，其核心管理思想就是实现对"供应链（Supply Chain）"的管理。为了达到预期设定的应用目标，最基本的要求是系统能够运行起来，实现集成化应用，建立企业决策完善的数据体系和信息共享机制。

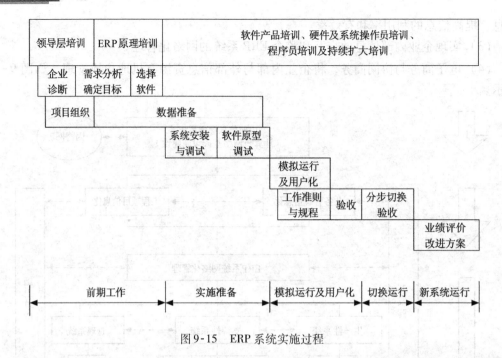

图 9-15　ERP 系统实施过程

一般来说，如果 ERP 系统仅在财务部门应用，只能实现财务管理规范化、改善应收账款和资金管理；仅在销售部门应用，只能加强和改善营销管理；仅在库存管理部门应用，只能帮助掌握存货信息；仅在生产部门应用，只能辅助制订生产计划和物资需求计划。只有集成一体化运行起来，才有可能达到降低库存，提高资金利用率和控制经营风险；控制产品生产成本，缩短产品生产周期；提高产品质量和合格率；减少财务坏账、呆账金额等。

2. 业务流程合理化

ERP 应用成功的前提是必须对企业实施业务流程重组，因此，ERP 应用成功也即意味着企业业务处理流程趋于合理化，并实现了 ERP 应用的以下几个最终目标：

（1）企业竞争力得到大幅度提升；

（2）企业面对市场的响应速度大大加快；

（3）客户满意度显著改善。

3. 绩效监控动态化

ERP 的应用，将为企业提供丰富的管理信息。在 ERP 系统完全投入实际运行后，企业应根据管理需要，利用 ERP 系统提供的信息资源设计出一套动态监控管理绩效变化的报表体系，以期及时反馈和纠正管理中存在的问题。这项工作，一般是在 ERP 系统实施完成后由企业设计完成的。

4. 管理改善持续化

随着 ERP 系统的应用和企业业务流程的合理化，企业管理水平将会明显提高。为了衡量企业管理水平的改善程度，可以依据管理咨询公司提供的企业管理评价指标体系对企业管理水平进行综合评价。评价过程本身并不是目的，为企业建立一个可以不断进行自我评价和不断改善管理的机制，才是真正目的。

第七节　多项目管理信息化

一、多项目管理的概念及内涵

（一）多项目管理的概念

多项目管理是指企业对多个项目同时进行协调和控制，合理地配置资源，在控制每个项目资金、进度、质量目标的基础上，注重多项目的综合管理和整体效率，确保整体目标的实现，为组织增值。

（二）多项目管理的内涵

（1）多项目管理是基于组织的管理活动，有别于一个项目的管理，项目范围管理需要考虑的问题已不再集中在某个项目上，项目管理已从单一项目的限制，转变为站在组织层次上同时对多个项目进行综合管理。多项目管理是一种基于组织范围内对所有的项目进行统一协调的管理。

（2）组织层次内的全部项目是多项目管理的目标。多项目管理的基础是组织，只有组织存在，多项目管理才存在，组织结构的合理性对多项目管理的效率至关重要。

（3）组织战略是多项目管理的目标，即优化资源配置、协调项目之间的关系。多项目管理是站在企业管理的高度，完全从组织的角度协调多个项目、优化资源配置、使组织内的资源发挥最大的效用，获取组织的最大利益，达成组织的发展战略目标。多项目管理从组织战略管理制定的发展战略出发，将组织的发展战略体现在组织所进行的项目中。

（4）多项目管理是通过项目的成功实施、规划和项目组合来实现终极管理目标。项目的多方案管理，它的战略目标是取得组织范围内的项目全面成功，一个工程项目的实施在组织范围内大致可以分为项目组合、项目群和项目。所以多项目管理战略目标的成功与否取决于这些项目组合、项目群、项目。通过具体的项目管理过程实现企业的战略目标。

二、项目管理的特征

多项目管理是站在组织全局的角度进行的项目管理，这种管理基于企业层次，不再针对单独项目的成功，而是注重项目之间的联系，这些项目的实施都是为企业一个共同的总体目标服务，与传统的项目管理相比具有明显的优势和特点，具体如下：

1. 战略性

项目在组织层次内体现了企业战略，这些项目要紧密联系实际、现实的企业战略，要保持与组织的总体发展战略一致。多项目管理的目标之一是将组织战略目标体现在具有多个项目的组织内，并确保项目的成功实施，确保组织的总体战略目标实现。多项目管理是战略管理、实施的必要条件。所以，可以说多项目管理的特征之一是战略性。

2. 集成性

多项目管理集成了项目管理、战略管理、资源管理等管理内容，将项目管理与战略管理联系在一起，从这一方面也说明了多项目管理在管理功能上的集成性。多项目管理能对组织内同时进行的多个项目进行合理的管理，从多项目的角度说明了多项目管理具有管理对象的集成性。正因为多项目管理将管理内容与管理对象进行了集成，加强了多项目之间技术、信息的沟通。通过上述集成性为解决传统管理模式下多个项目之间缺乏沟通与联系、各自的资源不能很好地共享、资源利用率的提高困难等问题提供了良好的方法。

3. 动态性

现如今企业的外部环境复杂，这些环境经常发生变化。组织为适应这些变化，发现新的机遇，需要不断自我调整，使公司始终在一个适当的位置，可以在不同阶段、不同层次、数量信息各异的项目之间做出分析，传统的项目管理不具有上述功能。多项目管理能随着与外部环境的动态发展和受其影响的战略目标、需求、项目特征的改变，在组织层次中及时地对项目加以调整，同时对项目资源、效益等的相互影响进行分析解决。因此可以说多项目管理具有动态性特点。

4. 层次性

多项目的管理是在组织的不同层面上对企业的多个项目进行协同管理，由于这些项目隶属于同一个组织，所以这些项目的组合是具有企业的战略目标的。要使这些不同层面上的项目群或者项目组合成功的实施，必须在不同层次上对这些项目进行管理。因此说明了多项目管理具有层次性。

5. 系统性

多项目管理是企业的组织层面的管理行为，它不再是对单一项目孤立的进行管理，而是将项目管理的研究面向具有相互联系的多个项目，使组织层次内的全部项目一体化，并采用一个通用的系统进行管理。由上述可以看出多项目管理的系统性。

三、国内外研究现状

目前，对多项目管理信息系统的应用研究较少，仅有极少数的大型国际企业如中建香港、中国海外公司与中国石化建设公司建立了总公司层面的集成管理信息系统，应用系统实现了一定程度的多项目管理，但仍处于应用的初级阶段，系统缺少企业资源配置的评估功能。法国 SAE 公司建立的项目管理信息系统是真正意义上的多项目管理信息系统，应用此系统，公司能够对无论在本国还是国外的项目实现计划管理与资源分配，对公司内所有项目进行综合管理，以最少的资源投入，完成跨时间、跨地区、跨国的项目，获取巨大的经济效益。

四、系统构架

将网格技术应用于多项目管理信息系统中，有助于实现多项目管理信息系统的目标，所以多项目管理信息系统应以网格服务为中心建立其体系结构。网格服务为中心的体系结构是应用一个核心接口，而所需要的资源或服务完全能通过这个接口来完成，多项目管理信息系统利用网格的这个优势可以实现各种功能模块对信息的调用，并能够应用基础数据信息构造出更高层次的服务，也就是对数据进行分析。

如图 9-16 所示，施工企业多项目管理信息系统应用网格技术的体系结构，自顶向下主要分为五层：表示层、应用层、网格中间件层、Web 服务层、基础资源层。其中，每一层都为上一层服务。

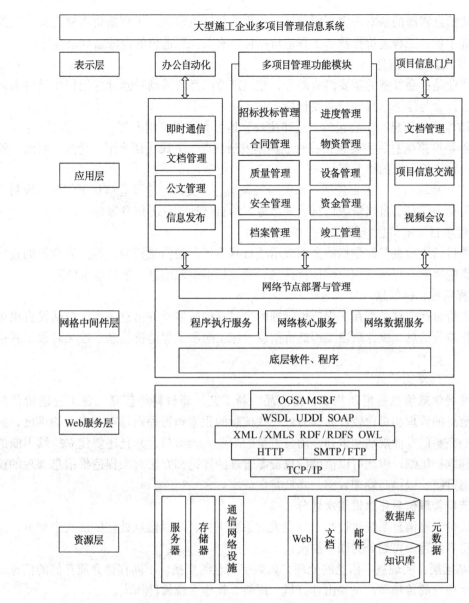

图 9-16　施工企业多项目管理信息系统架构图

第八节　工程造价信息化

一、工程造价信息资源管理的内容

工程造价信息资源是一切与工程造价有关的特征、状态及其变动的消息的组合。从工程造价信息管理的内容看，大致可以划分为以下几个方面：

1. 工程造价计价依据

工程造价计价依据的信息资源是指为适应工程建设各个阶段确定和控制工程造价的需要，对工程建设消耗的人力、物力和财力所规定的标准或衡量尺度的信息资源。工程造价计价依据的信息资源的基本内容主要包括：工程造价计价定额、工程造价取费定额、工期定额、基础单价、工程造价指数、工程造价指标、有关工程造价的经济法规政策等。

2. 宏观社会经济信息

建筑产业是社会经济的重要组成部分，建筑产业的经营活动受到社会经济生活许多因素的影响。社会与经济信息资源主要包括：

（1）政策法规信息，主要包括：法律法规、地方有关规章制度等；

（2）经济政策信息，主要包括：行业整体发展状况、人民生活水平、金融、财政、税收、外汇、物资等方面的情况等；

（3）工程地域信息，主要包括：水位与气象信息、交通运输及通信状况信息、堆料信息、当地劳动力信息、自然资源信息、周边地区的自然地理状况信息等。

3. 工程项目情境信息资源

工程项目情境信息资源是指能全面表示项目基本概况的信息资源，是工程造价的直接或间接的影响因素。包括工程招标投标信息、建设标准规范信息、项目基本概况等。

4. 工程造价目标信息

工程造价目标信息是指在工程造价管理的全过程中所涉及的信息内容，包括投资决策阶段的工程造价信息、设计阶段工程造价信息、施工阶段工程造价信息、竣工阶段工程造价信息。

5. 技术发展动态信息

技术发展动态信息是指新技术、新产品、新工艺、新材料等信息。在工程造价信息中，有些信息的管理相对比较容易，另外一些信息的积累和管理则具有相当大的难度，需要大范围的完整的专业规划和策划，动员大量的专业人士参与，并且还要建立持续不断的更新管理和维护机制。因此可以借助信息资源管理的理论和方法对工程造价信息管理的模式进行改造升级，以提高管理效率，降低管理成本。

二、工程造价管理信息化建设层次划分

工程造价管理信息系统建设是一项庞大的系统工程，从对信息处理的层次来划分，造价管理信息系统建设可划分为四个层次：

（1）基础层：实现数字信息的处理，如数字信息的变换、不同存储介质存储的信息的互换、数字信息的传输等，主要由计算机、网络、操作系统软件构成。

（2）技术支撑层：实现数据的分类、存储、检索、纠错，数据访问权限控制，数据安全保护等，主要包括数据库、网络安全技术、网络存储、防病毒软件等。

（3）业务层：处理与工程造价有关的数据，数据的录入、校正、计算、输出，数据的统计、分析、整理等，主要有办公自动化软件、工程预（决）算软件、定额管理软件、工程量计算软件、钢筋抽样软件、指标收集与分析系统。

（4）管理层：规定各种数据的分类标准、精度，数据采集、存储、处理、发布等系统接口标准，运行指标等，主要含各类标准、指标、管理制度等。近年来，计算机技术和网络技术有了很大发展，计算机运算的速度越来越快，存储系统的容量越来越大，软件的品种也越来越多，信息处理能力大为提高。

三、信息资源数据库建立的具体内容

对工程造价信息资源的开发利用要强调数字化、网络化和市场化。实施数字工程造价

管理，提高工作效率；实现内部信息共享，增加社会效益。从工程造价管理信息化需求、支持业务信息处理系统、提供信息共享服务等几方面考虑，信息资源数据库可从以下几个方面进行建立：

（1）政策法规信息数据库：国家、地方的法律法规，部委办规章和规范性文件，世界各国和各地区相关法规，国际条约与公约等。

（2）工程标准定额数据库：各专业标准定额库、建设工期定额库、费用定额库、建设工程标准库等。

（3）综合数据库：涉及各类建设工程的各种各样综合信息库，如施工组织设计库、建筑面积计算规则库、工程量计算规则库、合同管理信息库等；各种类型的造价指标指数库；劳力、材料、机械消耗编制方法库等。

（4）工程造价管理数据库：工程造价管理人才（预算员、造价工程师）资源和工程技术人才资源基本情况，预算员管理和造价工程师管理模块应当包括姓名、性别、学历（学位）、职称、单位名称、通信地址、联系方式（固定电话、移动电话、Email 地址）、预算员证书号码、身份证号码、取得证书时间、年检情况、不良行为情况、完成业绩情况、参加培训学习情况。

（5）已完工程资料管理数据库：划分不同类型的已完建设工程数据库，根据已完工程项目特征，形成各种各样的积累分析指标。

（6）综合咨询信息数据库：咨询知识库、咨询案例库等。

（7）企事业单位概况数据库：建筑企业、中介咨询单位、设计研究单位以及管理部门的基本情况、登记管理，企业资信及财务状况等。

（8）新产品、新工艺、新技术数据库：各种建筑材料、设备等新产品、新工艺，建设工程的新技术以及推广应用情况等。

（9）建设工程报建项目数据库：各个地区建设工程报建项目数据库。包括报建工程概况、招标投标概况、在建工程情况等。

（10）各类市场信息数据库：建设项目各种类型产品市场分布的基本情况和商品行情，主要建设材料流通、市场供求与价格行情、建设产品市场供求和价格以及人工工资市场价格行情等。

四、经典案例

以武汉市建设工程造价信息综合管理系统为研究对象，该系统是武汉市建设工程造价管理站为适应城市建设管理发展改革需要，为社会提供及时便捷的造价信息服务而启动的信息化项目。该项目旨在建成一个适应社会主义市场经济体制的信息系统，可满足政府部门、建设工程管理部门、建设单位、设计单位、咨询中介机构和施工单位、建材生产商、供应商的需求并且为他们提供多层次、多地域、多部门互联的信息交换服务。

本系统的分析与设计均包含了以上整合模型和集成设计的研究成果，实现了本地区市场上所有工程造价软件生成的 XML 文件的导入，并根据要求生成标准的信息采集表单，完成了多源、异构工程造价信息资源的标准化采集和集成；在通信方面结合 TCP/IP 的多层次通信原理，设计基于 B/S 结构的通信模式，嵌入多播组件提供通信的效率和质量；另外，结合知识管理的工具和理念，对采集的信息资源进行主题的组织、存储和利用，比如构建本地区的工程造价知识地图系统。具体来说，主要功能如图 9-17 所示。

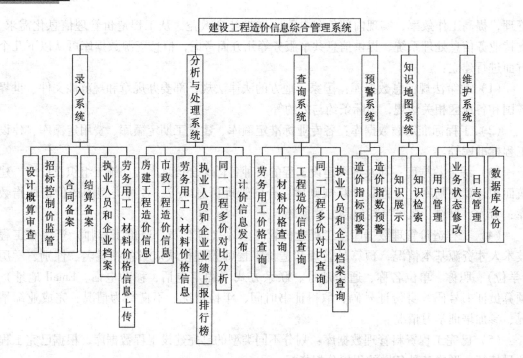

图 9-17 武汉建设工程造价信息综合系统功能结构图

第三部分　城镇信息化应用

第九节　城市规划信息化

一、城市规划信息化的概念

城市规划信息化在我国政府部门信息化开展应用得最早、技术种类最多、构建难度最大、普及范围最广、发展速度最快。城市规划管理、设计和监督部门借助计算机辅助设计、全球定位、工作流、物理探测、卫星遥感和航空遥感等先进信息化技术，构建了城市空间基础设施系统、城市规划管理系统、城市规划设计系统、城市遥感监测系统、规划公众参与系统等实用化业务运行系统，全面实现了城市规划设计、审批管理、实施监督等主要工作环节人机互动作业的信息化工作方式的变革。

现阶段规划信息化的重要标志是从辅助审批向辅助决策转变，并逐步实现智慧规划。城市规划信息化的长足发展，不仅改善了城市规划、设计和监管的技术环境，同时还呈现出越来越明显的业务联动的发展趋势。在城市空间基础设施方面，在线数据生产、维护和服务已经走出城市规划管理和设计领域，并将为城市土地、房产、城管、执法、供水、排水、环卫、园林、市政、公交、供暖、燃气、电力、公安、应急、救灾、地质、航空、测绘等各个行业提供更为广泛的服务。在城市规划管理系统方面，规划信息系统正在日益与数字城管、工程监管、土地监管、数字房产、数字执法、数字市政、数字管网等信息化系统整合应用，显示出条条系统的整合应用在城市规划建设管理和服务中的巨大优势。

二、面向管理应用的城市规划信息化总体框架

以武汉市为例，武汉市城市规划管理局经过多年的城市规划信息化探索实践，结合"数字城市"思想和国家对电子政务系统建设的总体要求，提出了"1个中心、2项工程、3个平台、4个体系"的城市规划信息化总体框架（如图9-18所示），简称"C2PA"框架（C——Center；2——两项工程；P——Platform；A——Architecture）。

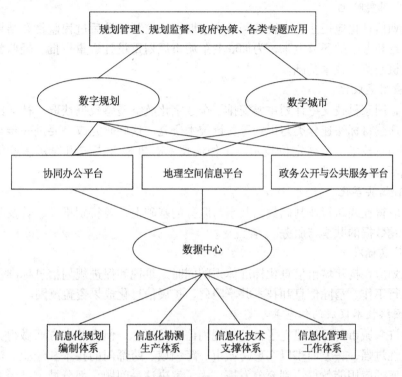

图9-18 城市规划信息化总体框架

"1个中心"即数据中心，是涵盖城市规划全部业务和覆盖全市域范围的规划管理基础和业务数据库，是城市规划信息化工作的心脏和血液。

"2项工程"即"数字规划"工程和"数字城市"工程，分别是城市规划信息化的内涵与外延，是城市规划信息化的两面旗帜。

"3个平台"即协同办公平台、地理空间信息平台、政务公开与服务平台，对应于信息化的规划管理、政府决策和社会公众3个服务方向。以1个数据中心和3个平台为基础，可以搭建这三个服务方向的各类应用系统。

"4个体系"即信息化规划编制体系、信息化勘测生产体系、信息化技术支撑体系（基础研究、网络、标准、规范、安全）和信息化管理工作体系（制度、政策、机制）。

三、城市规划信息化发展方向

（一）技术应用法制化

根据我国政府电子政务的总体指导思想，城市规划信息化应该取得一定的法律地位。城市规划在完善法律法规和标准规范的同时，应注意将城市信息化纳入法律法规体系，以保持规划信息化的法律地位、驱动力和生命力。

（二）技术应用数量化

要化解我国城镇化进程中节约土地、保护环境、节能降耗和传承文化的主要矛盾，就要充分利用城市规划积累的宝贵电子化海量数字资源，积极开展节约土地、保护环境、节能降耗和传承文化等方面的数据分析，量化调控方面的研究与应用成果，逐步改进城市规划以定性规划、定型决策为主导的落后管理方式。

（三）技术应用实时化

城市规划信息化应把注意力转移到城市前期空间控制、批后过程监督和结果精密考核等预防、监督和考核的环节上来，为彻底变革城市规划重设计、重审批、轻监督、轻问责的落后管理机制奠定技术基础。

（四）技术应用集成化

现阶段，国家科技支撑计划主要安排了全数字化航空遥感数据获取、社会经济信息空间化整合、遥感目标快速分类与识别等关键技术研究。这些研究成果要进一步与规划行业现存的地理信息技术、全球定位技术、工作流技术有机整合成城市规划信息化的新型技术，并形成新的应用基础。

（五）基础数据共享化

在初步取得在线跨行业基础数据共享与服务的基础上，要特别推广、普及基础空间数据和主要专题数据的共享与服务。

（六）规划信息标准化

城市规划应在构建城市信息化标准体系的同时，重视和促进规划信息标准化的基础研究与标准执行工作，清除信息和技术共享障碍，扩展信息化成果覆盖范围。

（七）数据网络技术促成的信息共享趋势

我国的许多城市都已经建立了自己的规划信息数据库，但在共享方面做得并不好，数据库的独立性过强，一方面难以实现跨城市、跨领域、跨部门的技术和经验交流，另一方面也使数据库的应用能效得不到充分发挥。为了解决这一问题，部分城市已经开始加强了共享平台建设和数据网络建设。

（八）遥感监测技术促成的动态规划趋势

目前的规划信息化模式无论是设计还是管理在动态性上都有所不足，难以满足越来越快的城市变化需求。因此，需要进一步强化遥感监测技术，将其与前述的虚拟现实技术、电子地图技术结合起来，对城市中的各项规划信息实行动态监控、动态反馈，保证城市规划的时效性和准确性。

（九）GIS技术促成的智能规划趋势

从本质上来说，城市规划是一种有方向性的成果预期，因此预期结果的全面性和准确性直接关系到城市规划的最终质量，这种特征反映到规划信息化上就是发展趋势的智能化。从技术层面来看，目前最适于智能规划的技术是GIS，因为GIS技术原本就集成了空间分析和数学模型两大技术，这两种技术都可以应用于智能分析。通过对GIS的改进和融合，可以令其与基础数据库连接起来，预测出更准确、全面的规划设计与管理效果。

第十节 智慧城市

建设智慧城市是贯彻党中央、国务院关于创新驱动发展、推动新型城镇化、全面建成小康社会的重要举措。申报国家智慧城市试点应具备以下条件：智慧城市建设工作已列入当地国民经济和社会发展规划或相关专项规划；已完成智慧城市发展规划纲要编制；已有明确的智慧城市建设资金筹措方案和保障渠道，如已列入政府财政预算；责任主体的主要负责人负责创建国家智慧城市试点申报和组织管理。

一、智慧城市的概念

关于智慧城市目前还没有统一的定义。IBM 公司把"智慧城市"定义为"能够充分运用信息和通信技术手段感测、分析、整合城市运行核心系统的各项关键信息，从而对于包括民生、环保、公共安全、城市服务、工商业活动在内的各种需求做出智能的响应，为人类创造更美好的城市生活。《中国智慧城市体系结构与发展研究报告》对"智慧城市"做了一个较为全面的解释"是一种全新的城市形态，构建了支撑城市发展的智慧化环境。它运用物联网、云计算、光网络、移动互联网等前沿信息技术手段，把城市里分散的、各自为政的信息化系统整合起来，提升为一个具有较好协同能力和调控能力的有机整体，对公众服务、社会管理、产业运作等活动的各种需求做出智能的响应"。

二、智慧城市的内涵

(一) 更透彻的感知，更全面的互联互通

智慧城市基于无处不在的智能传感器，实现对城市物理空间的全面、综合的感知，动态地获取城市的各种信息，对城市核心系统进行实时感测，实现"无所不在的连接"。将收集的数据整合为城市核心系统的运行图，方便城市管理者对自然环境和城市运行状况进行实时监控，拓展了分析问题的广度、提升了解决问题的高度、改变了城市的运行方式。

(二) 更深入的整合，更协同的运作

通过城市"三网"融合，再加上物联网和基于云计算平台的多元异构数据（多参考系、多语义、多尺度、多时相等）的整合，构建智慧城市的信息基础设施。在这基础之上建立的公共管理和服务平台，可以为用户提供高效的协同服务——政府协同办公、城乡协同治理、面向居民和企业的协同服务。

(三) 更多样的服务，更积极的创新

智慧城市所构建的服务，是一种新的提供服务的体系结构，对所感知到的海量数据能够进行不同深度的处理、挖掘与延伸，为人们提供不同种类、不同层次、不同要求的低成本、高效率的智慧化服务。同时智慧城市给了政府、企业、个人更多的创新机会，鼓励在智慧城市体系内寻找新的经济增长点，为社会进步、经济发展、文明前进提供不息动力。

(四) 健康可持续发展的经济

智慧城市应该首先在经济体系和产业结构上是智能的，在城市经济增长方面是高效的。智慧城市经济应该是遵循生态规律，促进生态系统的稳定，可持续的，和谐的，是促进整体体系发展的绿色经济。广义上讲，智慧城市经济是渗透在人类所有生产活动之中。狭义上讲智慧城市经济是指不仅生产能耗低、环保，甚至在产品报废之后的处理过程中对环境也是无害的。

三、智慧城市的理论内容

智慧城市是新一代信息技术支撑、知识社会下一代创新（创新 2.0）环境下的城市形态。智慧城市基于物联网、云计算等新一代信息技术以及维基、社交网络、Fab Lab、Living Lab、综合集成法等工具和方法的应用，营造有利于创新涌现的生态。利用信息和通信

技术（ICT）令城市生活更加智能，高效利用资源，节约成本和能源，改进服务交付和生活质量，减少对环境的影响，支持创新和低碳经济。实现智慧技术高度集成、智慧产业高端发展、智慧服务高效便民、以人为本持续创新，完成从数字城市向智慧城市的跃升。

智慧城市是智慧地球的体现形式，是 Cyber – City、Digital – City、U – City 的延续，是创新 2.0 时代的城市形态，也是城市信息化发展到更高阶段的必然产物。智慧城市建设将改变我们的生存环境，改变物与物之间、人与物之间的联系方式，也必将深刻地影响和改变人们的工作、生活、娱乐、社交等一切行为方式和运行模式。因此，本质上，智慧城市是一种发展城市的新思维，也是城市治理和社会发展的新模式、新形态。智慧化技术的应用必须与人的行为方式、经济增长方式、社会管理模式和运行机制乃至制度法律的变革和创新相结合。

四、智慧城市的产生背景

智慧城市经常与数字城市、感知城市、无线城市、智能城市、生态城市、低碳城市等区域发展概念相交叉，甚至与电子政务、智能交通、智能电网等行业信息化概念发生混杂。对智慧城市概念的解读也经常各有侧重，有的观点认为关键在于技术应用，有的观点认为关键在于网络建设，有的观点认为关键在于人的参与，有的观点认为关键在于智慧效果，一些城市信息化建设的先行城市则强调以人为本和可持续创新。综合这一理念的发展源流以及对世界范围内区域信息化实践的总结，《创新 2.0 视野下的智慧城市》从技术发展和经济社会发展两个层面的创新对智慧城市进行了解析，强调智慧城市不仅仅是物联网、云计算等新一代信息技术的应用，更重要的是通过面向知识社会的创新 2.0 的方法论应用。

智慧城市通过物联网基础设施、云计算基础设施、地理空间基础设施等新一代信息技术以及维基、社交网络、Fab Lab、Living Lab、综合集成法、网动全媒体融合通信终端等工具和方法的应用，实现全面透彻的感知、宽带泛在的互联、智能融合的应用以及以用户创新、开放创新、大众创新、协同创新为特征的可持续创新。伴随网络帝国的崛起、移动技术的融合发展以及创新的民主化进程，知识社会环境下的智慧城市是继数字城市之后信息化城市发展的高级形态。

21 世纪的"智慧城市"，能够充分运用信息和通信技术手段感测、分析、整合城市运行核心系统的各项关键信息，从而对于包括民生、环保、公共安全、城市服务、工商业活动在内的各种需求做出智能的响应，为人类创造更美好的城市生活。

五、智慧城市的关键因素

有两种驱动力推动智慧城市的逐步形成，一是以物联网、云计算、移动互联网为代表的新一代信息技术；二是知识社会环境下逐步孕育的开放的城市创新生态。前者是技术创新层面的技术因素，后者是社会创新层面的社会经济因素。由此可以看出创新在智慧城市发展中的驱动作用。清华大学公共管理学院书记、副院长孟庆国教授提出，新一代信息技术与创新 2.0 是智慧城市的两大基因，缺一不可。

智慧城市不仅需要物联网、云计算等新一代信息技术的支撑，更要培育面向知识社会的下一代创新（创新 2.0）。信息通信技术的融合和发展消融了信息和知识分享的壁垒，消融了创新的边界，推动了创新 2.0 形态的形成，并进一步推动各类社会组织及活动边界的"消融"。创新形态由生产范式向服务范式转变，也带动了产业形态、政府管理形态、城市形态由生产范式向服务范式的转变。如果说创新1.0是工业时代沿袭的面向生产、以生产者为中心、以技术为出发点的相对封闭的创新形态，创新2.0则是与信息时代、知识社会相适应的面向服务、以用户为中心、以人为本的开放的创新形态。

六、目前智慧城市的发展情况

为规范和推动智慧城市的健康发展，住房和城乡建设部启动了国家智慧城市试点工作。经过地方城市申报、省级住房城乡建设主管部门初审、专家综合评审等程序，首批国家智慧城市试点共90个，其中地级市37个，区（县）50个，镇3个，试点城市将经过3~5年的创建期，住房和城乡建设部将组织评估，对评估通过的试点城市（区、镇）进行评定，评定等级由低到高分为一星、二星和三星。

发展智慧城市，是我国促进城市高度信息化、网络化的重大举措和综合性措施。从设备厂商角度来说，光通信设备厂商、无线通信设备厂商将充分发挥所属技术领域的优势，将无线和有线充分进行融合，实现网络最优化配置，以加速推动智慧城市的发展进程。与之相对应的通信设备厂商、芯片厂商等将从中获得巨大收益。

七、智慧城市的框架

世界无线研究论坛（Wireless World Research Forum，WWRF）在2006年6月曾预测，到2017年将有7万亿传感器为地球上的70亿人口提供服务。随身携带各种传感器的人都可以被看作是物联网的数据采集者，每个人都可以成为传感网中一个移动的、实时获取多样数据的重要节点。物联网的问世，打破了之前的传统物理设施与IT设施分离的状况。过去的建设和管理模式一直是将物理设施和IT设施分开建设与管理：一方面是机场、公路、铁路、公共建筑等；而另一方面是数据中心、个人电脑、宽带网络等。物联网将与水、电、气、路一样，成为地球上的一类新的基础设施。作者设计的基于物联网的智慧城市的一般架构如图9-19所示。

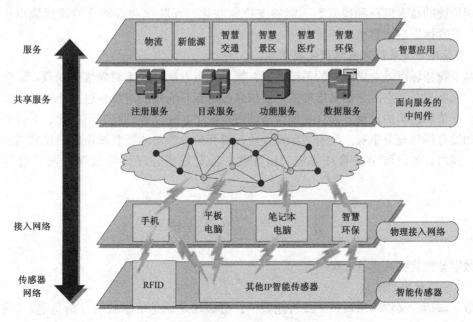

图9-19　基于物联网的智慧城市的一般架构

　　按照采集、控制和安全防护的功能区分，物联网可以分为智慧传感网、智慧控制网和智慧安全网。智慧传感网负责搜集各类传感器采集到的数据和信息，并发送到数据中心。智慧控制网根据实时信息处理和分析后的结果，按照预案或规则对各类物联设施进行远程控制。

八、智慧城市亟待解决的问题

（一）对智慧城市的内涵缺乏深刻认识

　　从当前智慧城市发展现状来看，不同部门、不同地区对智慧城市的认识并不一致，智慧城市建设所包含的内容往往不同。例如，城市规划建设部门往往从新一代信息技术应用于城市规划建设的角度开展智慧城市建设，信息化主管部门则从工业化、信息化相互融合角度去规划本地区的智慧城市建设，而地方政府如地级市则又从本市国民经济和社会发展信息化的角度去规划智慧城市。

（二）尚未建立统一的智慧城市架构体系

　　智慧城市建设是一项复杂的系统工程，系统结构复杂，包括基于传感器技术的信息基础设施建设，基于下一代通信网络、物联网、三网融合等的网络体系建设，涵盖城市规划、建设、管理和服务的各类业务应用系统建设，以及标准规范、运维、安全体系等信息化支撑体系建设。而事实上，我国尚未形成统一的智慧城市架构体系，特别是在国家层面，由于缺乏整体性的顶层设计指导，在实施过程中必然会导致各自为政、信息孤岛等城市信息化建设的老问题，增加智慧城市建设失败的风险。

（三）智慧城市关键技术有待突破

　　智慧城市建设的关键技术如物联网、云计算、三网融合、无线宽带等技术有待突破，智能模型与工具的应用程度有待加强。因此，新一代信息技术的突破和智能应用成为制约智慧城市发展的瓶颈。新一代信息技术的突破及其渗透应用本身就是难点，而有些地方仍然采用传统的技术思路和模式，不能够支撑物联化、互联化和智能化的智慧城市技术路径，这将直接影响智慧城市的实现。

（四）智慧城市发展模式有待研究确立

　　基于智慧城市概念模型中的关键要素，智慧城市发展有赖于对象维度如政府、企业和公众的深度参与，它既是信息维度新一代信息技术创新应用的过程，也是业务维度城市经济社会变革和进步的过程。而在我国智慧城市发展中，往往强调政府信息化，企业和公众部分却没有得到充分重视，政府主导、企业投资和公众参与的智慧城市发展模式尚未真正形成。同时，智慧城市在管理体制、标准化、投资融资、评价考核等方面还有待深入研究。

第十一节　数字城镇化

一、数字城镇化的概念及分类

（一）数字城镇化的概念

　　数字城镇，又称网络城镇，或智能城镇，更确切地说是信息城镇（信息港）。它是指运用遥感、遥测、电脑网络（Internet/Web）、多媒体及仿真与虚拟现实技术等对城镇的全部基础设施、功能机制进行动态监测与管理、辅助决策服务的技术系统。它具有城市地理信息系统（UGIS）的全部功能，而且是以它为基础的，但功能更强、更丰富，与社会生产和生活密切相关的技术系统。它具有将数据信息数字化、网络化，虚拟仿真及优化决策等强大功能。

数字城镇系统的建立可直接为农民、农村和农业提供信息服务和决策支持；可以用于镇区的规划、建设和管理以及设施的规划、建设、管理和维护，以提高各种规划的科学性、合理性和前瞻性；可用于地籍和房地产的管理，并促进资产的合理化流转；可以对资源利用以及环境保护进行动态监测和预警预报，并提供应对突发事件的信息服务和决策支持。

（二）数字城镇的分类

数字城镇实际上就是利用现代化高科技手段充分挖掘已有信息，为城镇规划和建设、城镇管理及市民生活服务的技术工程服务系统。根据其主要功能及服务对象，大体可以分为两类：数字城镇技术系统和数字城镇应用系统（如图9-20所示）。数字城镇技术系统是数字城镇服务系统的技术支撑，主要是指宽带网络技术系统（如电讯、有线电视和互联网）及信息技术平台（计算机硬、软件）。

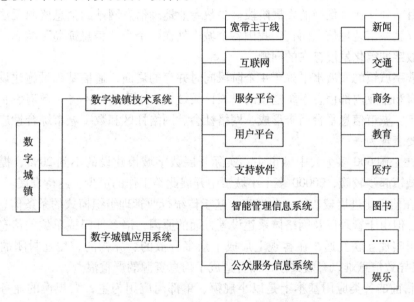

图9-20　数字城镇平台需求分析图

二、国内外数字城镇化的发展现状

（一）国外现状

国外城市的社会、文化、经济信息共享。访问美国、加拿大和澳大利亚城市政府网站的突出感觉是，每个城市政府网站不是"信息孤岛"，其背后都有一个巨大、雄厚的网络化信息资源体系与各个城市政府网站链接，并支撑着成百上千的政府网站运行。几乎每个政府网站都有专业清晰、信息丰富的社会人文、科教文卫和工商经济的行业网站群与政府网站群建立链接。一般政府网站链接的信息资源有：气象、体育、医疗、新闻、俱乐部、市场、企业、电视、广播、教育、音乐、旅游、娱乐和地理等行业信息资源网站群。每类行业网站链接少则十几个，多则有成百上千的同类信息网站。这些行业网站在各自的信息领域激烈竞争，不断更新、不断增加、不断提高专业的信息质量和服务质量。政府网站通

273

过链接就可以不断地得到新鲜、专业和丰富的信息资源的服务和支撑。仅此而言，政府网站真有"四两拨千斤"的功效。可见，数字城市的发展必须摆脱"信息孤岛"的局限，否则事倍功半。

(二) 国内现状

我国城市地理数据管理体系。我国实行国家、省和市三级管理体系。1:10000 以上的小比例的地理数据由国家和省区级生产和管理，1:5000 及以下的大比例尺的地理数据由城市的专业部门生产和管理。我国实行特有的地理信息保密制度。我国以地理数据为主要服务内容的网站，在现行分级管理和特有的保密制度的制约下，无法达到国外同类网站的内容和服务水平。在上述条件限制下，我国数字城市所需基础地理信息数据具有如下的特点：城市空间基础地理数据库建设和维护必须由各城市独自地进行，城市空间基础地理数据在国家、省和市三级的共享十分困难，城市空间基础地理数据库建设成本昂贵，城市空间基础地理数据库内容受到分级管理和保密要求的严重制约。

对于我国城市建设信息资源共享的状况，各个城市有强烈的建设信息资源共享的需求，但是目前处在比较低级的发展阶段。少数专业地理信息网站的信息资源无法达到城市的要求。仅就城市地理信息而言，我国各个城市处在一个个"信息孤岛"状态。

三、国内数字城镇化发展存在的问题

我国数字城镇的发展水平处于 4 个阶段同时并存的局面，通信基础设施建设取得较大进展，政府和企业内部信息系统建设的进展比较缓慢，水平参差不齐，政府、企业互联互通刚刚起步，城市信息平台尚未形成，网络社会、网络社区和数字城市综合性应用还比较缺乏。主要表现为：

(1) 在全国 600 多个大中城市中，实际开展数字城市建设的不到 20%，提升空间很大；而小城镇起步较晚，20000 多个小城镇中开展此类工作的更少，亟待发展。

(2) 在信息化进展较快的一些城市，基于传统行业管理组织模式的条条信息化得到了长足发展，但由于管理以及网络体系建设等方面的原因，诸多部门或单位的信息数据库之间尚未真正实现互联互通，在客观上形成了众多分散的、异构的、相互封闭的"信息孤岛"，不仅导致信息难以有效共享，而且造成了信息资源的严重浪费。

(3) 目前的各类应用基本上是以小规模、单部门应用为主，大规模的业务化应用不多，跨部门应用尚待发展，深层次、高水平应用不多，普适性和大众化应用不够，在规划、管理、决策中的作用尚待加强。

四、数字城镇建设的基本内容

一是城镇设施的数字化，即在统一的标准与规范基础上，实现数字化和分布式数据库建设。主要包括城市基础设施（建筑设施、管线设施、环境设施等）、交通设施（地面交通、地下交通、空中交通等）、金融业、文教卫生、安全与环保、政府管理（各级政府、海关税务、地籍管理与房地产管理等）、城市规划与管理（背景数据包含地质、地貌、气象、水文及自然灾害等，城市监测、城市规划等）。

二是城镇网络化，即在统一的标准和规范基础上，实现以下目标：三网连接，即电话网、有线电视网与互联网实现互联、互通；通过网络将分散的、分布的数据库、信息系统连接起来，建立数据共享平台、互操作平台、数据处理平台和数据仓库与交换中心，实现多种数据的融合与立体表达。

三是城市的智能化，包括城镇交通智能化、城镇能源管理智能化、住宅小区智能化等。另外，城市规划的虚拟、城市生态建设或改造虚拟现实等，也属于城市智能化的内容。它们不仅可以提高城市规划或城市生态建设的科学性，同时还能缩短设计时间。

五、数字城镇化系统框架

数字城镇主要由基础信息平台和应用系统两部分构成。其组成结构如图9-21所示。应用系统主要由城镇规划管理系统、城镇地籍管理系统、城镇房产管理系统、城镇人口管理系统、资源环境管理系统、招商引资服务系统和应急决策支持系统等七个系统组成，以下对城镇规划管理系统、城镇地籍管理系统、城镇房产管理系统和资源环境管理系统进行说明。

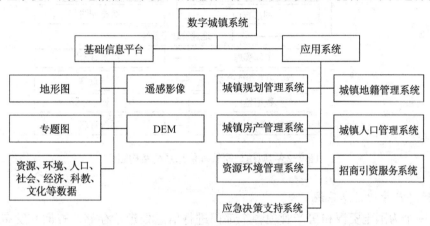

图9-21 数字城镇系统结构图

（一）城镇规划管理信息系统

建立城镇规划部门日常规划管理与决策所需的城镇规划专业空间数据库，并提供数据更新的工具，实现基本的数据管理功能，并提供进一步的空间分析工具，来满足城镇规划部门的日常规划管理工作需求，从而促进城镇规划管理与决策的质量、效率、水平的进一步提高。城镇规划管理信息系统结构如图9-22所示。

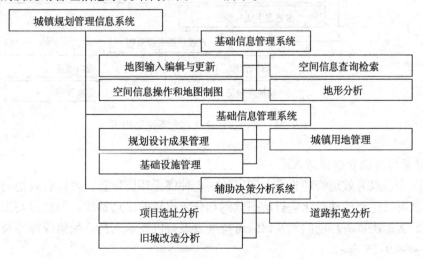

图9-22 城镇规划管理信息系统结构图

（二）城镇地籍管理信息系统

组建城镇地籍数据的登记建库、信息管理、综合查询、统计分析、日常变更和制图输出等多方面应用。城镇地籍管理信息系统结构如图9-23所示。

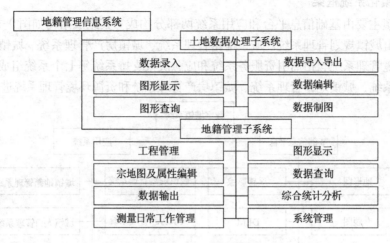

图9-23 城镇地籍管理信息系统结构图

（三）城镇房产管理信息系统

建立一个为国土资源和房产管理各个部门进行信息处理、存储、查询、发布及管理，并可对国土信息、房屋信息等进行分析的信息管理系统。城镇房产管理信息系统结构如图9-24所示。

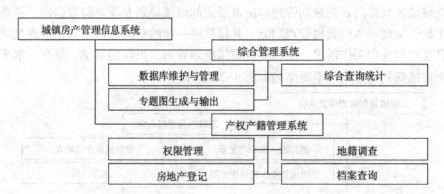

图9-24 城镇房产管理信息系统结构图

（四）城镇资源环境管理信息系统

建立一个可以有效地管理具有空间属性的各种资源环境信息，可以有效地对多时期的资源环境状况及生产活动变化进行动态监测和分析比较的信息系统，明显提高工作效率和经济效益，为解决资源环境问题及保障可持续发展提供技术支持。城镇资源环境管理信息系统结构如图9-25所示。

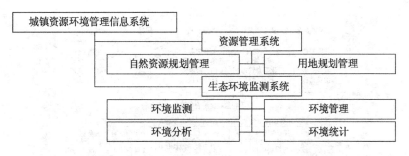

图 9-25 城镇资源环境管理信息系统结构图

第十二节 智慧社区

一、智慧社区的概念定义

智慧社区是通过综合运用现代科学技术，整合区域内人、地、物、情、事、组织和房屋等信息，统筹公共管理、公共服务和商业服务等资源，以智慧社区综合信息服务平台为支撑，依托适度领先的基础设施建设，提升社区治理和小区管理现代化，促进公共服务和便民利民服务智能化的一种社区管理和服务的创新模式，也是实现新型城镇化发展目标和社区服务体系建设目标的重要举措之一。

二、建设智慧社区的意义

积极推进智慧社区建设，有利于提高基础设施的集约化和智能化水平，实现绿色生态社区建设；有利于促进和扩大政务信息共享范围，降低行政管理成本，增强行政运行效能，推动基层政府向服务型政府的转型，促进社区治理体系的现代化；有利于减轻社区组织的工作负担，改善社区组织的工作条件，优化社区自治环境，提升社区服务和管理能力；有利于保障基本公共服务均等化，改进基本公共服务的提供方式，以及拓展社区服务内容和领域，为建立多元化、多层次的社区服务体系打下良好基础。

在新时期新形势下，居民对便捷、高效、智能的社区服务需求与日俱增，使得政府优化行政管理服务模式，引导建立健康有序的社区商业服务体系。随着信息技术的高速发展，国内与智慧社区建设相关的技术基础较为扎实，面向移动网络、物联网、智能建筑、智能家居、居家养老等诸多领域的应用产品及模式已基本成熟。此外，广州市、深圳市、常州市等经济发达地区已率先开展了智慧社区建设，在社区治理、便民服务等领域取得了显著的成效。因此在我国大规模开展智慧社区建设势在必行。

三、智慧社区总体框架与支撑平台

（一）总体框架

智慧社区总体框架以政策标准和制度安全两大保障体系为支撑，以设施层、网络层、感知层等基础设施为基础，在城市公共信息平台和公共基础数据库的支撑下，架构智慧社区综合信息服务平台，并在此基础上构建面向社区居委会、业主委员会、物业公司、居民、市场服务企业的智慧应用体系，涵盖包括社区治理、小区管理、公共服务、便民服务以及主题社区等多个领域的应用，如图 9-26 所示。

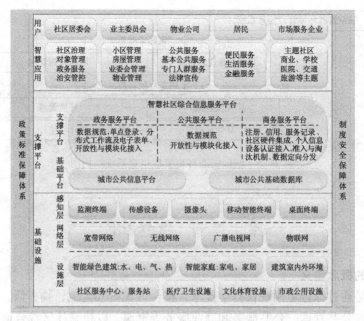

图 9-26 智慧社区总体框架

（二）综合信息服务平台

智慧社区综合信息服务平台是智慧社区的支撑平台，是以城市公共信息平台和公共基础数据库为基础，利用数据交换与共享系统，以社区居民需求为导向推动政府及社会资源整合的集成平台，该平台可为社区治理和服务项目提供标准化的接口，并集社区政务、公共服务、商业及生活资讯等多平台为一体。结合社区实际工作的特点与模式，智慧社区综合信息服务平台的定位是一个轻量级、服务功能模块化的平台，其框架如图 9-27 所示。

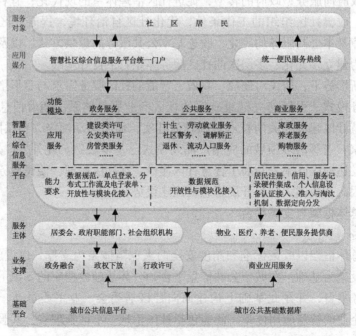

图 9-27 智慧社区综合信息服务平台框架图

（三）智慧社区基础数据

基础数据是智慧社区的核心内容之一。智慧社区作为智慧城市的子集，需要充分共享和利用智慧城市的数据资源和平台，建立社区相关的数据交换接口规范和标准，对不同应用子系统的数据采用集中、分类、一体化等策略，进行合理有效的整合，保障支撑层内各不同应用之间的互联。智慧社区基础数据包括人口、地理、部件、消息、事项和建筑等六大类。

第十三节 智能家居

一、智能家居的概念

智能家居是以住宅为平台，利用综合布线技术、网络通信技术、自动控制技术、音视频技术等将家居生活有关的设施进行集成，构建高效的住宅设施与家庭日程事务的管理系统，提升家居安全性、便利性、舒适性、艺术性，实现环保节能的居住环境。应用要实现对全宅的舒适系统（灯光、遮阳等）、家庭娱乐（背景音乐、呼叫对讲、视频互动等）、健康系统（空调、新风、加湿等）、安防系统（监控、安防、门禁、人员定位）等智能系统进行管理。可以用遥控等多种智能控制方式实现；并可用定时控制、电话远程控制、电脑本地及互联网远程控制。

二、主要应用服务

智能家居的应用可以从社会发展趋势、用户需求强度、产业市场成熟度等多方面考虑，主要集中在以社区服务为基础的个性化安防监控、低碳节能、家居管控、健康监护、跨屏娱教、社区服务等六类应用中。

1. 安防监控

包括多类异构安防传感器和执行器、网关以及物联网智能家居平台的物联网智能家居安防系统。

2. 低碳节能

通过物联网智能家居的服务平台，面向节能降耗这一目标协同管理各种家电设备服务，可以在保证用户舒适和便利的前提下，实现对能量的高效使用。

3. 家居管控

可以通过各种监控终端，如手机、平板电脑、电视、计算机上嵌入物联网智能家居通用管控应用，建立用户与物联网智能家居间的统一访问与交互界面，实时全面地了解家居的所有状态信息，并实现对所有家居设备的操控。

4. 健康监护

将物联网智能家居技术与健康管理信息技术相结合，可以建立以家庭为依托平台的全新个人健康管理模式，形成家庭成员健康监护应用。

5. 跨屏娱教

基于闪联标准化体系和物联网智能家居技术可以实现各种屏幕设备在娱教应用方面的优劣势互补，创造传统的独立终端所不能提供的新应用模式，为用户打造全新体验。

6. 社区服务

物联网智能家居以家庭为最小单位，目前物联网智能家居平台可以涉及的社区服务包含家居设备管理服务、社区居家养老服务、社区医疗服务、社区支付服务以及其他各类与日常生活直接相关的服务功能，例如网上家政、点餐、购物等。

三、经典案例

针对全宅范围的基本智能化控制的客户需求，河东电子（HDL）提供全面而完善的智能家居解决方案，采用具有国际先进水平的 Buspro 智能控制系统。Buspro 系统具有稳定性、兼容性等特点，是国内及海外智能家居客户的首选系统。满足客户的全宅智能控制需求，此次工程采用了该系统。

控制区域：全宅。

控制系统：HDL Buspro 智能控制系统。

控制方式：面板控制、远程控制、集成控制。

应用产品：窗帘智能控制器、短信控制器、数字背景音乐播放器、传感器。

应用效果：（1）视听双控品位急速上升。（2）身未动心动即启动。合理预设灯光的使用，将夜间与白天的灯光模式区分开。（3）口袋里的防盗警察。远程监控安防。可随时监控安防摄像头上的实时拍摄内容，掌握家中的情况。

【章后习题】

1. 简述建筑企业 ERP 的核心思想。

2. ERP 系统如何实施？

3. 数字城镇化系统框架是如何构成的？

【参考文献与延伸阅读】

［1］田哲. ERP 管理思想在建筑企业的应用研究［J］. 建筑，2003，（1）：46-47.

［2］许亚敏，马天鉴. ERP 在建筑施工企业中的应用［J］. 四川建筑，2004，24(2)：82-83.

［3］鲁奇. 基于 ERP 系统的建筑企业信息化管理研究［D］. 西安：西安建筑科技大学硕士学位论文，2007.

［4］田哲，顾姣健. 建筑企业 ERP 的研究与探讨［J］. 施工企业管理，2003，(3)44-45.

［5］张晓林. 推进房地产管理信息化建设的必要性及有效策略［J］. 中华居民(下旬刊)，2014，(2)：437.

［6］杨善源，杜保平. 关于房地产管理的信息化建设探讨［J］. 企业改革与管理，2014，(16).

［7］张乐. 房地产管理信息系统的设计与实现［D］. 北京：北京邮电大学硕士学位论文，2011.

［8］徐娟娟，田华. 谈房地产管理信息化建设［J］. 山西建筑，2012，38(11)：242-243.

［9］荣宪波. 浅议房地产管理信息化建设［J］. 中小企业管理与科技(下旬刊)，2010，(1)：34.

［10］徐逸洋. 房地产管理系统的设计与实现［D］. 成都：电子科技大学硕士学位论文，2012.

［11］季雷. 上海市保障房管理信息系统建设构想［J］. 住宅科技，2012，(6)：56-58.

［12］姜涛. 有关房地产管理信息化建设相关问题解析［J］. 现代交际，2013，(3)：56-57.

［13］王东. 城市规划信息化建设三十年回顾与展望［J］. 规划师，2009，(1)：16-17.

［14］张帆，韩冬冰. 中国城市规划的信息化时代［J］. 山西建筑，2009，(5).

［15］罗波，罗佳妮，秦邹婧. 规划信息化发展趋势分析及关键技术展望［J］. 科技创新与应用，2014，(27).

［16］孙彤，王忠，尧传华，段予正. 规划信息化在北川灾后重建规划中的实践探索［J］. 城市规划，2011，(S2)：82-86.

［17］邹佳佳，马永俊. 智慧城市内涵与智慧城市建设［J］. 无线互联科技，2012，(4)：69-71.

［18］彭继东. 国内外智慧城市建设模式研究［D］. 长春：吉林大学硕士学位论文，2012.

[19] 李德仁，姚远，邵振峰．智慧城市的概念、支撑技术及应用[J]．工程研究：跨学科视野中的工程，2012，(4)：313-323.

[20] 徐静，陈秀万．我国智慧城市发展现状与问题分析[J]．科技管理研究，2014，(7)：23-26.

[21] 贾月江．数字城镇系统的开发与应用研究[D]．成都：四川师范大学硕士学位论文，2007.

[22] 李青，李桂炎．浅谈数字城镇的发展[N]．中国测绘报，2009.

[23] 朱振海，黄晓霞，李红旮，等．数字城镇智能管理信息系统的构建[J]．地球信息科学，2002，4(1)：27-31.

[24] 陈军，周旭，蒋捷，等．对我国数字城镇建设的几点思考[J]．地理信息世界，2006，4(5)：6-9.

[25] 张维华，皇晓琳．物联网智能家居技术与标准化综述[J]．信息技术与标准化，2012，(7)．

[26] 范秀丽．大型施工企业多项目管理信息系统研究[D]．哈尔滨：东北林业大学硕士学位论文，2012.

[27] 张静．多项目管理信息化在世博园区建设工程管理中的应用[J]．上海建设科技，2010，(3)：60-61.

[28] 骆文丰，孙兆光，于欣．浅谈工程造价信息化建设[J]．山东工业技术，2014，(16)：110.

[29] 李新战，喻勇．工程造价信息化管理系统的设计[J]．福建电脑，2014，(2)：141-142.

[30] 舒昌俊．建设工程造价信息管理系统集成研究[D]．武汉：武汉理工大学博士学位论文，2013.

[31] 关桂凤．工程造价信息化管理探讨[J]．科技创新与应用，2012，(22)．

[32] 王丽娜，张庆华．勘察设计中信息化管理模式的研究[J]．电脑知识与科技，2012，8(26)．

[33] 陈雯．我国勘察设计行业信息化水平稳步提升[N]．中国建设报，2012.

[34] 陈重．工程勘察设计行业信息化建设的成效及任务[J]．建筑，2013，(4)．

[35] 赵凯利．浅谈勘察设计行业信息化建设[J]．中国电力教育，2010，(16)：237-238.

[36] 谢梦婕．建筑节能工程管理及信息系统研究[D]．成都：西南交通大学硕士学位论文，2010.

[37] 陈伟，屈利娟．校园建筑节能信息化示范工程及应用推广[J]．建设科技，2014，(Z1)：76-77.

[38] 张攀．长春市建筑安全监督管理系统的设计与实现[D]．长春：吉林大学硕士学位论文，2013.

[39] 贾春晖．建设项目安全生产监管信息系统研究[D]．哈尔滨：哈尔滨工业大学硕士学位论文，2012.

[40] 李迅，陈伟伟，李继刚．新技术条件下的建筑安全监管信息化模式创新[J]．建筑安全，2014，29(6)．

[41] 孙达响．建筑劳务管理信息化建设研究[D]．广州：华南理工大学硕士学位论文，2011.

[42] 顾建荣．对当前我国建筑行业劳务管理信息化建设的一些思考[J]．山东工业技术，2013，(8)：112-113.